由北京林业大学学术专著出版资助计划资助出版

马克思诞辰200周年纪念文库
The 200th Anniversary Books for Karl Marx

中国生态文明教育理论与实践

（第二版）

陈丽鸿｜编著

图书在版编目（CIP）数据

中国生态文明教育理论与实践／陈丽鸿编著. --2版.
—北京：中央编译出版社，2019.1
ISBN 978-7-5117-3655-0

Ⅰ.①中…
Ⅱ.①陈…
Ⅲ.①生态环境—环境教育—研究—中国
Ⅳ.①X321.2 ②X-4

中国版本图书馆CIP数据核字（2018）第277441号

中国生态文明教育理论与实践

出 版 人：葛海彦
责任编辑：李易明
责任印制：刘　慧
出版发行：中央编译出版社
地　　址：北京西城区车公庄大街乙5号鸿儒大厦B座（100044）
电　　话：（010）52612345（总编室）　（010）52612339（编辑室）
（010）52612316（发行部）　（010）52612346（馆配部）
传　　真：（010）66515838
经　　销：全国新华书店
印　　刷：三河市华东印刷有限公司
开　　本：710毫米×1000毫米　1/16
字　　数：293千字
印　　张：18.5
版　　次：2019年1月第1版
印　　次：2019年1月第1次印刷
定　　价：95.00元

网　　址：www.cctphome.com　**邮　　箱**：cctp@cctphome.com
新浪微博：@中央编译出版社　**微　　信**：中央编译出版社(ID: cctphome)
淘宝店铺：中央编译出版社直销店(http://shop108367160.taobao.com)(010)55626985

本社常年法律顾问：北京市吴栾赵阎律师事务所律师　闫军　梁勤
凡有印装质量问题，本社负责调换，电话：（010）55626985

Contents

目 录

上篇 01

理论篇

第一章　中国生态文明教育的背景

第一节　生态环境问题：生态文明教育的现实基础

一、世界生态环境问题

在人类社会从刀耕火种、茹毛饮血的原始文明走到改变山河、自给自足的农业文明，又逐步发展到了工业化生产高度发达的工业文明的历史进程中，人类创造和发明了丰富的科学技术，并应用这些技术满足了人们日益增长的物质和精神需求，使人们的生活更加舒适、便捷、时尚，但与此同时，生态危机、环境问题与科学技术的发展历程相伴而生。到20世纪中叶，环境问题已成为全球性的问题。

早在19世纪，马克思、恩格斯在分析资本主义的生产方式和它产生的资产阶级社会的发展规律的基础上，就向人类发出了警告："不以伟大的自然规律为依据的人类计划，只会带来灾难。"①

进入20世纪，伟人的预见得到了充分印证：有毒有害的工业废水污染着人类赖以生存的江河湖泊，大气污染危害着人们的身体健康；人口的急剧爆炸消耗了大量的资源和能源，过度的开垦和不合理的生产行为改变着地表，资源逐渐枯竭，能源出现危机，人类赖以生存的生态系统变得越来越脆弱，并陷入了恶性循环，而且依靠自身难以得到良性恢复；人类的过度开采

---

①《马克思恩格斯全集》第31卷，人民出版社1972年版，第251页。

更使矿产资源日益减少。《2000年全球环境状况公报》指出，“在全球使用杀虫剂是每年造成350万乃至500万人严重中毒并导致婴儿畸形和癌症的原因之一。全世界五分之一人口生活在不安全的大气污染中，到2025年会有65个国家约占全球60%的人口面临淡水危机。”[①] 等等

20世纪中叶前后国际社会出现的“世界八大公害事件”引起了人们对环境的关注。在《科技知识讲座文集》[②] 一书中，钱易院士列举了世界面临的十大生态坏境问题：

1. 全球气候变暖。20世纪，全球表面平均温度上升了0.3—0.6℃，这一现象出现的罪魁祸首是人类在使用化石燃料和从事某些工业生产以及有机废物发酵过程中，不断地释放出二氧化碳、甲烷、氮氧化物等气体阻止了地球表面热量的散发而形成的，如今由于气候变暖导致的冰川减少、土壤沙化进程加快，极地生态破坏，洪涝、干旱等自然灾害正不断侵蚀着人类的家园。

2. 臭氧层破坏。在地球大气层15—55公里处，有一层臭氧层，它能遮挡紫外线以保护人类及生物不受危害。然而由于人类广泛使用氟氯烃类化合物作制冷剂、除臭剂、喷雾剂以满足人类日益增长的消费需求，导致这些化学物质释入大气并扩散入臭氧层后，反复夺取形成臭氧层的氧原子，从而破坏臭氧层使其变薄，甚至出现“臭氧空洞”。现在，地球上“每天各种冰箱、空调器、喷雾容器和某些工业生产过程把1500吨的氟氯烃物质排入大气层”[③]。臭氧空洞不断扩大，直接危害着人类的健康，破坏着海洋和陆地的生态系统。

3. 生物多样性减少。统计表明，目前每年都有4000—6000种生物从地球上消失，更多的物种正受到威胁。1996年世界动植物保护协会的报告指出：“地球上四分之一的哺乳类动物正处于濒临灭绝的危险，每年还有1000万公顷的热带森林被毁坏。”世界银行发布的《2005年世界发展指标》指出：“全世界将近1万种鸟类中的12%易受到伤害或濒临灭绝，30%的鱼类

---

① 曾建平：《寻归绿色——环境道德教育》，人民出版社2004年版，第2—3页。

② 参见国家科技教育领导小组办公室：《科技知识讲座文集》，中共中央党校出版社2003年版，第49—51页。

③ 徐辉、祝怀新：《国际环境教育的理论与实践》，人民教育出版社1998年版，第4页。

物种濒临灭绝。”[①] 动植物的生死存亡必将影响人类的命运。

4. 酸雨蔓延。人类生活和生产活动所排放的大量二氧化硫和氮氧化物，经过空气的进一步氧化，降雨时溶解在水中即形成酸雨。酸雨与人类的生产与消费水平成正比，且具有腐蚀性，降落地面后会损害农作物的生长，导致林木枯萎，湖泊酸化，鱼类死亡，建筑物及名胜古迹遭受破坏。

5. 森林锐减。这在发展中国家，如非洲和南美最严重。由于人类的过度采伐和不恰当开垦，再加上气候变化引起的森林火灾，世界森林面积不断减少。据统计，“20 世纪之初，地球上的森林覆盖面积约为 50 亿公顷，如今则减少到不到 40 亿公顷。”[②] 森林的减少导致了水土流失，洪灾频繁，物种减少，气候变化等多种严重恶果。世界的热带雨林正在以每年 10 万平方千米的速度遭到破坏，从而引起二氧化碳增多，全球气候变暖，土地荒漠化等一连串连锁反应。[③]

6. 土地荒漠化。过度放牧及重用轻养使草地逐渐退化，开荒、采矿、修路等建设活动对土地的破坏作用更大，加上水土流失的不断侵蚀，世界上每天都有大片土地沦为荒漠。据统计，目前，世界上的土地正以每年 5 万—7 万平方千米的速度走向沙漠；36 亿公顷的荒漠化土地占去了陆地面积的四分之一。[④]

7. 资源短缺。最重要的短缺资源主要有水资源、耕地资源和矿产资源。目前全球有约三分之一的人口已受到缺水的威胁，100 个国家严重缺水，2000 年缺水人口增加到二分之一以上；耕地与人口的发展成反比。专家预计，再有 50—60 年石油储量的 80% 将被耗去，某些贵金属资源则已近消耗殆尽。“另外，还有渔业资源日渐枯竭，在全球 15 个主要海洋渔场中，就有 11 个捕捞量下降。自 1970 年以来，西大西洋的金枪鱼储量下降了 80% 。”[⑤]

8. 水污染严重。人口膨胀和工业发展所制造出来的越来越多的污水、废水、使清澈的水体变黑发臭，细菌滋生，鱼类死亡，藻类疯长，而污水、废

---

① 世界银行：《2005 年世界发展指标》，中国财政经济出版社 2005 年版，第 126 页。
② 世界银行：《2005 年世界发展指标》，中国财政经济出版社 2005 年版，第 126 页。
③ 王雪枫：《环境不能承受之重》，载《环境教育》，2006 年第 7 期。
④ 祝怀新：《环境教育的理论与实践》，中国环境科学出版社 2005 年版，第 4 页。
⑤ 王雪枫：《环境不能承受之重》，载《环境教育》，2006 年第 7 期。

水中的有毒物质使人染病，甚至置人于死地。工农业生产也因为水质的恶化而受到了极大损害。

9. 大气污染肆虐。最普遍的大气污染是由燃煤过程中产生的粉尘造成的，细小的悬浮颗粒被吸入人体后，十分容易引起呼吸道疾病；现代都市还存在光化学烟雾，这是由于工业废气和汽车尾气中释放出的碳氢化合物、氢氧化物、一氧化碳等，经与太阳光作用，会形成一种刺激性烟雾，能导致人类眼病、头痛、呼吸困难等。

10. 固体废弃物成灾。城市产生的垃圾和工业固体废弃物已成为城市的一大灾害。垃圾中含有的各种有害物质污染周围空气、水体，甚至地下水。有的工业废弃物中含有易燃、易爆、致毒、致病、放射性等有毒有害物质，危害更为严重，如人们随意扔掉的旧的电子产品。

2002 年，联合国原秘书长安南发布的《21 世纪议程》执行报告对世界环境状况表现出极大的忧虑。该报告提出了保护环境、维持可持续发展十点建议："一、全球化为可持续发展服务；二、消除贫困，改善城乡居民的生活；三、改变目前不可持续的生产和消费方式；四、改善居民健康状况；五、改进能源消耗，适用更多可再生的能源；六、加强生态环境和物种多样化的管理；七、改进淡水资源管理；八、增加官方发展援助和私人投资；九、加强对非洲可持续发展的支持；十、加强国际合作和协调。"①

二、中国生态环境问题

那么，中国的生态环境状况怎样呢？中国是一个发展中的国家，在 1949 年后，中国开始真正意义上的工业化。在那时，发展经济、提高人民的生活水平是中国政府的头等大事。20 世纪 70 年代后，随着中国人口的增长和经济的发展，以及人们消费水平的不断提高，再加上当时一些政策导向的问题，人们并没有很好地吸取西方在工业化进程中的教训，结果在全球出现的环境问题在我国都存在。中国本来就已经脆弱的环境承受着巨大的压力。

---

① 何泽洪：《安南发表〈二十一世纪议程〉执行报告世界环境状况堪忧》，载《人民日报》，2002 年 1 月 30 日。

70年代初，中国的主要海洋、河流、水库出现了污染问题，发生了几件较大的环境事件："一件是大连湾涨潮时一片黑水，退潮后一片黑滩，因污染荒废的贝类晾在5000多亩的海滩上；另一件是北京发生了鱼污染事件，市场出售的鱼有异味，经调查是官厅水库的水受污染造成的；此外，还发生了松花江水系污染报警，一些渔民食用江中含汞的鱼类、贝类，已经出现了水俣病（甲基汞中毒）的征兆。"① 随着农业经济结构变化，乡镇企业像雨后春笋般成长起来。"以农业为主的淮河流域，出现了以当地丰富的农副产品为原料，进行加工、转化的酿造、食品、造纸和皮革加工等类型企业。1978年3月，淮河流域春旱，上游来水减少，为保证淮南发电厂用水，淮河干流最大的节制闸蚌埠闸从下游向上提水。下游污水严重污染蚌埠段河面，污染物超标50倍到100倍，许多用水企业被迫停产，经济损失巨大。"②

在后来的一些年里，中国的环境问题由点向面扩大。在教育部颁布的《中小学环境教育实施指南》中，列举了十大环境问题，我们把这十大环境问题分为两大类：

第一类是生态恶化：

一是水土流失日益严重，全国水土流失面积占国土陆地面积的38%。

二是荒漠化土地面积不断扩大，全国荒漠化土地面积已达国土陆地面积的27%，且每年还以2460平方公里的速度扩展。

三是大面积的森林被砍伐，天然植被遭到破坏，大大降低了其防风固沙、蓄水保土、涵养水源、净化空气、保护生物多样性等生态功能。

四是草地"三化"（退化、沙化、碱化）面积逐年增加，环保总局有关负责人指出："2000年全国生态环境质量评价结果显示，中国天然草原面积约占国土面积的四分之一，但有90%的天然草原出现不同程度的退化。退化、沙化草原已成为中国主要的沙尘源；虽然约有四成的自然湿地得到了有效保护，但天然湿地大面积萎缩、消亡、退化仍很严重。"③

---

① 景才瑞、饶扬誉：《论资源与环境的可持续利用与保护》，载《长江流域资源与环境》，1999年第2期。

② 偶正涛：《暗访淮河》，新华出版社2005年版，第39页。

③ 郑惊鸿：《国家环保总局首次对外发布〈中国生态保护〉》，载《农民日报》，2006年6月5日。

五是生物多样性受到严重破坏，生物物种加速灭绝，我国已有15%至20%的动植物种类受到威胁，高于世界10%至15%的平均水平。

另一类是环境污染：

一是水体污染加剧，淡水资源严重短缺，同时现有水资源利用不合理。我国人均水资源占有量仅为世界人均占有量的四分之一，加上水资源在时间和空间上分布不均匀，水资源短缺的矛盾十分突出。我国七大水系普遍受到不同程度的污染，2001年，七大水系污染由重到轻的顺序依次是：海河、辽河、淮河、黄河、松花江、长江和珠江。[①]

二是大气污染严重。污染造成的酸雨面积逐渐扩大，南方多数城市出现酸雨，成为世界三大酸雨区域之一。全世界有三大著名的酸雨区，一个在北美的五大湖地区，一个在北欧，另一个就在中国。

三是城市生活垃圾"白色污染"和固体污染物污染日益突出，垃圾包围城市现象明显增加。"我国垃圾堆放占用耕地五亿平方米，有220多个城市处在垃圾包围中。随着家用电器的使用，我国的电子垃圾越来越多，这些电子垃圾中的一些重金属有害物质，如果不能得到安全处置，将会给环境造成污染，危害人民的身体健康。"[②]

四是城市噪声扰民十分普遍，由于城市建设发展的加快，城市噪声污染日益加重。城市噪声的来源主要有两个，一个是来自于各种建筑工地施工机械的噪声，另一类是由于城市交通发展加快，各种车辆产生的噪声。这两种噪声叠加，更加重了城市噪声的污染，从而影响人们的正常生活和健康。

五是放射性污染与电磁辐射形势严峻，对人类健康存在潜在威胁。主要来自人工放射性物质的放射性污染对人体健康有较大的影响和危害；人们普遍使用的电子产品所产生的电磁波则会杀伤或杀死人体细胞，对人体的健康造成伤害。

面对如此多且严重的环境问题，人们开始寻找解决之良策。1972年，周恩来总理批准成立官厅水库水污染治理办公室，由此拉开了中国水体污染治

① 国家环境保护总局：《中国环境状况公报》（2001），载《中国环境报》，2002年6月22日。

② 张凯：《当代环境保护》，中国环境科学出版社2006年版，第21页。

理的序幕，同时，也标志着中国环境保护开始起步。近些年来中国政府不断采取了一系列战略措施，不断加大生态环境保护与建设的力度，一些重点地区的生态环境得到了有效保护和改善。

据人民网报道，中华人民共和国国务院新闻办公室1996年6月在关于《中国的环境保护》公告中指出：20世纪70年代，中国的工业污染防治主要集中在点源治理上。进入80年代，中国通过调整不合理的工业布局、产业结构和产品结构，结合技术改造，强化环境管理等政策和措施，对工业污染进行了综合防治。

20世纪90年代初，中国政府做出了走可持续发展道路的战略选择，实施了一系列保护环境的方针、政策、法律和措施①：

第一，工业污染治理由过去的点源治理转变为集中控制与分散治理相结合，加强了企业环境监督管理，推进了环境影响评价制度。同时，通过调整产业结构关、停、并、转了一批污染大的企业，如北京市关闭了污染严重的首钢部分企业等。一些企业通过技术改造推行清洁生产，如吉林化学工业公司。针对中国严重的酸雨现象，中国政府采取发展洁净煤技术、清洁燃烧技术和征收二氧化硫排污费等政策措施来控制主要来自燃煤所产生的酸雨，同时大力开发新型能源，如风能、太阳能、生物能等。

第二，逐步完善法律体系与管理体制，多项环境保护专门法和近30件的环境保护行政法规相继问世，地方性法规也出台了几百件。环境标准成为中国环境法律的一个重要组成部分。到1995年底，中国颁布了364项各类国家环境标准，同时，国家还加大了环境执法的力度。

第三，努力改善城市环境质量，通过加强基础设施建设，提高污染防治能力。如北京市先后建成了高碑店污水处理厂、大屯大型垃圾转运站和阿苏卫垃圾卫生填埋场，使北京市的环境面貌从总体上有了较大改观；再如杭州市中东河、成都市府南河、天津市海河、上海市苏州河、南京市秦淮河、南通市濠河等一大批城市河道经过大规模的整体改造，使城市水环境状况有所改善。

第四，开展大规模的国土整治和农村环境保护，国家制定了一批全国、

---

① 国务院新闻办公室：《中国的环境保护白皮书》，人民网，访问时间：2000年9月8日。

跨省区和重点地区的国土整治规划。如《中国七大江河流域综合规划》等；始于1994年的淮河水污染治理打响了整治全国主要江河湖泊污染问题的第一战役，由此揭开了我国大规模向水污染宣战的序幕；结合三峡工程的建设大量地减少了由燃煤发电而导致的污染物排放；实施基本农田保护区措施，抑制乱占耕地现象；“八五”期间，防治沙漠化工程完成综合治理面积达375.9万公顷；实施了包括长江源头在内的七大流域水土保持工程。同时加强农村环境保护，发展生态农业，开发新能源以解决农村能源问题，并使乡镇企业污染防治有所加强。如江苏省张家港市走上了环境与经济协调发展的道路；开发绿色食品和有机食品，保护农业自然资源和生态环境等。

第五，加强生态环境与生物多样性保护，加快植树造林的速度，继“三北”防护林体系工程后，又先后开展长江中上游防护林体系工程、沿海防护林体系工程、平原农田防护林体系工程等林业生态工程建设，采取退耕还林还草措施涵养草原。开展了防治赤潮、保护近海渔业资源等工作。在生物多样性保护方面，至1995年，全国已建成类型比较齐全的自然保护区799处，约占国土总面积的7.19%；612种国家级珍稀濒危动植物被列为重点保护对象；建立了各种野生动物繁殖中心（场）227个，建立大型植物园60多个、野生植物引种保存基地255个；对乱捕滥猎珍稀野生动物的犯罪行为，实行严厉打击的政策。

第六，积极推动环境科学技术的发展。值得关注的是，在上述各种措施的背后，环境科学技术提供了科学依据和技术支持。中国的环境科学技术与中国的环境保护发展同步发展。如：全球气候变化预测影响和对策研究、洁净煤机大气污染控制技术等；环境保护科研机构和研究队伍不断壮大等。

虽然国家采取了一系列环境保护措施，投入了大量的资金，希望避免走发达国家先污染、后治理的老路，并且确实也取得了一些成效，但中国的环境问题依然严峻，环境恶化的趋势并没有得到有效遏制。那么，解决环境问题还有没有其他的途径呢?

三、生态文明教育：解决生态环境问题的文化思考

面对全世界共同的生态环境问题，西方最早尝试通过立法解决环境问题

的办法，然而却没有从根本上解决环境问题。在追求工业化的道路上，人们更相信的是只要依靠科技就可以解决好环境问题的信条。在这种思想的指导下，人们拼命地发明技术、使用技术，其结果又带来新的环境问题，并陷入治理靠科技、科技靠发展，发展靠技术的思维和实践的误区，有的地方甚至陷入污染—治理—再污染—再治理的怪圈，浪费了有限的资金。人们不禁要问，这是技术的问题还是人的问题。事实证明，技术不是解决生态问题的根本办法，如果不转变人的观念，不重新思考人与自然的关系，再先进的技术也只能解决暂时的问题，而不能解决根本问题。因此，一些有识之士开始寻找人与环境、环境与社会协调发展的道路。

1962 年，美国海洋生物学家雷切尔·卡森女士出版了《寂静的春天》一书，书中所描述的环境问题带来的后果的情景，给全人类敲了生态环境危机的警钟，唤醒了人们关注环境意识和对自身行为方式、价值观的思考。

1968 年罗马俱乐部的成立则标志着人们对环境与发展关系的思考走向国际化。罗马俱乐部是一个非政府的国际协会，它由来自世界各国的几十位科学家、教育家和经济学家等学者组成，它工作的目标是“关注、探讨与研究人类面临的共同问题，使国际社会对人类困境包括社会的、经济的环境地诸多问题有更深入的理解，并在现有全部知识的基础上提出应该采取的能扭转不利局面的新态度、新政策和新制度。在其发表的《人类处在十字路口》等报告提出的‘零增长’论的影响下，环保主义者和组织相继涌现”[①]。

实际上，解决生态环境问题离不开科学技术，但科学技术不是唯一的出路。日本学者岸根卓郎认为生态环境问题涉及哲学、宗教、文学、伦理，因此，人们应从这些方面来探索解决之道。他说：“我们自己，当陶醉于物理的科学知识个别性的力量时，科学的整体性和目的性就极度地片段化了。我们无论如何，必须整体性的寻找回归之道路!”[②] 这个整体性就意味着解决生态环境问题的途径不仅依靠科学技术、制度革新，还要靠人文精神这条人文道路，即需要解决人类的认识问题；而伴随着人类认识和实践的深入，工业

---

① 祝怀新：《环境教育的理论与实践》，中国环境科学出版社 2005 年版，第 5 页。

② ［日］岸根卓郎：《环境论——人类最终的选择》，何鉴译，南京大学出版社 1999 年版，第15 页。

文明走向生态文明将成为历史的必然。

那么，这条道路该如何走？如何使人们树立起生态文明意识，通过改变人们的价值观从而改变人们对自然不正确的态度和做法，重新审视人与自然的关系，最终建立起理性的精神世界和精神家园？这个使命又由谁来完成？

自从人类文明开始，教育就对文明起着推动作用，在生态文明的进程中，教育同样可以承担倡导、传播生态文明的重任，发挥巨大的功能。通过教育，促进人的科学观和价值观转变，使人们不仅认识到环境问题的重要性，而且思考人类对环境的态度和自身的行为方式对环境的影响，知道自己对自然该做什么，不该做什么，学会科学地运用技术和制定各项政策以更加明确人类发展的方向，使技术的应用符合可持续发展的要求。

具体来讲，在生态文明的进程中，教育可以发挥如下的功能①：

第一，教育促进科学观和价值观的转变。传统的科学价值观认为，科学的功能在于为人类征服自然、统治自然服务，它的价值体现在满足人对自然的索取上，这时，科学对人与自然关系的贡献是不可持续的。在生态文明社会中，可以通过教育的手段纠正错位的价值观，使人们清楚地认识到，科学的价值观应当确立在为实现生态、经济、社会的可持续发展提高认识、实践的价值论证的要求上，同时教育可以引导人们以综合效益的眼光来评价科学技术成果。

第二，教育使技术的应用符合可持续发展的要求。在工业文明社会中，技术的方式是“人类中心主义”，人们为了满足自身的利益，使用各种技术手段，甚至由于应用了某些技术而破坏了自然规律和生态平衡，而人们并不认为这样做有什么不好。然而，为了可持续发展，生态文明社会要求科学技术应以生态保护和生态建设为目标，用生态文明的“软技术”代替工业文明的“硬技术”。教育可以满足这个要求，将技术改造成为利益与保护同时并举的生态技术，推动生态技术的发展。

第三，教育可推进生态文化生产。人不仅是自然人，人的本质是有着特定文化素质的社会人。人在处理与社会、自然的关系时，生态文化成了实现

---

① 傅晓华：《论生态文明中的教育功能》，载《辽宁师范大学学报》（社会科学版），2002年第1期。

人与社会自然协调、可持续发展的支撑点。文化建设的主要手段是教育，生态文化的建设同样离不开教育。教育是文化形成生产力的前提基础，是生态经济的有效保障，能有力地推进生态文明的建设。

第二节　国际环境教育：引领与促进

中国生态文明教育是以中国环境教育为前身的，而中国环境教育是在国际环境教育大背景下展开的，其理念、起步、进程、发展无不受到国际环境教育的影响，而且直接得到国际环境教育项目和组织的支持与帮助，因此，分析国际环境教育的历史进程对于我们了解中国环境教育以及生态文明教育的进程有很大帮助。

国际环境教育的起点在哪里？如何划分阶段？不同的学者有不同的认识，我们经多方考证和参考他人的意见，认为国际环境教育经历了 3 个时期，即早期发展时期，形成与发展时期、成熟发展时期，在时间的划分上与李久生在其《环境教育论纲》中的划分相一致。这里，将按照时间、重要事件和会议的脉络，对国际环境教育做一介绍，以便了解中国环境教育产生和发展的时代背景。

一、早期环境教育发展时期（1962 年前）

从严格意义上说，在 20 世纪 60 年以前，环境保护与教育并无直接的联系，但如果从环境教育的教育理念来说，环境教育最早可以追溯到 18 世纪伟大的思想家、教育家卢梭的自然主义教育思想，“这种以户外教学为特征的自然学习本身并不是一种为了环境的教育，但它却成为现代环境教育理论的基础”[①]。因此，可以把这个时期作为环境教育的早期发展时期，并进一步划分为萌芽和起步阶段。

---

① 祝怀新：《环境教育的理论与实践》，中国环境科学出版社 2005 年版，第 6 页。

(一) 萌芽阶段 (1948 年以前)

在这个阶段内，一些国家开始出现环境教育的萌芽，但对于全世界来说，环境教育的局面还没有形成，其特点是分散式的。卢梭的自然教育思想理念、英国的环境学习理念以及环保组织的出现等是这个阶段的标志。

1. 卢梭的自然教育思想

英国教育社会家艾沃·古德森在其社会学专著《环境教育的诞生》一书中认为，在卢梭写于1767年的著作《爱弥儿》中，概述了应该用自然教育的方式来教育孩子而不是学校教师用正规的教育方法教育孩子的思想。由此，卢梭的自然教育思想普遍被人们当作是环境教育思想的萌芽。

卢梭在他的关于教育的名作《爱弥儿》一书中完整地阐述了自然学习的理论，即自然教育。卢梭的自然教育从人的自然本性是善良的出发，认为“要使人的自然本性得以自然发展，必须进行自然的教育”[①]；同时，卢梭又从儿童发展的规律出发，认为自然教育要回归人的本性，回归自然，自然教育的宗旨就是“必须依照儿童内在的发展秩序，以儿童的自然为依据，通过恰当的教育，使儿童的身心得以顺利发展”。因此，卢梭主张在幼儿期就应在乡村中实施自然教育，创造一种环境，让学生在实际活动中自觉地学习。由此看来，自然教育虽不是为了环境的教育，但它主张儿童应在自然环境中成长的理念给后人留下了宝贵的财富。

2. 英国从乡村学习到环境学习的理念

在《环境教育的诞生》一书中，古德森认为18世纪到19世纪在农业革命中兴起的“乡村学习”是环境教育的前身，这可以从以下几个方面[②]得到证实：

(1) 教育理念

在19世纪的英国，有人提出了“自然学习”的理念。这些倡导者摆脱了实用的思路而关注作为一种教育的方法，并努力把德国人称之为自然现象与规律的知识作为一门课堂学习的课目。1889年，欧洲第一所乡村寄宿学校

---

① 单中惠、杨汉麟：《西方教育学》，江西人民出版社2004年版，第130页。

② [英] 艾沃·古德森：《环境教育的诞生》，贺晓星等译，华东师范大学出版社2001年版，第97—98页。

在英国诞生。1900 年，教育局发布了一份简报，向教师推荐道：珍惜为他们提供的机会，这种机会将增加他们对日常乡村生活环境作更理性的认识，也将教会他们如何观察自然过程。

（2）教育对象

当时，在乡村学校开设的“自然学习”的课程只局限于对儿童的教育，在中等教育考试中并没有这个课程。

（3）教育目的

1911 年教育局公布的乡村教育原理和方法的备忘录强调，实施乡村教育运动旨在使乡村学校实施更实践性的教学，把学生培养得更能干，更能精心关爱自己的农村环境。由此揭示了乡村教育的目的。

（4）教育方法

第一次世界大战后，1922 年教育局把这种乡村学习作为一门独立的科目“乡村科学”而加以提倡。“二战”后，对乡村学习进行了重新界定，教师们继续探索利用乡村环境展开教学的新教育方法，一些学校围绕环境调查来安排他们的整个课程。实施户外教学，并把各个学科与环境紧密结合起来是当时“乡村学习”的做法。这个时候，“乡村学习”逐渐演变成在环境中学习的“环境学习”。

（5）教育功能

除了探索教育的方法，“一些教师热衷于发展乡村学习哲学，他们主张，必须证明它在培养素质良好的市民中所发挥的重要作用”①。

由此可以看出，不论是“乡村学习”的方法，还是其学习的目的，都与后来的环境教育相近，可以这样说，“乡村学习”就是环境教育的前身。

3. 环保组织出现

在这个阶段，致力于保护环境的环保组织相继出现了。“1865 年，英国成立了‘大不列颠公共空地和道路保护协会’，一般被认为是世界上第一个真正的全国性环境研究组织。”②

---

① ［英］艾沃·古德森：《环境教育的诞生》，贺晓星等译，华东师范大学出版社 2001 年版，第 106 页。

② 祝怀新：《国际环境教育发展概观》，载《环境教育》，1994 年第 3 期。

（二）起步阶段（1948—1961 年）

在这个阶段中，由于世界环境问题的日益严重，特别是“世界八大公害事件”引起了全世界的关注，作为全世界各国联合体的联合国，率先担当起了推动环境意识国际化的责任。这个阶段的标志是环境教育开始起步，环境教育概念、环保组织以及环境教育法律相继问世。

第一，环境教育概念的出现。环境教育一词最早是在 1948 年由托马斯·普瑞查提出，并在巴黎会议上首次使用。这是“环境教育”第一次出现在国际社会中，被人们认为这标志着“环境教育”的诞生。①

第二，国际性的环境保护组织机构相继建立。第一个国际性的环境保护组织是在 1949 年联合国召开的一次“资源保护和利用科学会议”以后，由联合国教科文组织（UNESCO）发起设立自然保护国际联合基金会，成立了国际自然与自然保护联合会（IUCN），并成立了专门的教育委员会。这标志着国际组织注意到教育对环境保护作用，试图通过教育——环境教育这一有效的方法，拓宽和增进人类的国际环境意识，并着手付诸实践。② 在 1961 年，教科文组织又设立了一个专门的生态和保护部门。由此看来，在国际上，环境教育最初是由环境保护部门来承担的。

英国也于 1949 年设立了自然保护局，保护被定义为“一种建立在生态学基础上的行动哲学”③。1958 年还成立了一个自然协会，其目标是说服人们不要将地球上的资源消耗殆尽。“1960 年，英国成立了国家乡村环境学习协会，该协会就是现在的国家环境教育协会（NAEE）的前身。”④

1960 年，苏联颁布实施《自然保护法》，该法规定：“自然保护基础课程的教学应列入普通学校和中等专业学校的教学计划，自然保护和自然资源再生应成为学校的必修课。”⑤ 如果说 1944 年英国的教育法对乡村教育是一种鼓舞的话，苏联的这部《自然保护法》则是世界上第一部将传授环境保护

---

① ［英］Joy A. Palmer：《21 世纪的环境教育——理论、实践、进展与前景》，田青、刘丰译，中国轻工业出版社 2002 年版，第 4 页。

② 李久生：《环境教育论纲》，江苏教育出版社 2005 年版，第 3 页。

③ ［英］艾沃·古德森：《环境教育的诞生》，贺晓星等译，华东师范大学出版社 2001 年版，第123 页。

④ 祝怀新：《环境教育的理论与实践》，中国环境科学出版社 2005 年版，第 9 页。

⑤ 李久生：《环境教育论纲》，江苏教育出版社 2005 年版，第 3 页。

知识作为环境教育的内容并进入学校教育体系的法律文件。

二、环境教育的形成与发展时期（1962—1986 年）

在这个时期，随着各个国家对环境问题的重视，特别是一些国际会议的召开，环境教育也由个别国家迅速向全球扩展。环境教育在经历了真正意义上的形成和发展阶段后，成为人类解决环境问题的共同纲领。这个时期可分为形成阶段和国际化阶段。

（一）形成阶段（1962—1972 年）

在这个阶段中，最明显的特点是环境教育向全世界各国扩展，环境教育概念国际化，其中具有标志性的事件、会议有：第一部关于环境问题的著作问世，环境教育普及化；第一个国际性非政府环境保护组织成立，形成了环境教育的体系，确立了环境教育的概念，出台了世界上第一部环境教育法，欧洲召开了环境教育会议等。

1. 第一部关于环境问题的著作问世

1962 年，美国出版了海洋生物学家雷切尔・卡森女士的《寂静的春天》一书，该书对人类的过度行为，特别是农药对人类的危害及引起的环境危机进行了深刻的揭示，引起了全世界对人类与环境的关系及人类对环境的责任等一些问题的深入思考。这部书的问世，唤醒了人们保护环境的意识，标志着第一次环境保护运动的兴起，也是真正意义上环境教育的兴起。

2. 环境教育普及化

在这期间，环境教育普及到了世界上更多国家。日本在战后经济迅速发展，针对随后产生的环境问题，于 1964 年成立了中小学教师污染控制措施研究会，并于 70 年代初，在中小学教育大纲中增加了对青少年进行“公害教育”内容。1963 年，英国成立了“1970 年乡村”研究会，对英国的环境教育起了推动作用。研究会 1965 年在德国基尔大学举行的第二次教育大会上，对环境教育做了专门的讨论，对教育与环境的问题做出了很多结论与建议，如应该更准确地决定环境教育的内容和最适合现代需要的教学方法等。1970 年 2 月，英国设立了皇家环境污染委员会，它建议公众舆论要发挥作用，这也是第一次把环境教育的领域拓展到学校以外。同年 10 月，“1970 年乡村”

研究会召开第三次会议，采纳了内华达会议关于环境教育的定义，明确了环境教育的本质、目的和目标。1965 年，美国率先在高等教育中开设有关环境方面的课程，成为世界上第一个把环境教育纳入本科层次课程体系中的国家。

3. 第一个国际性非政府环境保护组织成立

1968 年，来自意大利、瑞士、日本、美国等 10 多个国家的 30 多位科学家、教育家等在意大利成立了一个非政府的国际性协会——“罗马俱乐部”，它成为世界第一个国际性非政府环境保护组织。罗马俱乐部成立后，相继发表了《增长的极限》等报告，其核心思想则是倡导“零增长”理论。此组织的成立不仅推动了人类环境保护运动的发展，也为后来各国非政府环保组织参与环境教育树立了良好的榜样。

4. 环境教育体系的形成

1968 年教科文组织在巴黎召开了“生物圈会议”，大会提出了教育计划并建议：“应该进行区域性调查；将生态学内容编入现在的教育课程中；在高校的环科系培养专门人才；推动中小学环境学习的建设；设立国家培训和研究中心等。”① 这标志着在国际社会中初步形成环境教育体系。

5. 环境教育概念的确立

1970 年夏天，在美国的内华达州召开了环境教育的国际会议，讨论在学校课程中进行环境教育问题，会议提出了一个堪称“经典性”的环境教育定义。其主旨是：环境教育是一个认识价值、弄清概念的过程，其目的是发展一定的技能和态度，促使人们对环境质量问题做出决策、对本身的行为准则做出自己的约定。② 虽然这个概念还不完善，但毕竟环境教育概念第一次得到国际组织的广泛认同。报告还建议：“政府和有关教育官员以及国家教育机构应该通过整体的课程改革，把环境教育编入各级学校教育体系的必修和

---

① ［英］艾沃·古德森：《环境教育的诞生》，贺晓星等译，华东师范大学出版社 2001 年版，第 121 页。

② ［英］艾沃·古德森：《环境教育的诞生》，贺晓星等译，华东师范大学出版社 2001 年版，第 29 页。

综合内容。”①

6. 第一部环境教育法出台

1969 年，美国成立了环境质量委员会，将人与环境应该和谐相处的思想转变成了一些全国性的环境保护政策。② 最具标志性的就是通过了世界上的第一部《环境教育法》，该法涵盖环境教育、技术援助、少量补助、管理等六部分内容，其目的是加强对环境教育活动的支持。同时，美国还成立了国家环境教育开发中心（NEEO），1971 年又成立了全国环境教育协会，从此，美国的环境教育走上了正规化和法制化的道路。

7. 欧洲环境教育会议

1970 年，欧洲成立了欧洲自然和自然资源保护委员会，并开展了“欧洲环保年”活动。1971 年，在苏黎世又召开了环境教育欧洲工作会，会议进一步肯定了环境教育的作用，除讨论了在中小学、大学开展环境教育的计划和建议外，还把教育的对象扩展到了校外。

（二）发展阶段（1972—1986 年）

自 1972 年，国际环境教育步入了发展阶段，我们之所以选取这个时间点，是因为 1972 年联合国人类环境会议确立了环境教育的国际地位，之后，国际性环境教育基本理念明确化，联合国等国际组织的作用进一步增强，环境教育体系迈向成熟。在这个阶段中，具有标志性的事件、会议主要有：召开了联合国人类环境会议，确定了“世界环境日”，提出了卢卡斯模式，启动了国际环境教育计划，召开了贝尔格莱德会议、第比利斯会议和内罗毕会议，可持续发展思想初露端倪等。

1. 召开联合国人类环境会议——环境教育走向国际化

1972 年 6 月 5 日，具有里程碑意义的“联合国人类环境会议”在斯德哥尔摩召开，当时世界 113 个国家以及非官方组织的代表出现了会议，共同讨论环境问题，探讨保护人类环境的战略，会议通过了《人类环境宣言》，提出了“只有一个地球”的口号，以此唤起人类共同保护自己的家园、造福子

① ［英］艾沃·古德森：《环境教育的诞生》，贺晓星等译，华东师范大学出版社 2001 年版，第 121 页。

② 徐辉，祝怀新：《国际环境教育的理论与实践》，人民教育出版社 1998 年版，第 17 页。

孙后代的意识。在这次会议上，“环境教育”（Environmental Education，简称EE）名称被正式肯定下来，并在其96号文件中建议：“联合国体系里的组织，特别是联合国教科文组织，以及其他有关国际组织应当采取必要的行动，建立一个国际性的环境教育规划署。环境教育是一门跨学科课程，涉及校内外各级教育，对象为全体大众，尤其是普通市民……以便使人们能根据所受的教育，采取简单的步骤来管理和控制自己的环境。”[①] “建议着重强调了进行环境教育的重要性和国际合作的必要性，明确了环境教育的性质、对象和意义[②]。”这个会议使人们认识到了环境教育的必要性，极大地增强了它的国际地位和对它的重要性的认识[③]，最大的贡献是推动了环境教育走向国际化，并为今后的发展打下了良好的基础。

2. 确定“世界环境日”——统一国际环境教育的行动

为了纪念联合国人类环境会议的开幕，联合国把1972年的6月5日确立为世界环境日，并将每年的6月5日定为“世界环境日”。要求“联合国系统和世界各国政府在这一天开展各种活动来强调保护和改善人类环境的重要性”[④]。

3. 卢卡斯模式的提出——进一步探索环境教育理论和实践

1972年，卢卡斯把环境教育的性质、内容、目的和手段概括为环境教育的“三个线索”，即“关于环境的教育”“在环境中或通过环境的教育”“为了环境的教育”。英国学校委员会首先采纳了卢卡斯的理论，并以之为中小学环境教育的理论基础，这些概念对以后各国的环境教育实践有着深刻的影响。

4. 启动国际环境教育计划——规范国际环境教育

根据联合国人类环境会议的精神，1975年，联合国环境规划署（UNEP）与联合国教科文组织共同建立了国际环境教育计划署（IEEP），开展“国际环境教育计划”。计划历时20年，“主要开展资料收集、出版环境教育通讯

---

① 徐辉，祝怀新：《国际环境教育的理论与实践》，人民教育出版社1998年版，第20页。

② 祝怀新：《国际环境教育发展概观》，载《比较教育研究》，1994年第3期。

③ ［英］Joy A. Palmer：《21世纪的环境教育——理论、实践、进展与前景》，田青、刘丰译，中国轻工业出版社2002年版，第7页。

④ 祝怀新：《环境教育理论与实践》，中国环境科学出版2005年版，第12页。

《连结》、进行理论交流与传播、加强世界各国师资培训以及帮助各国将环境教育纳入正规教育体系的活动等”[①]。“国际环境教育计划”的启动，进一步推动了各国环境教育的正规化，加强了国际环境教育的合作。

5. 贝尔格莱德会议——提出了国际环境教育基本理念和框架

1975 年 10 月，国际环境教育研讨会在贝尔格莱德召开，来自 65 个国家的教育领导人、专家出席了会议。会议的代表们充分肯定了环境教育在生态平衡、人类素质、后代需求等基础上提高环境道德的重要性，提出了国际环境教育基本理念和框架，发表了在联合国框架下第一个环境教育的国际宣言《贝尔格莱德宪章》。宪章对环境教育的目的、目标、环境教育的理论研究、发展规划以及大众媒介的作用、人才培训、教材、资金、评估等做了进一步说明，制定了一系列的方针，使之成了国际环境教育的纲领。

这次会议为世界各国在不同地区，根据本国实际情况开展环境教育理论与实践的探索，提供了更加坚实的理论基础，也为 1977 年的第比利斯会议做了充分的理论准备。

6. 第比利斯会议——确立了国际环境教育基本理论和体系

1977 年 10 月，在第比利斯召开了首届政府间环境教育大会，这标志着国际环境教育掀起了一次高潮，会议共同发表了《第比利斯政府间环境教育宣言和建议》。该宣言和建议肯定了自 1972 年斯德哥尔摩会议以来确立的环境教育的含义和环境教育的重要性，并对环境教育的主体、作用与功能、目标、途径做了进一步的说明。与以往国际环境教育会议最大的不同点是，该宣言和建议提出了在国家层面上发展环境教育的具体策略和国际与区域合作的具体建议，如就组织结构及职责、环境教育的对象、内容和方法、人员培训、教材、信息传播、研究等提出了一系列的特别措施，这些措施后来成了各国环境教育的指导原则和努力的方向。

第比利斯会议称得上是国际环境教育的又一个里程碑，它确立了国际环境教育基本理论和体系的确立，为环境教育在全球的同步发展提出了一个完整的框架。它的建议不仅具有指导性，而且更具操作性，至今仍为许多国家开展环境教育提供支持。这次会议，也标志着环境教育全面走向了国际化。

---

① 祝怀新：《环境教育理论与实践》，中国环境科学出版 2005 年版，第 13 页。

7. 可持续发展思想初露端倪

1980年，国际自然与自然资源保护同盟、联合国环境规划署和世界自然基金会（WFF）出版了《世界自然保护大纲》。大纲“探讨了环境保护与经济发展的关系，强调以可持续发展的方式保护资源的重要性，在此，可持续发展初露端倪”[①]。

1981年，该联盟又推出了《保护地球》这一重要文献，对“可持续发展”概念做了阐述，认为可持续发展的目标是改进人类的生活质量，同时不要超过支持发展的生态系统的负荷能力。

《世界自然保护大纲》所提出的可持续发展的概念及其实现的前景和途径，至今仍具有指导意义。在其影响下，世界上50多个国家根据各自国情也制订了本国的自然保护大纲。

8. 内罗毕会议——提出环境教育宣传和培训的重要性

1982年5月，联合国环境规划署（UNEP）在肯尼亚首都内罗毕召开了由105个国家首脑、环境问题专家等出席的“UNEP”管理理事会特别会议，会议涉及了环境教育的宣传和培训，主张对教师、专家、企业管理与决策者进行教育培训，以及向媒体、一般大众及科学家提供信息的重要性。

三、环境教育成熟时期（1987年至今）

随着环境教育国际化，国际环境教育的理论更加成熟，环境教育的实践快速发展。在这个时期里，国际环境教育由“为了环境的教育”转变为“为了可持续发展的教育”，这个转变推动了国际环境教育向更高层次蓬勃发展。关于这个时期阶段的划分，参考了李久生的时间划分。

（一）“为了环境的教育”向“为了可持续发展的教育”的转型（1987—1991年）

这个阶段最明显的标志是可持续发展概念的提出。

1. 可持续发展概念的提出

1983年，在第38届联合国大会上，成立了世界环境与发展委员会

---

① 祝怀新：《环境教育理论与实践》，中国环境科学出版2005年版，第14页。

（WCED）。该组织在挪威前首相布伦特兰夫人领导下，经过世界范围专家整整900多天的工作，于1987年2月向联合国提出了题为《我们共同的未来》的报告，也称《布伦特兰报告》。这个被称为“关于可持续发展的第一个真正的国际宣言”，在人类历史上第一次提出了“可持续发展”概念。该报告对可持续发展下了一个经典的定义：可持续发展是既满足当代人的需要，又不损害后代人满足需要的能力的发展。这个定义是对传统发展方式的反思和否定，也是对规范的可持续发展模式的理性设计，它把人类面临的环境问题与社会、经济、人口等方面结合起来综合考虑，同时提出了全世界实现可持续发展的具体建议，形成了一个从理论到实践指导兼有的完整框架。“可持续发展”理论得到了全世界不同经济水平和不同文化背景国家的普遍认同，并把可持续发展作为处理环境与发展之间关系的根本原则，同时为1992年联合国环境与发展大会通过的《21世纪议程》奠定了理论基础。

随着可持续发展概念的提出，国际社会对环境教育的性质、目标和内容等问题进行了新的思考，提出环境教育不仅要考虑环境本身的问题，还要兼顾与环境有关的生态资源、人口结构、经济发展模式等社会问题，使环境教育面向可持续发展，面向未来。

1988年，联合国教科文组织提出了“为了可持续发展的教育”一词，“可持续发展教育”思想开始出现。

2. 国际环境教育与培训大会

1987年，正值首届“第比利斯大会”召开10周年之际，联合国教科文组织和联合国环境规划署为纪念这个具有里程碑意义的会议，在莫斯科召开了国际环境教育与培训大会，大会通过了《20世纪90年代环境教育和培训领域国际行动战略》，讨论了一系列重要议题，例如“教育与大众”“教育与资源和防范”“教育与培训的原则”等。会议还将1991—2000年定为“国际环境教育十年”，确立了20世纪最后10年环境教育的发展规划和培训的具体行动方针、目的和措施。这次会议在国际环境教育历史上占有重要的地位。

3. 欧洲环境年

1987—1988年，欧洲共同体发起了“欧洲环境年”。1988年，欧洲共同体部长会议通过了一个决议案，即《欧洲环境教育决议》。决议认为应采取具体的步骤进行环境教育，使之通过各种渠道在欧共体范围内推广。决议还确定了环境教育的目的和具体原则，制定了一系列的措施。欧洲环境年的开展以及出台的区域性环境教育纲领性文件，极大地推动了欧洲地区环境教育的发展，同时，也为其他地区国家间开展环境教育的合作提供了经验。

4. 各国环境教育理论与实践的探索

英国自 20 世纪 70 年代开展户外教学运动以来，经过近 20 年的实践，实地探究方法已经作为学校环境教育教学实践的重要策略。1988 年，英国修订了《国家课程》，环境教育作为跨学科课程列入其中，在中小学课程中的地位得到官方确认。1990 年，英国还出版了《环境教育课程纲要》，将环境教育以跨学科的方式纳入国家课程，对环境教育的目标、内容、实施途径作了系统阐述，创新了环境教育的课程模式。

1990 年 11 月 16 日，美国国会对 1970 年的《环境教育法》进行了修改，颁布了《国家环境教育法》，该法案对环境教育的管理和资助方案做了更加详细的规定，该法决定由环保署负责全国的环境教育，下设环境教育办公室，并规定了制定环境教育计划、发展教材、管理政府拨款、培训、建立非营利性基金、加强与其他组织合作等具体的职能。此外，该法还制定了环境教育的培训计划、设置环境实习奖金和奖学金；设置各种奖项，以奖励为环境教育做出贡献的人士等。随后设立的环境教育咨询委员会和联邦环境教育工作委员会则是辅助政府更有效地开展环境教育。

澳大利亚的环境教育在 20 世纪 80 年代末至 90 年代初开始正式纳入学校主流教育中去。在《澳大利亚学校教育国家目标》中，环境教育是其中之一，其目标是“发展学生对地区环境平衡发展的理解力和关注的态度”①。之后，澳大利亚各州把环境教育以法定的形式纳入学校教育中去，并制定在各科中的具体渗透标准。

进入 90 年代，世界各地一些大学积极普及环境教育，培养学生的环境意识。国际环境教育提出了绿色大学概念，要求大学在日常的教学、科研、管理的生活中贯彻绿色理念。

---

① 国家教育委员会政策法规司：《世界教育发展新趋势（1988—1990）》，北京大学出版社 1993 年版，第 37 页。

（二）可持续发展教育的兴起和发展（1992 年至今）

国际环境教育经历了几十年的历程更加成熟：可持续发展教育诞生并成为全世界各国环境教育的宗旨，环境教育的实践广泛开展，绿色学校、绿色大学、绿色社区相继出现并蓬勃开展，发表了《塞萨洛尼宣言》，召开了可持续发展首脑会议。

1. 可持续发展教育理念的诞生

1992 年 6 月，在里约热内卢召开了第二次人类环境大会——“联合国环境和发展大会”。来自 120 个国家的首脑及 170 个国家的代表出席了会议，大会的目的是要找到进一步防止环境恶化和促进可持续发展的综合性战略。这次会议是国际环境教育史上最高级别的会议，是环境教育划时代的一次会议。会议通过了《里约环境与发展宣言》（又称《地球宪章》）、《21 世纪议程》等重要文件，提出了一个重要口号：“人类要生存，地球要拯救，环境与发展必须协调。”[①]《21 世纪议程》成为将可持续发展付诸实施的全球性纲领性文件，并被世界各国普遍接受。

《21 世纪议程》明确提出了“面向可持续发展重建教育”，指出：教育是促进可持续发展和提供人们解决环境与发展问题能力的关键。基础教育是环境与发展的支柱，对培养符合可持续发展和社会有效参与基层的价值观和态度、技能和行为也是必不可少的。这标志着可持续发展教育的诞生。《地球宪章》强调各国应制定计划，在正规和非正规教育中进行可持续发展教育，将环境教育从学校扩展到全社会各个层面。

1992 年 10 月，在加拿大多伦多召开了国际环境教育和环境发展会议，会上讨论了环境教育和发展战略之间的关系。1993 年，联合国设置了可持续发展委员会（UNCSD），普及、推广和落实可持续发展理念。1996 年，第四届可持续发展委员会提出了可持续发展教育的目标和特征。

由此，环境教育已不再是仅仅对应环境问题的教育，它与和平、发展及人口关系等教育相融合，形成一个新的教育方向——“为了可持续发展的环

---

① 祝怀新：《环境教育论》，中国环境科学出版社 2002 年版，第 308—309 页。

境教育”①。

2. 启动“环境、人口和教育”计划

联合国教科文组织于1994年启动了“为了可持续性教育”的国际创意——“环境、人口和教育”计划（EPD）。该计划广泛吸引了青少年和社会公众积极参与到改善人类生存环境中。它把可持续发展教育与环境、人口等问题联系起来，使环境教育更趋于系统化、综合化、整体化和全球化。

3. “生态学校”计划蓬勃开展

1994年，欧洲环境教育基金会（FEEE）提出了一项区域性的环境教育，即“生态学校计划”，这个计划在欧洲各国有不同的称谓，如“绿色学校”“环境学校”“生态学校”等。“生态学校”或“绿色学校”计划积极倡导环境教育与学校的教育教学相结合，进行“为了环境”的行动。“生态学校”（现在很多国家称绿色学校）是具有全校性、综合性、广泛性特征的环境教育，其理念后来被许多地区的国家所接受，认为这是可持续发展教育的一种新模式，“生态学校”计划也从最初的区域性行动逐渐发展成一些国际性的行动。

4. 《塞萨洛尼宣言》

1997年12月，联合国教科文组织在希腊的塞萨洛尼召开了“环境与社会——教育和公众意识为可持续未来服务”国际会议。会议发表的《塞萨洛尼宣言》指出：“环境教育是‘为了环境和可持续发展的教育’，强调环境教育面向全体公民的重要性。至此，面向可持续发展环境教育成为国际社会和各国发展教育的战略选择，是可持续发展框架下教育的新模式。”② 这次会议，延续了1977年第比利斯会议以来关于环境教育和可持续发展教育的主要精神，确立了可持续发展教育的地位，并促使可持续发展教育成为21世纪国际环境教育的主流。

5. 可持续发展首脑会议——约翰内斯堡会议

进入21世纪后，一些国家如英国、新西兰等开始以可持续发展教育取

---

① 国家环境保护总局宣传教育司：《环境宣传教育文件汇编（2001—2005）》，中国环境科学出版社2006年版，第318页。

② 国家环境保护总局宣传教育司：《环境宣传教育文件汇编（2001—2005）》，中国环境科学出版社2006年版，第318页。

代环境教育，并竭力拓展环境教育的纬度，使之适应社会发展的新要求，引导社会发展的新方向。[①]

随着可持续发展教育的深入开展，国际环境教育需要更加紧密和广泛的国际间交流与合作。为了推进和落实可持续发展战略，2002 年，联合国在南非约翰内斯堡举行了以“人类、地球和繁荣”为主题的可持续发展首脑会议。会议总结了《21 世纪议程》以来国际可持续发展教育的情况，对全球可持续发展战略的实施进行了评价，通过了《可持续发展实践首脑会议执行计划》，认为“可持续发展观念深入人心，人们的环境意识大大增强，参与环境保护的人日益增加，各国政府已将可持续发展与本国的经济联系起来”[②]。“这次会议对可持续发展教育提出了具体的要求，涉及课程改革，资源共享和交流，培养新的可持续发展伦理观和师资培训等，并且强调对儿童的基础教育和终生学习的重要地位”[③]。同时，呼吁各国继续采取有效行动开展可持续发展教育，建议 2005 年—2015 年为“可持续发展教育十年”。

如果说里约会议为可持续发展教育做出了计划，那么约翰内斯堡会议就是对这个计划的中期展望，同时也是为可持续发展教育设计了未来的发展框架、行动步骤以及各国间的双边或多边协议。这次会议开创了 21 世纪可持续发展教育的新局面，成为国际环境教育史上又一次划时代的壮举，促进了国际环境教育的向前发展，促进了人类向新的文明社会——生态文明发展。

6. 可持续发展教育国际论坛

由中国 EPD 教育项目全国工作委员会承办的可持续发展教育国际论坛，是 2002 年约翰内斯堡后，涉及可持续发展教育主题的最重要国际会议之一。该论坛每两年举办一次，自 2003 年至今已成功举办了七届。

首届论坛的成果主要有以下四项：宣传了联合国可持续发展十年的宗旨与精神；交流了国际社会实施可持续发展教育的理论与实践成果；展示了中

---

① 国家环境保护总局宣传教育司：《环境宣传教育文件汇编（2001—2005）》，中国环境科学出版社 2006 年版，第 318 页。

② 曲格平：《从斯德哥尔摩到约翰内斯堡的道路——人类环境保护史上的三个路标》，载《环境保护》，2002 年第 6 期。

③ 祝怀新：《环境教育的理论与实践》，中国环境科学出版社 2005 年版，第 19 页。

国 EDP 教育项目创新成果；审议通过了《可持续发展教育行动建议》。[①]

2007 年 12 月召开了第三届北京可持续发展教育国际论坛，“可持续发展教育与奥运教育是本次论坛的内容之一。它旨在阐明可持续发展与奥运会的密切关系，关注可持续发展教育与奥林匹克教育的相融之处”[②]。

2016 年 10 月召开的第七届北京可持续发展教育国际论坛暨第四次亚太可持续发展教育专家会议，论坛围绕“走向世界教育主流的可持续发展教育”主题进行了广泛深入的讨论，并通过了《北京宣言》。论坛总结了自 2005 年以来《联合国关于可持续发展十年教育 2005—2014 的决议》启动以来的十余年来，世界可持续发展教育的主要成绩，论证了可持续发展教育的基本理论内涵，指明了未来全球可持续发展教育的推进方向、发展图景和实践要求。[③]

7. 绿色大学发展

自 20 世纪 90 年代，国外相继创办了一批绿色大学。绿色大学建设引领了绿色发展，为培养绿色人才发挥了重要作用。虽然各国的绿色大学建立和发展具有不同的特色，但也有共性建设举措。第一，政府支持。英国主张把环境与教育相结合，将环境教育融入高等教育中；在美国，政府与学校在环境方面联合行动，一起为推动环境教育做努力，政府为学校在环境教育方面提供必要的资金、技术、设备支持。[④] 第二，设置绿色课程。英国提出大学要开展跨学科的终身环境学习和承担环境责任，开设各种能提高个人、社会和职业的环境责任感的课程；[⑤] 美国则面向环境专业和非环境专业学生开设环境教育课程，充分结合周边地区的环境问题落实环境教育课程，倡导环境教育课程日常化和生活化。第三，师资力量方面。英国希望绿色大学的所有人员都承担可持续发展教育，营造全校师生共同学习生态环境知识、建设绿

---

① 王民：《可持续发展教育研究项目与国际动态》，地质出版社 2005 年版，第 29 页。

② 张黎：《将奥运教育深化为可持续发展教育》，载《中国环境报》，2007 年 12 月 11 日。

③ 王咸娟：《第七届北京可持续发展教育国际论坛举办》，中国财经新闻网，访问时间：2017 年 1 月 22 日。

④ 樊颖颖：《绿色大学之环境教育课程模式》，广州大学学位论文，2012 年。

⑤ 蔚东英、胡静、王民：《英美绿色大学的建设与实践》，载《环境保护》，2010 年第 16 期。

色校园的氛围。[①] 美国注重提高老师在环境方面的知识能力水平，如南卡罗来纳州大学邀请外校的优秀教师，通过讲座等交流方式有针对性地开展相应的培训课程。第四，美国在绿色大学中建立环境管理机构，管理校园生态环境和人文环境，如乔治华盛顿大学为配合“绿色大学”建设前驱计划的实施，建立了“绿色大学推进委员会”监督环境政策的实施情况，并从校园硬件和软件的管理中发展绿色大学。第五，日常管理方面。国外有些绿色大学在房地产、用水、用电等方面采用节能环保技术，如英国爱丁堡大学在学生人数逐年增加，建筑不断增多的情形下能源消耗却有所降低。[②]

8. 为了生态文明的教育

严格地说，中国是率先进入生态文明教育时期的国家，时间应该是在2002年（第二章详细介绍）。这是因为，世界上率先提出“生态文明”这个概念并付诸实践的是中国，为了“生态文明”的教育也就孕育而生。经过十几年的时间，国际社会从最初怀疑到关注中国的生态文明建设，现在认可和称赞中国生态文明建设所取得的成绩，同时，对于中国开展的生态文明教育也有了交流的渴望。2014年4月25—26日，在美国举办的第八届“生态文明国际论坛”是首次以“生态文明教育”为主题的国际会议。

中美后现代发展研究院院长小约翰·柯布（John B. Cobb）博士从建设性后现代主义理念出发，反思了资本主义社会下教育的缺陷，认为学校教育的目的不能只为经济服务和专业技能教育而忽视了社会责任，教育应以生态文明为目标，为社会、人、自然的共同福祉服务。会议取得了学术思想共识，即“生态文明呼唤教育转型，后现代生态文明亟须新型人才，时代呼唤一种与生态文明相匹配的新型教育”。美国过程研究中心执行主任菲利普·克莱顿（Philip Clayton）博士，以有机马克思主义为逻辑起点，认为“教育的功能在于给予学生与所有生命可持续发展和资源、机会公正分配相一致的

---

① Egle Katiliūte, Živile Stankeviciūte Asta Daunoriene, “The Role of Non - academic Staff in Designing the Green University Campus”, *Handbook of Theory and Practice of Sustainable Development in Higher Education*, Vol. 2, November 2016, pp. 49 - 61.

② 魏源：《北京高校大学生生态文明素养培育途径研究》，北京林业大学学位论文，2018年。

知识和价值观”，提出了全人教育和品行教育的教育改革核心思想。[①] 所以，生态文明教育范式的“硬核”，是认为生态文明教育应为全社会的、整个生态系统的共同福祉服务。[②]

面对世界和国内共同的生态环境问题，中国的教育在不断反思与探索中，逐渐意识到通过更新教育观念解决生态环境问题是人类发展的需要和必然的选择。中国自1972年加入国际环境教育的潮流中来，汲取了来自国际环境教育的理论与实践经验，不断探索适合中国国情的环境教育途径与方法，并积极推动环境教育向更高的形态和更宽阔的领域发展，为国际环境教育贡献了中国人的智慧与才能。

---

① 高淮微、樊美筠：《生态文明呼唤教育转型——第八届生态文明国际论坛综述》，中国自然辩证法研究会网站，访问时间：2014年6月19日。

② 杨志华：《为了生态文明的教育——中美生态文明教育理论与实践最新动态》，载《现代大学教育》，2015年第1期。

第二章　中国生态文明教育的历史渊源

始于21世纪初的中国生态文明教育是以中国环境教育为前身、以可持续发展教育为基础发展起来的。众所周知，环境教育、可持续发展教育均最先在西方兴起和开展，也正因为此，西方社会的环境意识得到了提高，生态环境得以改善。如今，中国人在以往的基础上，提出应促进生态文明建设，加强生态文明教育，这是社会进步发展到现阶段的必然产物，必将为中华民族伟大复兴、为构建人类命运共同体提供坚实的思想基础。

在这一章中，我们通过回顾中国环境教育、可持续发展教育走过的历程，探索中国生态文明教育的兴起，从时序上了解它们之间的联系。

第一节　中国环境教育的起步（1972—1983年）

从通常意义上的环境教育概念来讲，中国的环境教育应该开始于20世纪90年代的中期前后，与国际环境教育相比，中国的环境教育晚了20年。但如果从开展环保宣传的角度来讲，中国环境教育是从20世纪70年代起步的，恰与环境教育国际化同步。

一、起步阶段环境教育标志性事件

对于中国环境教育的起点问题，人们通常是把1973年第一次全国环境保护会议作为中国环境教育的起点。我们认为应以1972年作为起点，因为中国能够派团参加1972年“联合国人类环境会议”本身说明中国已开始参与国际倡导的环境教育。因此，我们把 1972 年至 1983 年作为中国环境教育的起步阶段。其主要标志有：中国参加了“联合国人类环境会议”，召开了全国第一次环境保护会议，形成了以社会教育为主的环境教育，中小学环境教育开始启动，开展环境专业教育和环境教育培训工作，建立了环境宣传教育的阵地等。

（一）参加“联合国人类环境会议”——中国政府开展环境保护的决心

中国的环境教育几乎与全球性的环境教育运动同步开始。

1972 年 6 月 5 日在斯德哥尔摩召开的“联合国人类环境会议”上，会议通过了著名的《人类环境宣言》，其中有一个基本观点：“我们决定在世界各地的行动时，必须更加审慎地考虑它们对环境产生的后果。由于无知或不关心，我们可能给我们的生活幸福所依靠的地球环境造成巨大的无法挽回的损害。反之，有了比较充分的知识和采取比较明智的行动，我们就可能使我们自己和我们的后代在一个比较符合人类需要和希望的环境中过着较好的生活。”[①]《宣言》提出的第 19 个原则强调：“考虑到社会的情况，对青年一代，包括成年人有必要进行环境教育，以便扩大环境保护方面启蒙的基础以及增强个人、企业和社会团体在他们进行的各种活动中保护和改善环境的责任感。”[②]

当年，中国政府派出代表团参加了这个著名的国际会议。这标志着中国政府意识到关注环境问题、解决环境问题是中国政府需要积极面对的问题，而借鉴世界的智慧，通过环境教育解决环境问题是中国人民的必然选择，也标志着中国吹响了环境教育前奏，表达了准备与国际环境教育共同奋进的决心。

（二）全国第一次环境保护会议——统一认识

1973 年，中华人民共和国国务院委托国家计划委员会于 8 月 5 日至 20 日在北京举行了中国第一次环境保护会议，此次会议对中国环境教育产生了积极而深远的影响。会议确立了环境保护工作方针：“全面规划，合理布局，

---

① 聂振邦、黄润华：《环境学基础教程》，高等教育出版社 1997 年版，第 341 页。

② 张坤民：《可持续发展论》，中国环境科学出版社 1997 年版，第 475 页。

综合利用，化害为利，依靠群众，大家动手，保护环境，造福人民。”[①] 会议制定了保护环境的政策性措施《关于保护和改善环境的若干规定》，其中提出了“大力开展环境保护的科学研究工作和宣传教育”的要求。

这次会议是中国政府向全国人民发出的消除污染，保护环境的动员令，是中国政府表达解决环境问题的决心，是中国政府向世界的承诺。“它的召开实际上是在联合国人类环境大会的直接推动下召开的，它最大的功绩在于唤起了国人对环境问题的关注。”[②] 它起到了统一思想和认识的作用，对我国的环境教育工作起到指引作用。“这次会议标志着中国环境保护事业和环境教育事业的发端，也奠定了中国环境教育概念的基本框架。”[③] 这个基本框架就是环境教育是传播环境科学知识的活动。

（三）形成以社会教育为主的环境教育

基于上述认识，中国环境教育在初期主要是由环境保护部门承担的。当时，中国的环境保护事业主要是对环境污染、生态破坏问题进行披露，借以唤醒人们对环境问题的关注和提高环境意识。

在 1980 年和 1981 年，由国务院环境保护领导小组办公室（简称国环办）发出开展环境保护宣传活动的通知。随即全国开展了两次社会教育月活动，其主要内容是宣传环保法规知识、环境科学知识和环境政策等。当时，各省市环境保护部门联合新闻媒体、运用报纸、杂志、广播，以讲座、展览、报告等各种形式开展宣传教育。这种以社会教育为主的环境教育成为这一时期的主要表现。

（四）启动中小学环境教育

我国中小学环境教育始于 20 世纪 70 年代末。1978 年底，中共中央 79 号文件提出加强环境保护宣传教育工作的要求，文件指出：“普通中学和小学也要增加环境保护的教学内容。”[④]

---

① 《中国环境保护行政二十年》编委会：《中国环境保护行政二十年》，中国环境科学出版社，1994 年版，第 378 页。

② 北子：《中国“环保之父”曲格平》，载《环境教育》，2004 年第 3 期。

③ 黄宇：《中国环境教育的发展与方向》，载《教育与教学研究》，2003 年第 2 期。

④ 杨朝飞：《发展环境教育促进环保事业》，载《环境工作通讯》，1990 年第 6 期，总第 147 期。

这是中国首次将环境教育的形式从“宣传”扩展到中小学的学校教育。随后，人民教育出版社在组织编写的小学自然、中学地理和化学等教材中将环境保护方面的知识纳入其中，在正规教育中开始渗透环境教育。

1979年11月，中国环境科学学会环境教育委员会第一次会议在河北保定召开，提出“环境教育具有综合性，全民性，全程性的特点”。会议建议在甘肃、北京、上海等地进行中小学环境教育的试点工作，为中小学环境教育积累宝贵经验。这标志着中国中小学环境教育的正式起步和兴起。

1980年原国家教委在修订的《中小学教育计划和教学大纲》中正式列入环境教育内容，标志着环境教育成为国家教育计划的重要组成部分。随后，将环境教育知识普遍渗透到基础教育各有关学科的教育内容中去、教师培训和教材出版等工作成为着重解决的问题。

（五）开展环境专业教育

在全国第一次环境保护会议后，国务院批准了《关于保护和改善环境的若干决定》，其中明确提出：“有关大专院校要设置环境保护的专业和课程，培养技术人才。”20世纪70年代初，北京大学创设了环境专业，成为我国最早开展环境科学教学和研究的机构之一，标志着环境教育走进了中国的高等教育领域，走向了专业教育，同时开创了正规教育中开展与环境相关的专业教育的先河。1977年，清华大学建立我国第一个环境工程专业，北京大学、北京师范大学在1978年招收了中国第一批环境保护专业研究生。北京大学于1982年成立了北京大学环境科学中心，负责组织和协调北京大学环境科学的教学和研究工作。在各类高等学校中设置环境教育概论课，已成为大家的共识。

至20世纪80年代初，全国约有30多所高等院校设置了20多个环境保护方面的专业，培养的人才从专科到本科、硕士各个层次。①

（六）进行环境教育培训工作

为了提高从事环境保护工作在职人员，特别是领导干部的环境意识和工作水平，培养适应时代需求的人才，以推动中国环境保护事业的发展，1981

---

① 《中国环境保护行政二十年》编委会：《中国环境保护行政二十年》，中国环境科学出版社1994年版，第297页。

年 8 月，国家环保总局在秦皇岛成立了环境保护干部学校，专门对环境保护在职干部进行培训，把培训提高在职干部放在环境教育的首位。

同年，全国职工教育工作会议提出对环境系统各类人员开展环境教育和培训，在各级党校和各类职工培训中加入环境保护课，加强对成人环境教育的重视。

（七）建立了环境宣传教育的阵地

1974 年，《环境保护》在北京创刊，1978 年《环境》在广州创刊，这些刊物成为普及环境科学知识、开展社会环境教育的宣传阵地，填补了长期以来我国环境教育宣传工作缺失的空白。1980 年，中国第一家环境专业图书出版社——中国环境科学出版社成立，1984 年 1 月，创办了全国第一家国家级环境保护专业报——《中国环境报》，此刊具有极强的权威性和舆论导向性。

二、起步阶段环境教育的特点

应当说，中国在这个阶段中为了环境开展的教育虽然在认识上处在浅层次上，但取得的成就是有目共睹的。这也向全世界展示了中国为解决环境问题做出的真诚努力。总结中国环境教育在此期间的特点，主要有以下几点：

（一）政府的重视与支持

如果说国外环境教育的起步主要来自专家、学者的研究，民间团体的呼吁、实践，那么，中国的环境教育一开始就得到了中国政府的重视和支持，或者说中国环境教育走的是自上而下的道路。

第一次全国环境保护会议之后，从中央到各地区、各有关部门，都相继建立环境保护机构并制定各种规章制度，加强对环境的管理，如着重对某些污染严重的工矿区、城市和江河进行了初步的治理；环境科学研究和环境教育蓬勃发展起来。在此阶段中，中国各级政府在国家的统一部署下，逐步落实国家的方针、政策，启动各级、各领域的环境教育，迈出了环境教育的第一步。

（二）环境教育目的明确，内容方法单一

中国的环境教育一方面受到国际环境教育的感染和影响，另一方面对国内日益严重的环境问题，需要找寻一条能唤醒国人环境意识的道路，因此，通过宣传和教育来实现这个目标就成了顺理成章的事了。

但由于人们认识的局限性，再加上我国长期忽视对环境的重视，公民确实缺少环境知识，这个时期环境教育主要是宣传和传授环境知识，教育的方法、形式比较单一，远没有国外环境教育形式的多样性。可以说，在这个时期，中国环境教育的概念还不太清晰，换句话说，环境教育的代名词就是环保宣传。

（三）行政部门主导环境教育

由于我国特有的政治环境和行政管理体制，再加上中国环境教育的目的，环境教育一开始就是由行政部门主导和负责落实的。

1981 年 2 月，国务院在《关于国民经济调整时期加强环境保护工作的决定》中专门论述了环境保护、环境教育等问题，标志着环境教育工作被纳入国民经济建设中心工作中。

由于当时缺少或者说没有从事环境教育的教师，也没有统一的教材，环境教育的任务只是传播环境知识。因此，在起步阶段，中小学环境教育主要是在环境保护工作的范畴内，实施环境教育的主体是政府，主要是环境保护部门。

客观地讲，虽然中国的环境教育在此期间四面出击，但教育的广度和深度都不够，环境教育还处在“试点”和“探索”的状态；虽然对环境教育的认识与当时国际环境教育能够保持一致，但临时性、短期性特点很强，而且缺少规范和全民参与。

第二节　中国环境教育的奠基（1983—1992 年）

一、奠基阶段环境教育的标志

在这个十年间，中国环境教育完成了奠基工作，为今后的发展打下了坚实基础。这个阶段的标志主要有：环境教育作为环境保护的重要措施加以落实，中小学环境教育开始进入课程体系，在职教育进一步开展，国家环境教育的组织机构逐渐形成，环境保护法出台，环境教育的地位得到提高等。

（一）环境教育作为落实环境保护的重要措施

1983 年底，第二次全国环境保护会议召开，这次会议将环境保护确定为中国的一项基本国策。会议还认为，要搞好环境保护，首先“要解决各级领导重视问题”，还要“发动群众对各类环境问题和环境保护工作进行监督”[①]。而“解决各级领导重视问题”的途径是加强教育，这表明旨在提高各级领导及群众环境意识的环境教育成为落实“环境保护”这一基本国策的重要战略措施。由此，标志着中国的环境教育步入了奠基阶段。

1991 年，李鹏总理在第七届全国人民代表大会第四次会议上作的《关于国民经济和社会发展十年规划和第八个五年计划纲要的报告》中再一次强调了环境保护是我国的一项基本国策。他说：“今后 10 年和‘八五’期间，要加强环境保护的宣传、教育和环境科学技术的普及提高工作，增强全民族的环境意识。”这表明，中国政府已经意识到环境教育对于环境保护的重要性，以及应扩大环境教育的受众面。

（二）中小学环境教育开始进入课程体系

1983 年第二次全国环境保护工作会议后，中国环境科学学会环境教育委员会第三次会议建议中小学要普及环境教育，加强环境教育的师资培训，重视青少年的课外环境教育，组织环境科学夏令营。

1985 年，由国家环保局、国家教委和中国环境科学学会共同举办的全国中小学环境教育经验及学术研讨会建议：要提高对中小学开展环境教育工作重要性的认识，环境教育应当渗透于各学科教学之中，由此开创了环保和教育两个部门共同开展中小学环境教育的先河。这次会议提出的渗透式环境教育设想为全国中小学开展环境教育提供了路径。

1987 年，原国家教委在制定的《九年义务制教育全日制小学、初中教学计划》（试行草案）中，强调了能源、环保、生态等教育要渗透在相关学科教学和课外活动中，同时，它对大纲做了相应的要求，并建议有条件的学校可单独开课以及加强环境教育的师资培训工作。

---

① 黄宇：《中国环境教育的发展与方向》，载《教育与教学研究》，2003 年第 2 期。

90年代初，原国家教委颁布《对现行普通高中教学计划的调整意见》，对中小学的环境教育从教学的角度提出了更高的要求，如在小学的地理课中，加入关于人口、资源与环境的国情教育，并要求普通高中开设环境保护的选修课。之后，人民教育出版社编写和出版的《环境保护》被作为高级中学选修课的教材。

（三）在职教育进一步开展

为了搞好环境保护工作，努力提高在职人员的专业素质成为当时一项紧迫的任务。各级政府采取各项措施推动在职教育的进一步展开，主要的措施有：加强职业技术教育，以培训尚不具备专业知识的在职人员；建立干部培训基地，开展对各级干部环境保护的培训，以提高各级干部环境保护的意识（1985年，秦皇岛环境保护学校改建为秦皇岛环境干部管理学院）；强化学历教育，特别是环保战线上的领导干部，以提高管理和业务水平。

（四）国家环境教育的组织机构逐渐形成

为了贯彻环境保护这一基本国策，为了更好地开展环境教育，为积极推动环境教育的深入开展提供组织保证，国家环境教育组织机构逐渐形成。

1988年，在新一届的环境保护委员会中，一批国家级报社，像新华社、人民日报社等，国家广播电影电视部门等媒体和教育部被吸收参加环境委员会的工作，这个举措表明中国环境保护工作的组织形式开始走向多样化、合作化，也为环境教育的组织形式奠定了基础。成立于1984年的国家环境保护局，设置了宣传教育司，负责加强全国环境教育的宏观指导，标志着国家环境教育的组织机构形成。

（五）国家环境保护法出台

1989年，《中华人民共和国环境保护法（修改草案）》在国务院和全国人大常委会审议通过，标志我国环境保护法制化的时代到来。该法第五条针对环境教育指出“国家鼓励环境保护科学教育事业的发展，加强环境保护科学技术的研究与开发，提高环境保护科学技术水平，普及环境保护的科学知识”①。至此，环境教育得到法律的支持。

① 《中华人民共和国环境保护法》，中国法制出版社1999年版，第2页。

（六）环境教育的地位得到提高

1989年召开了全国第三次环境保护会议，李鹏总理进一步强调了环境教育的目标和对象："要加强环境保护的宣传教育，提高全民族的环境意识，特别要提高各级领导的环境意识。"并特别强调："要把环境保护作为精神文明建设的一个重要组成部分来抓，教育广大群众自觉地保护环境，把它看作是一项社会公德。"[①] 中国领导人把环境保护的宣传教育作为社会主义精神文明的重要组成部分，标志着环境教育的地位得到提高，也为今后环境教育理论的研究奠定了基础，更预示着中国环境教育将走向发展阶段。

二、奠基阶段环境教育的特点

（一）环境教育领域由封闭转向开放

如果说在起步阶段，中国环境教育的领域主要是社会教育，那么，在这个阶段，中国环境教育已向基础教育领域拓展，环境教育在中小学教育中开始发芽并茁壮成长，呈现出环境教育领域由封闭转向开放的特点。

（二）环境教育体系基本形成

在这个阶段，中国环境教育的格局形成"宣传"与"教育"两种形式并举的局面，这里的"宣传"指的是社会教育，"教育"指的是学校教育、专业教育、在职教育，两者结合起来共同形成中国环境教育的基本格局和体系。也正因为如此，在中国，环境教育、环境宣传、环境宣传教育被视为同义词，目的都是为了环境的教育，差别在于教育的形式和途径不同。

（三）环境教育对象进一步扩大

首先，随着更多的媒体加入环境宣传教育队伍中来，环境教育的受众人群不断扩大；其次，随着环境教育的内容进入幼儿园及中小学部分教材，进一步扩大环境教育的对象；再次，在1990年全国第一次环境宣传工作会议后，环境教育社会化得到普遍重视，并成为今后工作的一个指导思想。经过十几年的努力，中国环境教育的对象已呈现向全社会扩展的趋势。

---

① 国家环境保护局：《第三次全国环境保护会议文件汇编》，中国环境科学出版社1989年版，第10—11页。

（四）环境教育主题化

80年代初，中国政府确定每年的3月12日为“中国植树节”，并成立全国绿化委员会。1984年4月，为了配合第一个首都义务植树日，北京林学院（现在的北京林业大学）等多所高校师生在北京长安街沿线共同举办了第一届绿色咨询活动，号召市民行动起来关注人类生存环境。1985年，国家环境保护局等单位在“世界环境日”（6月5日）举办了各种形式的宣传活动，这次活动为开展环境主题教育活动打下了基础和积累了经验。之后，在世界环境日举办宣传活动成为常态。

第三节　中国环境教育的成长——走向可持续发展教育（1992—2002年）

一、走向可持续发展教育阶段的标志

1992年，联合国环境与发展大会在巴西里约热内卢召开，大会通过了可持续发展的纲领性文件《21世纪议程》，《21世纪议程》提出了可持续发展的重要思想。它标志着人类环境教育发展史上一次重大的转折，即由“为了环境的教育”向“可持续发展教育”转变。在当时国际环境教育的大背景下，中国环境教育在经历了萌芽、起步和奠基两个阶段后，也进入了成长阶段，逐渐开展可持续发展教育。在这个时期，中国环境教育的主要标志是：

（一）环境教育的地位和作用得到充分肯定

1992年，在首次全国环境教育工作会议上，时任国家环保局局长的曲格平在会议开幕式上发表了题为《走有中国特色的环境保护道路》的讲话。他提出：“环境保护，教育为本。加强环境教育，提高人的环境意识，使其正确认识环境及环境问题，使人的行为与环境相和谐，是解决环境问题的一条根本途径。”[①] 这次会议确定的“环境保护，教育为本”的环境教育方针，

---

① 曲格平：《中国环境与发展》，中国环境科学出版社1992年版，第7页。

充分肯定了环境教育的地位和作用，并把环境教育作为解决环境问题的根本途径。

1996年12月10日，《全国环境宣传教育行动纲要（1996年—2010年）》（以下简称《纲要》）颁布。《纲要》确立了我国未来15年环境保护的目标，并指出：为了实现这个目标，需要深入开展环境宣传教育，广泛动员公众参与。《纲要》的出台标志着我国环境教育迈上了更高的台阶。

《纲要》还指出：编制《纲要》是为了贯彻党的十四届五中全会提出的“搞好环境保护的宣传教育，增强全民环境保护意识”战略任务，贯彻六中全会通过的《中共中央关于加强社会主义精神文明建设若干重要问题大决议》，落实《国务院关于环境保护若干问题的决定》所采取的重大举措。这大大提升了环境教育的地位与作用。环境教育的地位与作用还体现在《纲要》中：“环境教育是提高全民族思想道德素质和科学文化素质（包括环境意识在内）的基本手段之一。”这表明中国政府把环境教育与素质教育结合起来，与社会主义的精神文明建设结合起来，与社会主义的文化建设结合起来，环境教育的地位与作用进一步提升，为中国环境教育的发展提供了强有力的理论基础。

（二）环境教育向可持续发展教育转变

1. 进一步强调了环境教育的重要性

《关于出席联合国环境与发展大会的情况及有关对策的报告》提出了我国环境与发展领域应采取的十条对策和措施，报告把“实行持续发展战略”作为第一项，其中的第八条是加强环境教育，不断提高全民族的环境意识，要求各级党政干部提高对环境与发展问题的综合决策能力。这个文件标志着它是我国实施可持续发展战略的第一个专门性文件。

2. 明确了环境教育的性质和目的是可持续发展教育

1994年3月，中国政府颁布了世界上第一个国家级的“21世纪议程”——《中国21世纪议程——中国21世纪人口、环境与发展白皮书》（以下简称《中国21世纪议程》）。《中国21世纪议程》是我国政府为贯彻联合国环境与发展大会精神，在中国实现可持续发展的行动纲领。其中的第六章提出了在教育改革中“加强对受教育者的可持续发展思想的灌输，将可持续发展思想贯穿于从初等到高等的整个教育过程中；通过各种文化宣传和科学普及活动，对公众加强可持续发展的伦理道德教育，提高全民的文化科学水平和可持续发展意识”。从上述我们不难看出，中国环境教育的性质由过去的“为了环境的教育”转变为“为了可持续发展的教育”，或者说环境教育的目标是可持续发展教育；教育的目的从帮助人们掌握环境保护知识转向帮助人们树立可持续发展领域走向更宽广的道路，与国家的教育改革、社会发展、大众的现实生活紧密地结合在一起。这标志着中国开始了面向可持续发展的环境教育，中国的环境教育与国际环境教育真正接轨。

3. 拓展了环境教育的内容和功能

《纲要》对环境教育的内容也做了明确地概括：环境教育的内容包括环境科学知识、环境法律法规知识和环境道德伦理知识。由此超越了“环境教育的内容就是传授环境保护”这种认识的局限性。同时，《2001 年 ~2005 年全国环境宣传教育工作纲要》建议把环境教育与环境文化联系在一起，指出“各级环境保护、宣传、教育文化部门要积极引导、推动环境文化的健康发展”。在 2000 年全国环境保护系统环境宣传教育工作会上，王玉庆副局长也讲道：“我们应从文化的背景来审视环境问题，以环境文化建设第四系来设计环境宣传教育。”至此，环境教育功能拓展到了为弘扬环境文化、建设环境文化和发展环境文化做贡献的层面。

（三）环境教育体系向制度化、规范化、专业化发展

1992 年，第一次全国环境教育工作会议首次正式宣布我国已形成了一个多层次、多规格、多形式的具有中国特色的环境教育体系，并向制度化、规范化发展。这个体系包括环境基础教育、环境专业教育、环境成人教育和环境社会教育，为今后生态文明教育打下了良好的基础。

1. 环境基础教育

环境保护知识正式进入中小学教学大纲。在 1992 年国家教委组织审查并通过的义务教育小学和初中各学科教学大纲中，将环境保护知识渗透到相关学科当中，并落实到 1993 年版的教材和教师参考书中。“这是中国政府教育部门重视中小学环境教育的重大举措，使环境教育开始以制度的形式确立了在基础教育中的重大地位。”① 为了贯彻可持续发展的环境教育，《中国 21 世

---

① 黄宇：《中国环境教育的发展与方向》，载《教育与教学研究》，2003 年第 2 期。

纪议程》提议制定一系列的教育改革的方案，包括：在小学《自然》课程、中学《地理》等课程中纳入资源、生态、环境和可持续发展内容。

《纲要》制定了环境教育的行动纲领，即面向21世纪，进一步完善有中国特色的环境教育体系。强调“要加强中小学各科教材环境保护内容的研究，利用课外活动开展丰富多彩的环境教育；定期举办中小学校长、教导主任和教师的环境保护培训班；师范学校、中等专业学校要逐步把环境保护课列为必修课程”①，为《纲要》中确定的“到2010年，环境教育制度达到规范化和法制化”奠定了坚实的基础。

进入21世纪后，中国环境基础教育发展迎来了一个新的高潮。作为贯彻《纲要》的重要举措，2003年教育部正式印发了《中小学环境教育专题教育大纲》，倡导中小学在各学科环境教育的基础上，通过专题教育的形式开展环境教育，并具体规定了环境专题教育的教学内容、教学活动建议和标准，此举对中小学开展环境教育具有重大的指导意义。在此基础上，2003年11月颁发的《中小学环境教育实施指南》则进一步对环境教育的性质、特点、目标、内容、过程与方法以及评价做了明确且详细的规定与说明。这标志着“中国第一次把为了可持续发展教育融入基础教育中，使之成为基础教育不可或缺的组成部分”②。至此，中小学环境教育的制度化、规范化更向前迈进了一步。

2. 环境专业教育

为了对高校提出更高要求，《中国21世纪议程》建议：在高等学校普遍开设“发展与环境”课程，设立与可持续发展密切相关的研究生专业，如环境学等。《纲要》提出：高等院校的非环境专业要开设环境保护公共选修课或必修课。高等院校环境专业要结合专业特点，把实施两个根本转变、实施可持续发展战略以及人口、资源、发展同环境的关系贯穿于整个教学过程之中。

环境专业人才培养硕果累累。自从20世纪70年代以来，高等学校的环

---

① 国家环境保护总局宣传教育司：《环境宣传教育文件汇编（2001—2005）》，中国环境科学出版社2006年版，第291页。

② 丁牧：《教育部颁布〈中小学环境教育实施指南〉》，载《环境教育》，2003年6期。

境类专业，经历了从无到有，从小到大的发展。截止到 2005 年，我国共有 200 余所高校开设各类不同层次（含大专、本科、硕士、博士、博士后）的环境学专业点，专业设置呈现出以污染控制和生态保护类为主体的特征，向社会输送了数以万计的环境科学专业人才。[①] 中国环境专业教育培养的大批专业人才成为环保领域中的一支有生力量，为我国的环境保护事业做出了重要贡献。

1990 年《中国环境年鉴》出版，并从 1994 年开始出版英文版。1996 年全国第一家《环境教育》的专门期刊面世。中国还有 30 多家地方环境问题报纸和数百种环境学专业期刊。

3. 环境社会教育

1995 年，我国政府制定的《国民经济和社会发展“九五”计划和 2010 年远景目标纲要》把实施科教兴国和可持续发展战略作为中国未来发发展的国家战略。为了贯彻《国民经济和社会发展“九五”计划和 2010 年远景目标纲要》，同年出台了《中国环境保护 21 世纪议程》，这个议程中阐述了环境宣传教育对“提高全民族环境保护认识，实现道德、文化、观念、知识、技能等方面的全面转变，树立可持续发展的新观念，自觉参与、共同承担保护环境、造福后代的责任与义务”[②] 的重要性和作用。

从 2001 年开始，原国家环保总局联合中宣部、原国家广电总局共同开展环境警示教育活动，其目的就是要通过大张旗鼓的宣传，引起全体公民对环境的问题的重视，加强公众监督。2003 年，在国务院印发的《中国 21 世纪初可持续发展行动纲要》中提出“利用大众传媒和网络广泛开展国民素质教育和科学普及。鼓励与支持社会组织和民间团体参与促进可持续发展的各项活动”[③]。这个纲要与《中国环境保护 21 世纪议程》的颁布，标志着环境社会教育向规范化发展。

---

① 《我国环境类人才需求现状及发展趋势的分析研究》，中国教育和科研计算机网站，访问时间：2006 年 3 月 23 日。

② 国家环境保护局：《中国环境保护 21 世纪议程》，中国环境科学出版社 1995 年版，第 244 页。

③ 宣兆凯：《可持续发展社会的生活理念与模式建立的探索》，载《中国人口、资源与环境》，2003 年第 4 期。

（四）开展一系列的主题环保宣传活动和绿色创建活动

在每年的“6·5世界环境日”“植树节”“爱鸟周”，还有“4·22地球日”“9·16国际保护臭氧日”“12·29世界生物多样性日”等纪念日期间，全国各地都组织大规模的宣传活动。除此之外，开展一系列的主题环保宣传活动和绿色创建活动成为这个阶段的标志。

1. 大力倡导主题环保宣传活动

从1993年开始，“中华环保世纪行”活动在全国开展。这个活动是由全国人大环境与资源保护委员会牵头，会同中宣部、原国家环保局、原广电部等14个部委联合组织的大型环保宣传活动。这个活动的目的是“通过新闻媒介，用舆论工具向破坏环境、破坏生态、浪费资源的行动宣战，让环境意识深入到各级领导和全体人民的心中”①。这个活动每年都围绕一个宣传主题进行，如：1993年——向环境污染宣战；1994年——维护生态平衡；1995年——珍惜自然资源；1996年——保护生命之水；1997年——保护资源永续利用；1998年——建设万里文明海疆；1999年——爱我黄河；2000年——西部开发生态行；2001年——保护长江生命河；2002年——节约资源，保护环境。“中华环保世纪行”主题环保宣传活动的持续开展，在全国引起了巨大的反响，促进了一批重大环境问题的解决。

2. 创建绿色学校，推进素质教育

《纲要》确定了未来15年中国环境教育的目标，其中第十一条就是“到2000年，在全国逐步开展创建‘绿色学校’活动”。这是在中国首次出现“绿色学校”的概念。自此，在教育部门和环境保护部门紧密合作下，全国许多中小学校中开展了创建“绿色学校”的活动。至2007年全国有705所中小学（幼儿园）受到表彰，成为国家级的“绿色学校”。可以说，“绿色学校”的创建使中国环境教育进入了与基础教育紧密结合、共同推进素质教育的一个新阶段。

3. 创建绿色社区，提倡“绿色生活方式”

《2001年—2005年全国环宣传教育工作纲要》提出在47个环境保护重点城市逐步开展创建“绿色社区”的活动，以倡导“绿色生活方式”，培养

---

① 北子：《中国“环保之父”曲格平》，载《环境教育》，2004年第3期。

公众良好大环境伦理道德规范，促进良好社会风尚的形成。2004 年 7 月公布了《全国“绿色社区”创建指南（试行）》，并于 2005 年 5 月表彰了首批 112 个全国“绿色社区”创建活动先进社区。这个活动把环境教育与人们的日常生活紧密地结合起来，极大地调动了公众参加环保活动的积极性，取得了很好的效果和反响。

4. 创建绿色大学，弘扬绿色文明

1994 年后，中国高等院校掀起了绿色教育的高潮，创建绿色大学，弘扬绿色文明是明显的标志。

1998 年 4 月，清华大学向原国家环境保护总局提交《关于申请批准清华大学“创建绿色大学示范工程”项目的报告》，这不仅标志着“绿色大学”理念融入高校的办学思想之中，成为中国高等教育所追求的愿景之一，也标志着“绿色大学”成为高校实践环境保护、提升自身能力和形象的重要途径。①

1999 年 5 月，“全国大学绿色教育协会筹备委员会”成立，由清华大学等六所高校的有关大学专家组成，并于 2000 年 5 月召开“第一届全国大学绿色教育研讨会”。2001 年，清华大学成为首家国家环保局正式命名的“绿色大学”。启动创建“绿色大学”活动成为“十五”期间中国高等教育的环境教育目标之一。之后，教育部又在 12 所师范大学成立了环境教育中心。全国一些省、市及部分高校，如福建、陕西、广西、云南、天津和武汉、南京、大连、梧州及中山大学、江汉大学、广西大学、贵州工业大学、大连铁道学院、广州大学、山西农业大学等都相继开展绿色大学的创建活动。

在中国高校绿色教育的大潮中，大学生既是绿色文化的传播者，也是绿色文化的实践者。1996 年，北京林业大学学生以“为祖国母亲撒播点点生命绿，替华夏大地架起座座爱心桥”为己任，发起了第一届首都大学生“绿桥”活动，至今已连续举办了 23 届。每年的“绿桥”活动都吸引首都 50 余所及京外数十所高校的生态环保志愿者以及来自五大洲的国际青年志愿者积极参与。大学生已经成为高校绿色教育的一股生力军，他们在中华大地上为

---

① 樊颖颖、梁立军：《中国“绿色大学”研究进展及其分析》，载《南京林业大学学报》(人文社会科学版)，2012 年第 2 期。

弘扬绿色文明贡献着自己的青春和智慧。

（五）民间环保组织相继成立

1992年以后，民间环保组织在中国环境教育事业中发挥着重要的作用。据新华网北京2005年10月28日电，截至2005年，中国共有民间环保组织2768家，总参与人数22.4万。

中国第一家民间环保组织是1994年成立的自然之友，标志着中国第一个在国家民政部注册成立的民间环保团体诞生。10多年来，“自然之友”发展了8000多会员，获得“亚洲环境奖”“地球奖”等国内外10多项奖项。在藏羚羊保护、滇金丝猴保护等多起环保事件中做出了重要贡献。“自然之友”成为中国具备良好公信力和影响力的环境NGO，对中国环保事业和公民社会的发展做出了贡献，并已成为标志性组织之一。

于1996年成立的北京地球村环境教育中心（简称北京地球村）是一个具有理论研究、影视制作、社区教育和国际交流综合能力，致力于公众环保教育的非营利民间环保组织。正式注册的志愿者上千人。地球村的宗旨是通过营造大众环境文化，促进中国可持续发展。作为地球村的创办人和负责人廖晓义荣获“2006绿色中国年度人物奖”。

（六）加强国际合作，构建可持续发展教育工作网络

在这个阶段，一些境外的组织和机构进入了中国环境教育领域，促进了中国环境教育向国际化和合作化方向发展，为中国环境教育注入了新的活力。

最具代表性的是“中国中小学绿色教育行动”（EEI）项目。这个项目是于1997年由中国教育部、世界自然基金会（WWF）、英国石油（BP）公司共同合作开展的环境教育项目，也是我国首次由政府部门、国际性非政府环保组织和跨国公司共同合作的环境教育项目。它致力于将环境教育和可持续发展教育融入中国正规教育体系，将重点放在为中国中小学环境教育工作者提供培训方面，以期开发出一个能与中国现有中小学小课程密切结合的环境教育体系。该项目受教育部委托，编制了中国第一部国家级环境教育指导性文件——《中小学环境教育实施指南》，通过建立可持续发展教育中心（研究所）和环境教育野外基地，组建和完善可持续发展教育的专业队伍并

进行全国范围的培训，开发出版各类可持续发展教育资源，促进学校与社区的联系，构建了一个覆盖全国的可持续发展教育工作网。

1997年9月，世界自然基金会（WWF）分别与北京师范大学、华东师范大学、西南师范大学签署了在各校建立环境教育培训中心的协议。这标志着我国高等环境教育机构走向国际化。之后，共有12个环境教育中心相继成立，负责指导、协调全国性或区域性环境教育项目。

1998年，联合国教科文组织（UNESCO）委托我国北京、上海、山东等八省（直辖市、自治区）执行“环境、人口与可持续发展教育项目”（EPD），这是当时全国最大规模的可持续发展教育项目，其目标是提高人们进行可持续发展的认识和能力。据统计，至2003年，“该项目已在全国九个省市1000多所学校得到广泛推广”①，接受EPD教育的学生达100多万人。

到2000年，我国正式参加贝逊项目（BELL：Business，Environment，Learning and Leadership）的大学有包括清华大学、北京大学在内的六所著名大学。该项目是一个由世界资源研究所发起，美国、加拿大等国的多所国际著名大学商学院参与并得到众多跨国公司支持的国际环境教育项目，旨在把政府、学术机构、商学院和企业之间联系起来，共同推进环境教育在更高的领域发展。

2002年，联合国开发计划署与同济大学联合建立环境与可持续发展学院，“其主要职能是面向全世界主要是亚太地区开展环境与可持续发展领域的学术交流和人才培训”②。2006年在同济大学启动的面向环境官员的“环境管理与可持续发展”国际硕士学位培养项目是联合国开发计划署第一次在大学开展学位教育。

二、走向可持续发展教育阶段的特点

（一）可持续发展教育对象普及化

《纲要》指出，“环境教育是面向全社会的教育，其对象包括：以社会各

① 史根生：《可持续发展教育报告·2003年卷》，教育科学出版社2004年版，第1页。
② 黄艾娇：《同济帮联合国培训亚太官员》，载《环球时报》，2007年5月18日。

阶层为对象的社会教育，以大、中、小学生和幼儿为对象的基础教育，以培养、培训环境保护专门人才为目的专业教育和成人教育四个方面。”

按照领域不同，环境教育可以分为正规教育和非正规教育。在正规教育中，又可分为幼儿教育、初等教育、中等教育和高等教育。前三种又称为基础教育，教育对象包括幼儿、中小学生和大学生。高等教育又可分为专业教育和非专业教育，教育对象分别为环境类专业和除环境类专业以外的所有大学生；非正规教育可以分为在职教育、干部教育、企业教育、社会教育和公众教育，教育对象为从事环境保护的从业人员、各级干部，特别是领导干部、各类生产企业人员和所有公民。非正规教育不足之处是深入性不够，企业人员教育效果不明显。

中国可持续发展教育从最初环境教育对象以专业教育和干部教育为主，发展到面向全体公民，这个发展使可持续发展教育的功能和作用得到最大的发挥，也使得在中国形成了人人讲环保，人人爱护环境的良好氛围。

（二）可持续发展教育主体多样化

中国可持续发展教育主体可以分为政府组织和非政府组织。在环境教育起步阶段，环境教育是自上而下开展的，政府组织，主要有环境保护部门和教育部门，起着指导和管理的主导作用。随着公众环境意识越来越强，越来越多的公众直接参与到保护环境、改善环境中来，公众参与的积极性显著提高，自下而上的、来自民间、非政府的组织日益增多，起着推动的作用。人们用自己的实际行动宣传环境保护知识、环境法律法规知识、传播绿色的文化、倡导绿色文明，在参与活动中相互教育、自我教育，行使环境教育的权利、发挥环境教育的功能，可持续发展教育的主体群越来越多、越来越大，可持续发展教育主体呈现多样化。

（三）可持续发展教育模式立体化

可持续发展教育在经过环境教育各阶段实践的基础上，逐渐形成了不同的教育模式并相互交叉，呈现立体网络化。如果按照教育主体来划分，主要包括社会教育模式、学校教育模式。另外，绿色创建活动模式也是中国可持续发展教育实践的常见模式。

社会教育模式主要以环境保护部门为主，吸引公众参与的可持续发展教育。与环境教育起步阶段相比，社会教育模式更注重教育的系统化、长效化、大众化、科学化，主要途径和形式有环境警示教育、大型新闻宣传活动、环境纪念日活动等。环境警示教育是通过拍摄生态环境警示录的专题片，集中披露一些重大的环境问题，从而起到警示、监督的作用；大型新闻宣传活动是组织新闻媒体对环境保护及其环境保护执法检查情况进行集中采访和报道；环境纪念日活动是利用一些重要的环境纪念日开展宣传，激励公众踊跃参与。

学校教育模式是以教育部门为主，通过各种形式和方法在各级学校开展的可持续发展教育。包括基础教育中的课程教学模式、综合实践活动模式和专业教育模式。课程教学模式又可分为多科教学（又叫渗透式）模式和单科教学模式；综合实践活动模式是结合学校的课外活动开展环境教育，以提高环境保护的能力；专业教育模式是旨在培养不同层次专业人才的教育模式。

在这个阶段，中国开展了绿色社区、绿色学校、绿色大学创建活动，并逐渐走向规范化，向全国推广。一些省市把绿色创建活动的领域扩展到医院、饭店、机关，开展“绿色机关”“绿色医院”“绿色饭店”的创建活动。

第四节　中国环境教育的发展——走向生态文明教育（2002年至今）

生态文明教育与环境教育、可持续发展教育是何种关系？中国的生态文明教育又是从何时兴起的？我们认为生态文明教育与环境教育、可持续发展教育在时间上具有时序性，在内容上具有包容性，因此，它们之间既交叉又并存。就生态文明教育而言，生态文明教育的兴起应以其理论基础的建立为标志，因此，我们建议以科学发展观理论的产生作为生态文明教育兴起的起点。

一、生态文明教育兴起阶段（2002—2012年）

自1992年里约热内卢环境与发展大会通过《21世纪议程》后，可持续发展的理念被各国所接受，我国也相继制定了一系列实施可持续发展战略的重要举措，如《中国可持续发展战略报告》等。

（一）生态文明教育兴起的标志

进入21世纪后，中国率先提出建设生态文明社会，并展开建设生态文明社会的大讨论，向公众宣传生态文明理念，不断完善其理论，通过环保主题活动吸引公众的参与，生态文明教育逐步开展。这个阶段的主要标志是：

1. 确立建设生态文明社会战略方针

2002年，在中国共产党的十六大报告中，把走上生态良好的文明发展道路列为全面建设小康社会的四大目标之一，即“可持续发展能力不断增强，生态环境得到改善，资源利用效率显著提高，促进人与自然的和谐，推动整个社会走上生产发展、生活富裕、生态良好的文明发展道路”。

2003年6月25日中共中央、国务院出台的《中共中央国务院关于加快林业发展的决定》中规划了中国林业生态建设的目标，明确了中国迈向生态文明社会林业应做出的贡献，提出“要大力加强林业宣传教育工作，不断提高全民族的生态安全意识。中小学教育要强化相关内容，普及林业和生态知识。新闻媒体要将林业宣传纳入公益性宣传范围”，把生态意识教育作为生态文明教育的重要内容。

2003年10月召开的中国共产党十六届三中全会提出了科学发展观，并把它的基本内涵概括为“坚持以人为本，树立全面、协调、可持续的发展观，促进经济社会和人的全面发展”，“坚持统筹城乡发展、统筹区域发展、统筹经济社会发展、统筹人与自然和谐发展、统筹国内发展和对外开放的要求”。科学发展观的提出为生态文明教育提供了强有力的思想理论支撑。

2005年，党的十六届五中全会提出了全面贯彻科学发展观，加快建设资源节约型环境友好型社会。第六次全国环境保护大会提出了加快实现“三个转变”，即：价值观念的转变，生产方式的转变；消费方式的转变。同年，《国务院关于落实科学发展观加强环境保护的决定》中明确提出了要加强环境宣传教育，弘扬环境文化，倡导生态文明。这标志着国家对加强生态文明教育的重视。

2007年，在中国共产党的十七大报告中明确提出把建设生态文明作为我国未来发展的新目标，党的十七大报告为生态文明教育提出了明确的任务，就是通过宣传教育在全社会树立生态文明观念。

2. 开展围绕生态文明建设的环保主题宣传活动

"中华环保世纪行"环保宣传活动的主题由最初较侧重单纯的生态环境问题转向较侧重生态与可持续发展问题。如：2003 年——推进林业建设，再造秀美山川；2004 年——珍惜每一寸土地；2005 年——让人民群众喝上干净的水；2006 年——推进节约型社会建设；2007 年——推动节能减排，促进人与自然和谐。特别是 2006 年和 2007 年，紧紧围绕转变生产方式、节约能源和资源开展活动。江苏省在 2006 年制定了《关于推进节约型社会建设的若干政策措施》，上海市则以宣传企业、社区节能、节水、节材，发展循环经济为切入点。2007 年"中华环保世纪行"的主题是推动节能减排，促进人与自然和谐，全国各地政府和企业纷纷以转变经济发展模式、建设资源节约和环境友好型的生态社会作为工作的重点。2008 年环保宣传活动的主题是——节约资源，保护环境；2009 年——让人民呼吸清新的空气；2010 年——推动节能减排，发展绿色经济；2011 年——保护环境，促进发展；2012 年——科技支撑、依法治理、节约资源、高效利用。

塑料垃圾造成的白色污染是当时亟待解决的问题，为此，2008 年初，国务院办公厅下发《关于限制生产销售使用塑料购物袋的通知》，决定从 2008 年 6 月 1 日起，在全国范围内限制生产销售使用塑料购物袋，这个通知得到公众的积极响应，企业、民间环保组织自觉行动起来，纷纷向社会销售、捐赠环保布袋，引导消费者绿色消费。从"限塑令"实施以来，公众使用环保购物袋的意识大大提高，取得了预期的效果。

据国家林业局政府网 2008 年 3 月 5 日讯："生态科普暨森林碳汇"宣传活动启动仪式在京举行，目的是"大力宣传生态文化、宣传绿色奥运、宣传森林的功能及在全球气候变化中的作用，普及植树造林与森林碳汇的知识"，以唤起公众增强生态意识，积极造林护绿，建设生态文明。"到 2010 年底，北京市在部分公园、博物馆、商场、银行以及邮局中设立了 30 处碳足迹计算器，今后还将以每年设立 300 个碳足迹计算器的速度推广，引导市民践行低碳生活。”①

2008 年 6 月 5 日是第 37 个世界环境日。联合国环境规划署确定 2008 年世界环境日的主题为“转变传统观念，推低碳经济”，为呼应这一主题，中国的主题是“绿色奥运与环境友好型社会”，标识为地球和奥运五环，以宣传“办绿色奥运，促节能减排，倡导生态文明，建设环境友好型社会”。

3. 倡导绿色奥运

绿色奥运是北京奥运的三大理念之一，绿色奥运的核心和本质就是构建人与自然和谐发展的生态文明。自申办 2008 年奥运会成功后，北京奥组委与北京市政府积极践行绿色奥运理念，把实现绿色奥运作为推进生态文明教育的一个重要途径。从奥运设施规划到奥运场馆建设，从环境治理到城乡美化，从鼓励公众绿色消费到生态城市建设，每一个环节都渗透着生态文明的理念，每一步都向着生态文明社会迈进，生态文明教育润物细无声般在公众中展开，环保意识、生态文明意识在公众参与中得到强化。

2008 年 6 月 17 日，国务院新闻办公室、国家林业局召开了“绿色承诺”新闻发布会，北京 31 个奥运比赛场馆、45 个训练场馆，以及奥运道路连接线等 160 多项奥运绿化建设工程都已经进入收尾阶段，2001 年北京申办奥运会时承诺的七项绿化指标均超额完成。②

4. 发表《鹫峰宣言》

2007 年 11 月 17 日至 18 日，“生态文明与和谐社会”学术研讨会在北京鹫峰国家森林公园举行，形成并发布了包括六点共识在内的建设生态文明《鹫峰宣言》。《鹫峰宣言》强调：要以科学发展观为指导，倡导生态世界观、生态价值观及其方法论，加强学术研究，完善生态文明的理论体系；主张科学技术的生态转向，促进传统产业向生态化产业转变，走可持续发展之路；期盼全面实现生态系统的生态价值、经济价值和精神价值，满足人们的多重需要；提倡理清各种权利和利益关系，健全与环境友好的制度体系，实现社会主义、环境正义和生态正义；建议政府积极引导和大力推动生态文明建

---

① 陈丽鸿：《中国生态文明教育实践综述（2008—2010 年）》，载《林业经济》，2011 年第 11 期。

② 王胜男、田新程、李惠均：《绿色奥运，我们准备好了》，载《中国绿色时报》，2008 年 6 月 18 日。

设，拓展生态文明建设职能，确立生态行政观和生态政绩观；呼吁加强生态文明教育，发挥各种媒体的作用，激励全体公民及非政府组织积极参与。[①]

5. 建立以倡导生态文明为主题的教育基地

为配合生态文明教育，各地在环境教育基地建设的基础上，以倡导生态文明为主题积极推进基地建设。如广州市绿田野生态教育中心以“绿色、生态、教育”为主题开展环境监测和环境科学研究，探索生态良性循环的路子，中心区设有小型环境示范工程和清洁能源岛等设施，生态区设有珍稀濒危植物示范区、无公害有机蔬菜种植等实验基地。环境教育基地积极宣传节约型和循环经济发展模式，节能、减排、循环经济示范在基地内随处可见，旨在以科学发展观的原则，大力推广资源节约型社会和环境友好型社会的理念，使人们自觉地参与其中。再如：北京南海子麋鹿苑博物馆是一座以普及生态道德为特色的科技教育基地，不仅是一个保护麋鹿的生物多样性研究场所，还是一个以开展自然、历史、文化、生态探游及环保主题活动的全国青少年科技教育基地和生态博物馆。苑中的世界灭绝动物公墓、滥伐的结局雕塑、路边提示牌向人们提示人与自然和谐的重要性，而入苑前的宣誓、绿色地球迷宫、生态游戏区、濒危动物诺亚方舟等互动区则让人们在体验中懂得了生态文明的意义。

据《中国绿色时报》2007 年 11 月 2 日报道：11 月 1 日，国家林业局、中国生态道德促进会向福建省莆田市授牌“中国生态文明建设湄州岛示范基地”，标志着我国第一个海岛生态文明建设示范基地诞生。毋庸置疑，随着生态文明建设示范基地的建设，公众与社会的良性互动会逐步增强，将吸引更多的公众参与生态文明建设，促进生态文明。

2008 年 6 月，在“中国生态文明建设高层论坛”上，国家林业局、教育部、共青团中央决定授予广东省广州市帽峰山森林公园等十单位“国家生态文明教育基地”称号[②]，为了使全国生态文明教育基地管理工作规范化、制度化，2009 年三家单位又联合制定了《国家生态文明教育基地管理办法》。

① 历建祝：《鹫峰宣言》，载《中国绿色时报》，2007 年 11 月 20 日。

② 曹志娟、刘苇萍：《十单位被授予国家生态文明驾驭基地称号》，载《中国绿色时报》，2008 年 6 月 2 日。

截至2014年，共有75个单位获得了“国家生态文明教育基地”的称号，涉及“科技场馆类、教育科研类、环保设施类、自然生态类、工业企业类、农业示范类、社会民生类”[①] 等七大类单位，拓展了全国生态文明教育的途径。

6. 开展环境教育立法的实践[②]

中国环境教育的立法不仅在理论层面展开了探索和讨论，更可喜的是在一些地方也进行了大胆的实践，为进一步完善中国环境教育立法工作提供了宝贵的经验。从2008年起，宁夏环保厅、政府法制办在环境保护部宣传教育司、政策法规司等有关部门的高度重视和大力支持下，探索把环境教育纳入政府立法的计划。据中国政府法制信息网2010年4月6日报道：2010年3月，《宁夏回族自治区环境教育条例（草案）》初步形成。该条例内容共二十条，明确了政府的主导地位，规定各级政府是环境教育的第一责任人以及工作职责；提出了环境教育的内容和途径；确定了环境教育是对全体公民的教育，但要分不同层次开展，重点教育的对象是国家机关、政党、社会团体、企事业单位、学校、城乡基层组织负责人，大、中、小学的在校学生等；此外，还提出了环境教育监督、奖惩机制等要求。《宁夏回族自治区环境教育条例（草案）》的制定对完善环境宣教法制建设、推动环境宣教工作具有积极意义，为环境教育法从地方法规再到国家法这一立法途径做了有益的尝试。

（二）生态文明教育兴起的特点

1. 政治文明为生态文明教育提供保证

可以这样说，中国生态文明教育从一开始就与中国政府推进政治文明紧密结合在一起。

中国政府在制定战略方针和政策时，注意以生态整体性出发，把国家、民族整体利益与根本利益、长远利益与局部、近期利益和大众的个人利益结合起来，把促进人与自然、人与人、人与社会关系的和谐作为政治文明的目标，使得生态文明教育从一开始就站在政治的高度，受到政府的高度重视。

---

① 李媛媛、陈丽鸿：《国家生态文明教育基地评价体系研究》，载《企业文明》，2014年第2期。

② 陈丽鸿：《中国生态文明教育实践综述（2008—2010年）》，载《林业经济》，2011年第11期。

反之，生态文明教育也肩负起促进政治文明的重担。政治文明为生态文明教育提供保证具体表现在：政治文明为生态文明教育提供政治方向和理论基础，政府推进生态文明建设的自觉行动为生态文明教育提供示范作用。

2. 生态文明教育理论研究逐渐展开

实际上，自从世界环境发展大会和《21 世纪中国议程》颁布之后，我国理论界的一些专家学者们就开始积极探索生态文明的相关理论，包括生态文明教育的相关理论。这个时期，大家关注的焦点主要在生态文明的产生和含义问题、生态文明的地位和作用问题、生态文明的建设问题、生态文明价值观问题、生态文明教育的意义和重要性问题等。由此可见，生态文明教育的理论研究还不全面和深入，特别是在生态文明教育与环境教育、可持续发展教育的区别与联系、生态文明教育的理论和思想基础、生态文明教育的内容和途径、评价体系，特别是总结生态文明教育实践的模式与成果等方面还有待于更加深入的研究。

3. 生态文明教育主体更加广泛

在这个阶段里，教育的主体更加广泛。中国的环境教育最初主要由环境保护部门承担教育的主体的。在可持续发展教育时期，教育部门、非政府组织、公众也成了主要的教育主体。除此之外，企业应主动承担起生态文明教育主体的角色和任务。因为，随着中国改革开放的深入，企业将有更大的自主权，决定生产什么、生产多少，如果企业自觉加入生态文明建设中，转变生产方式，走可持续发展的企业之路，就能够为企业员工和公众起到榜样的作用，成为生态文明教育最有说服力的教育者。可喜的是，中国一些有良知的企业正在努力探索一条生态和谐与经济发展相结合的道路，以主体的姿态自觉承担起生态文明教育的责任，如参加奥运场馆建设的一些建筑企业。可以预见，企业的加入将会极大地推进中国的生态文明教育快速向前发展。

二、生态文明教育发展阶段（2012 年至今）

随着党中央出台的一系列生态文明建设的战略决策，生态文明教育的理论探索与实践也有了更大发展，生态文明教育进入发展阶段。

（一）生态文明教育发展阶段的标志

十八大以后，中国生态文明建设上升到国家发展的战略，站在了更高的起点上，为生态文明教育提供了有力支撑，生态文明教育更加具有全面性、国际性。这个阶段的主要标志是：

1. 生态文明地位上升到战略高度

2012 年，党的十八大报告，首次把生态文明建设纳入中国特色社会主义事业“五位一体”总体布局，将生态文明建设全面融入政治建设、经济建设、社会建设、文化建设，从此，中国进入社会主义生态文明新时代。国家大力推进生态文明建设，不断完善相关政策和制度。2015 年 5 月 5 日，《中共中央国务院关于加快推进生态文明建设的意见》发布，2015 年 9 月 11 日，《生态文明体制改革总体方案》出台，增强了生态文明体制改革的系统性、整体性、协同性，为生态文明教育提供了强有力的政策支持。

2017 年，党的十九大报告将坚持人与自然和谐共生作为新时代坚持和发展中国特色社会主义、实现新时代国家治理现代化的基本方略，体现了习近平生态文明思想，其中“绿水青山就是金山银山”的核心理念，是新时代生态文明教育的重要理论基础。“坚定走生产发展、生活富裕、生态良好的文明发展道路，建设美丽中国，为人民创造良好生产生活环境，为全球生态安全作出贡献。”① 丰富了新时代生态文明教育的内容，拓展了视角，指明了开展国际交流与合作的发展方向。

2. 高校生态文明教育蓬勃发展

生态文明建设离不开人才的支撑，高校充分发挥高等教育的功能，积极探索在人才培养模式中融入生态文明教育的路径，取得了丰硕的成果，提出了“生态型人才”的理念，并致力于培养具有生态文明素养、全局视野、科技创新能力的专业化人才。大力发展生态环境专业，培养生态保护、环境治理、绿色发展、绿色科技急需的多层次、多规格的人才，在校园文化建设中融入生态文明教育的内容，通过丰富的校园文化形式，如大学生环保社团将生态文明理念植入大学生的生活中，引导大学生养成适度消费、节约能源等行为习惯，并向周边社区辐射。如江西环境工程职业学院不断完善课程体

---

① 习近平：《中国共产党第十九次全国代表大会报告》，2017 年 10 月 18 日。

系，开设“生态必修课”——《现代林业概论》等林业类课程，并且开设《生态文明知与行》课程，将其作为新生的公共必修课，覆盖全校学生。“依托生态文明教育研究中心、森林文化研究中心、绿色协会等公益组织，开展生态文明系列主题活动，帮助师生树立生态文明理念，宣传弘扬生态文化。”①

高校思想政治理论课是大学生思想政治教育的主阵地，各门课程中蕴含着丰富的生态文明教育资源，一些高校将生态文明教育融入思想政治理论课程中。如湖北大学在教授中国特色社会主义理论体系时，思政课老师紧密联系实际，阐述科学发展观理论，强化学生的生态道德和环境伦理责任，帮助大学生树立正确的生态观。同时，学校还开展专项教学，开发网络资源和精品课程，充分发挥高校思想政治理论课思想政治教育的重要阵地作用，为社会培养生态文明建设人才。②

3. “中华环保行”主题宣传活动更聚焦生态文明建设战略

十八大以来，“中华环保行”主题更聚焦、更具战略性，制定了以“大力推进生态文明，努力建设美丽中国”为主题的五年规划。2013 年以“治理大气污染，改善空气质量”“保护饮用水源地，保障饮用水安全”和“大力推进可再生能源产业健康发展”为专题和重点，关注与人们日常生活密切相关的生态环境问题，提高人民的获得感；2014 年宣传活动的重点是“节能减排，绿色发展”“综合治理，防控雾霾”，并着力推进重点行业和重点区域的大气污染防治工作。2017 年更是聚焦在“绿水青山就是金山银山”生态文明发展理念上。

4. 向乡村辐射，助力美丽乡村建设

习近平总书记在十九大报告中提出：实施乡村振兴战略，要坚持农业、农村优先发展，加快推进农业、农村现代化。2015 年山东省实施城乡环卫一体化实现镇村全覆盖措施，2016 年首批通过了全国农村生活垃圾治理验收。从 2015 年开始大力推进农村“厕所革命”，目前已完成农村无害化卫生厕所

---

① 钟念远：《学校如何在林业科普中有所作为》，载《中国绿色时报》，2017 年 10 月 27 日。

② 王婷：《湖北大学大学生生态文明素质培养模式的创新探索》，载《中国教育报》，2016 年 9 月 15 日。

改造1000多万户，占总户数的67%。[①] 如山东省莱阳市杨家疃村通过横幅、喇叭广播等方式宣读村规民约，使村民们逐渐养成了自觉将生活生产垃圾进行分类并投放到指定垃圾箱中的良好行为习惯。这些改变与村里开展生态文明教育分不开，使生态文明理念、和谐的理念慢慢深入村民心中，滋润着村民道德素养的提升，助力美丽乡村建设。

2018年中央一号文件《中共中央国务院关于实施乡村振兴战略的意见》提出：乡村振兴，摆脱贫困是前提。实现精准脱贫，增强贫困群众获得感，不仅要实现农业强、农民富，还要实现农村美，加强农村突出环境问题综合治理，打造宜居的生态环境。贵州省安顺市平坝区乐平镇塘约村就是乡村振兴战略的典型，塘约村原属国家二类贫困村，但是村民不甘贫困，在村委会的集体带领下自力更生、艰苦奋斗，以"合作社"的方式在短短两年里，从一个贫困村转变为小康村，"由过去的'脏、乱、差'，到现在荷塘飘香，菜园蓬勃，民居亮丽，道路宽阔，安宁静逸，其乐融融，俨然一座现代的桃花源，村容村貌焕然一新"[②]，实现了乡村振兴。

（二）生态文明教育发展的特点

1. 理论基础更加夯实

习近平生态文明思想夯实了生态文明教育的理论基础。当前，中国已经进入新时代，中国社会的主要矛盾已经转变为人民大众日益增长的对美好社会的向往，美丽中国成为社会主义现代化强国的目标，生态文明建设面临着攻坚克难的关键时期，由此，对公民的生态文明素质提出了更高的要求。加强公民生态文明教育，需要坚强的理论作为后盾和基础，以往中国传统生态思想、马克思主义生态思想作为生态文明教育的理论基础，习近平生态文明思想则进一步夯实了理论基础。习近平生态文明思想是在实践基础上形成和发展的，是经过实践检验证明适合中国国情、推动和稳定社会经济发展的科学理论。习近平生态文明思想所蕴涵的马克思主义的观点、立场和方法指引生态文明教育方向，所包含的理念、观点、价值观不仅是公民生态文明教育的内容，也指导生态文明教育具体实践过程。

---

① 孙守刚：《建设美丽乡村，共筑幸福家园》，载《光明日报》，2017年6月27日。
② 车岚：《塘约村：从贫困到小康的华丽蝶变》，载《法制生活报》，2018年4月25日。

2. 生态文明教育常态化、制度化

推进生态文明教育常态化、制度化建设，是各级环境保护部门、教育部门常抓不懈的努力方向。

2011 年和 2016 年，环境保护部、中央宣传部、中央文明办、教育部、共青团中央、全国妇联共同出台《全国环境宣传教育行动纲要（2011—2015年)》和《全国环境宣传教育行动纲要（2016—2020 年)》，明确了环境保护部门在“十二五”和“十三五”期间环境宣传教育行动的目标、基本原则、行动任务和保障措施，强调依法开展环境宣传教育，主张建立环境宣传工作绩效评估体系。随后，各地制定了符合地方特色的行动计划，生态文明教育制度化建设稳步推进。

生态文明教育需要顶层设计越来越得到高校的认同。江西环境工程职业学院制定了《生态文明教育总体规划》，设立了生态文明教育办公室，办公室负责协调、整合学校各部门的资源和师资力量，构建生态文明教育教学课程体系，系统地传播生态文明理念、知识，搭建各种资源和平台，为大学生生态文明实践提供支撑。

高校之间建立合作机制，携手共进。2018 年 5 月 26 日，由全国 150 多所高校组成的“中国高校生态文明教育联盟”成立大会暨生态文明教育研讨会在南开大学举行。联盟旨在以生态文明思想和理念化育人心、引导实践，构建高校生态文明教育体系，带动和引导全民生态文明教育，肩负起培育生态文明一代新人的新使命、新任务。[①] 未来，高校联盟将在生态文明教育体系、教学方法和知行途径等方面开展合作与交流、研究和探索，共享高校生态文明教育门户网站、师资、教材、课程等优质资源，搭建大学生生态文明实践创意平台。

3. 生态文明教育形成全员、全方位教育的格局

经过十几年的发展，我国生态文明教育从兴起、发展至今已经形成了全员、全方位教育的格局。目前，生态文明教育扩展到了到机关、社区、各层次学校、企业、乡村，覆盖面广泛，实现了全员教育，国民的生态文明素养得到全面的提升。可喜的是，各类企业积极作为，主动承担企业的绿色责

---

① 陈欣然：《中国高校生态文明教育联盟成立》，载《中国教育报》，2018 年 5 月 28 日。

任，为公众做出了榜样，成为生态文明教育的新生力量。在 2018 年中国“绿金企业”100 优名单中，制造业入围企业达到 32 家，第三产业环保意识大有赶超之势，民营企业入围企业数量仅比国有企业少三家，表明我国目前越来越多的行业开始重视绿色发展，从传统的制造业到快速发展的金融和房地产业在环保方面都取得了一定的成效，各行业环保意识都有巨大的提升。[①]同时，生态文明教育实现了从宏观到微观，不同层次、不同内容的全方位育人局面。中小学生态文明教育主要着眼于与校园文化建设相结合，在寓教于乐中培养学生的生态文明习惯；高校则聚焦大学生生态文明观念的树立、素养的提升，传播生态文明理念，引导学生去探究生态环境问题、解决生态问题，主动维护生态环境，致力于培养生态文明建设接班人和生态环境治理的专业人才。通过各项活动和公众参与吸引更多的公众投入保护环境的行动中去，政府则加强宏观指导，掌握和了解国家生态文明制度和政策成为领导干部培训的重要内容。如此，全国上下一起努力，建设美丽中国的美好愿景一定能够实现。

---

① 《国有企业履行环保责任绿色发展的带头作用明显》，载《经济参考报》，2018 年 06 月 06 日。

第三章　中国生态文明教育理论内核

前面，我们已经探讨了中国生态文明教育的兴起，在这一章中，我们将简要回顾环境教育、可持续发展教育的相关内涵，探讨中国生态文明教育的理论内核，进一步认识生态文明教育与环境教育和可持续发展教育的内在联系与区别。

第一节　环境教育的内涵

环境教育这一理论体系是在西方环境保护理论蓬勃发展的过程中产生并发展的，其相关理论背景不仅涉及环境科学、教育学的发展，而且还涉及环境保护理论的进展。对这些相关理论的了解有助于更全面地理解环境教育理论，并对如何推动环境教育理论发展提供借鉴。

一、生态环境与教育

（一）生态环境内涵及发展

在国内经常见到“生态环境”这个词，其实“生态”与“环境”在本真意义上是两个不同的概念。

生态（Eco－）一词源于古希腊语，意思是指住所或者房子，生态学（Ecology）的产生最早是从研究生物个体开始的。1886 年，德国生物学家 E. 海克尔（Ernst Haeckel）最早提出生态学的概念，认为生态学是关于生物有机体与周围外部世界之间相互关系的科学。简单地说，生态的内涵是指生物有机体与周围外部世界的关系，其主体是生物有机体。但随着人类生存环境的恶化，生态的内涵扩展到人类与周围环境的关系，进一步扩大到人类与自然环境以及人文环境关系、继而扩大到人类环境中各种关系的和谐，其主体可以是生物有机体，也可以是人类。现代意义上的生态学已经渗透到各个领域，“生态”一词涉及的范畴也越来越广，人们常常用“生态”来定义许多美好的事物，如健康的、美的、和谐的事物均可冠以“生态”修饰。现代意义上的生态已由“关系论”升华为“和谐论”，“环境问题的解决，一方面要求人类与其生物与非生物环境之间的和谐；另一方面还意味着人类生存环境系统中各个子系统之间的和谐，即人文层面中政治环境、经济环境、社会环境、文化环境等与自然环境之间的和谐以及它们彼此之间关系的和谐”①。在现代意义上，提起“生态”，就意味着政治环境、经济环境、社会环境、文化环境与自然环境的和谐，意味着地球上各部分生态环境之间的协调，意味着历史环境与自然环境的和谐。

环境概念的产生是随着人类社会的发展而产生的。远古时代，人类可以说基本上没有意识，他们与其他的生命一样依靠本能而生存。约200万年前，人类大脑有了原始思维，并逐步向神话思维过渡，而逻辑思维的发展，使人对神的“背叛”成为可能。早期的古希腊哲学家已经把相对于自身的“环绕的物体或区域”分离开来进行审视与思考。到了苏格拉底时期，他通过“认识你自己”这个思维转向开始专门探讨个体人的问题，自此人成为西方人类思维的单一中心。在这种以人为主体，物为客体的对立中，人类理所当然地利用手中的利器——科学技术，主宰着自然。但人类思维片面的非辩证的思维具有缺陷，对自我的二重性——人与物，不能很好把握，从而使自我呈现出不确定性，导致了人与物绝对的对立，也就是人与“环绕自身的物体或区域”即环境的对立。一方面，人与物绝对不同，人不但有心灵意识，而且有尊贵的出身；另一方面，人之外的物质世界又都是属于人的。这种生存观念不但威胁到人类与自然的供给关系，而且打破了人类与自然之间的平衡，严重的环境问题便随之产生。环境保护理论正是在此背景下迅猛发展，以“人类—环境”系统为研究对象的环境科学也应运而生。虽然在物理学、地理

---

① 宋言奇：《浅析“生态”内涵及主体的演变》，载《自然辩证法研究》，2005年第6期。

学、生物学中都有环境这个概念，但在出现严重环境问题的大背景下，凸显了环境概念内涵上的较大变化。

上述对“环境”的解释其实已经综合了当前在环境这一领域研究者的最新进展，已经超越了传统意义上所指与人类生存、繁衍相关的“附近”或“周围”事物即“自然环境”。首先，环境是一个紧密结合的、整体的术语和概念；其次，现代意义上的环境还包含了人类的行动、志向和需要等存在的圈层，包含了我们生存之所的所有周围事物，即包含自然环境、工程环境和社会环境；再次，环境之间、环境与相对应的主体之间存在着广泛的相互影响，是一个开放的动态平衡系统。环境具有环境主体的多样性、主体关系的网络性和系统性、能量与信息的动态平衡性等基本特征。实际上，赋予“环境”概念新内涵的正是环境科学理论的发展，环境教育语境中的“环境”概念的内涵，承继了环境科学理论的新成果，因而也具有这些方面的特征。

如上所述，“环境”突出的是“周围”，“生态”突出的是“关系”。在国内运用“生态环境”这一词语的语境中，准确表达应该是“自然环境”，是广义环境的一部分，还不包含人类活动中造成的某些污染问题。“从严格的意义上说，‘生态环境’应当用‘环境与生态’，或总为‘环境’。”①

生态学、环境科学的发展，都和环境保护运动有着密切的关系。环境保护主要从污染或生物多样性减少这样的客观状况的角度来考虑问题，而生态学、环境学则是一种不可缺少的分析工具。“生态学所描绘的是一个相互依存的以及有着错综复杂联系的世界。它提出了一种新的道德观：人类是其周围世界的一部分，既不优越于其他物种，也不能不受大自然的制约。”②“环境科学的基本任务就是揭示‘人类—环境’这一矛盾的实质，研究人类与环境之间的关系，掌握其发展规律，调节人与环境之间的物质和能量交换过程，寻求解决矛盾的途径和方法，以改善环境、促进人类社会不断向前发展。”③

---

① 钱正英、沈国舫、刘昌明：《建议逐步改正“生态环境建设”一词的提法》，载《科技术语研究》（季刊），2005 年第 7 卷第 2 期。

② ［美］唐纳德·沃斯特：《自然的经济体系——生态思想史》，侯文蕙译，商务印书馆 1999 年版，第 10 页。

③ 祝怀新：《环境教育的理论与实践》，中国环境科学出版社 2005 年 7 月版，第 274 页。

（二）何谓教育

环境教育，归根结底是环境的教育，落脚点在教育上。那么，什么是教育呢？教育的定义，有广、狭二种：从广义而言，凡是以影响人类身心之种种活动，俱可称为教育；就狭义而言，则唯用一定方法以实现一定之改善目的者，始可称为教育。教育是人类以传承文化精神和知识技能为手段，培养、建构人的主体素质，发展人的主体性，完善其本质的一种社会实践。建构人的主体素质，丰富人的主体性，完善人的本质的实践特征是教育的本质特征，它是教育存在的根据。在环境教育语境中的教育，是广义的教育概念，即面向所有个人的终身学习。

在人类历史长河中，存在着各种不同的教育理论，环境教育的产生源自于对严重环境问题的反思。但其作为一种教育理念，从理论来看，起源于卢梭的自然教育思想理念，后通过欧美以蒙台梭利、怀特海、罗素、尼尔为代表的新教育和以杜威、克伯屈为代表的进步教育理念，推动了环境与教育两个领域的结合。19 世纪末至 20 世纪初，在英、法、德等国出现了新教育运动，向传统的古典教育思想挑战，提出了一系列“新教育原则”：第一，向纯智力活动提出疑义，认为学校不应只考虑对学生灌输知识，其重要责任在于鼓励学生如何应用科学方法学会解决问题；第二，质疑与现实社会脱离的传统课程，认为学校应开设如近代语、农艺手工劳动等课程，更多地反映现实社会生活，使学生有更多的机会去锻炼能力和参加具有生活特点的活动；第三，反对学校生活的固定不变和呆板的组织、管理形式，认为学校应实行教学改革，适应社会的变化；第四，反对学校在精神上对学生的压抑，强调应创办各种类型的“新学校”，为学生的自由和完善发展创造条件。相同时期，美国教育界掀起了进步教育运动。杜威把他的实用主义哲学与进步教育思潮联系起来，把教育当作改造社会的工具，主张教育应以受教育者的活动为中心，提出“教育即生长、教育即生活、学校即社会”等理论，以训练思维为教育目的，以在做中学为教育手段，以此培养社会需要的有创新能力、懂技术人才。

上述各位思想家、教育家在理论及实践中，重视现实生活，鼓励直接的户外体验教育，强调在实践中发现问题、解决问题等一系列主张为环境领域与教育领域连接在一起做了很好的铺垫。后来，对诸如野外、乡村、城区等自然界及其生命的自然研究运动，正是在上述教育理念中汲取营养发展壮大，进而扩展到环境教育的。

二、环境教育的基本内涵

（一）环境教育概念

在争论不休的各种环境保护理论与实践中，人们逐渐认识到环境恶化不单是自然科学飞速发展的原因，归根到底是人的因素在起关键作用，保护环境涉及政治学、经济学、人类学、伦理学等多学科领域及文化生活等诸多方面，在这样的大背景下，“环境”与“教育”这两大领域走到了一起，并发展成了一门新的学科领域。然而，这个新的领域究竟是什么？研究什么？如何研究？我们先从概念开始分析。

环境教育概念的完善是一个发展的过程，在国际环境教育史上，最早关于环境教育的明确定义是于1970年在美国内华达州国际自然和自然资源部和协会会议上确定下来的。

所谓环境教育，是一个认识价值、弄清概念的过程，其目的是发展一定的技能和态度。对理解和鉴别人类、文化和生物物理环境之间的相互作用来说，这些技能和态度是必不可少的手段。环境教育还促使人们对环境教育质量问题做出决策、对本身的行动准则做出自我的约定。[①]

从广泛的含义上来说，环境教育“是一个有关‘授权’和发展‘主人翁’意识的过程，它发展人们在所在社区提出环境与发展问题的能力”[②]。也就是说，环境教育通过充分的信息以触动人们主动向可持续生存的信仰和态度转化，并最终使信仰和态度转向为行动。

目前，国内一些学者对环境教育也进行了界定，如祝怀新把环境教育定义为：环境教育是一种旨在提高人处理其与环境相互依存关系能力的教育活动。在个人和社会现实需求的基础上，借助所有教育手段和形式在整个课程

---

① 徐辉、祝怀新：《国际环境教育的理论与实践》，人民教育出版社1998年版，第29页。

② ［英］Joy A. Palm：《21世纪的环境教育》，田青、刘丰译，中国轻工业出版社2002年版，第340页。

体系实践中，使受教育者掌握相关的知识、技能，形成关注环境质量的责任感和把握环境与发展关系的新型价值观，并以此支配他们的行为模式，从而在根本上促进人类可持续发展战略。

（二）环境教育的目标和内容

1. 环境教育的目标

随着环境教育理论的深入发展，环境教育的目标也在不断发展深化。1972年斯德哥尔摩会议提出环境教育的目标是提高全民，尤其是普通市民的环境意识，全体大众都能够具备一定的能力来管理和控制自己的环境。1975年贝尔格莱德会议，分三点提出了环境教育的目标："进一步认识到并关注城乡地区在经济、社会、政治、生态方面存在的相互依赖的关系；为每一个人提供机会以获取保护和改善环境的知识、价值观、态度、责任感和技能；创造个人、群体和整个社会环境行为的新模式。"①

1977年的第比利斯政府间环境教育大会，明确提出了环境教育的五项目标②：意识、知识、态度、技能和参与。这五项目标都指向普通个人和社会群体，意识是指获得对整个环境及其有关问题的意识和敏感；知识是指获得对待环境及其有关问题的各种经验和基本理解；态度是指获得一系列有关环境的价值观念和态度，培养主动参与环境改善和保护所需动机；技能是指获得认识和解决环境问题所需的技能；参与是指为民众提供各个层次积极参与解决环境问题的机会。

2. 环境教育的总体内容——"关于""通过""为了"环境的教育

"关于""通过""为了"环境的教育是由伦敦大学卢卡斯教授所构建的环境教育模式，它们是环境教育的三条核心主线。

"关于"环境的教育是指理解环境及其与我们的复杂关系的基础知识。这一核心主线主要是让受教育者知道环境的复杂本质，意识到环境之间、环境与人类之间的不可分割及相互影响相互作用的关系。其主要研究对象是可知的确定的环境问题及各种环境关系，以教师讲授为主导，辅以调查与发现

---

① ［英］Joy A. Palm：《21世纪的环境教育》，田青、刘丰译，中国轻工业出版社2002年版，第7页。

② 徐辉、祝怀新：《国际环境教育的理论与实践》，人民教育出版社1998年版，第36页。

的方法。搜集信息、定量化的实证主义研究是其主要方法。通过此条核心主线受教育者主要获得的是“知识和认识”。基于这条主线，英国《国家教程》详细列出了环境教育的内容。

“通过”环境的教育是将自然作为一种资源加以利用，其通过有计划的探求与调查，使受教育者获得个人体验及感悟，最终提高学习的能力。在这种教育中，自然被作为探求和发现的媒介，也被作为语言、数学、科学和手工方面现实活动的材料资源，刺激受教育者扩大学习过程，学会如何学习。在“通过”环境的教育中，一方面可以观察、测量、记录并解释所观察到的事物，另一方面可以领略大自然的美，领悟在绝对的美学问题中没有对错之分，对环境问题的回答往往只能是折中的产物。其主要运用解释学的研究方法，通过此条核心主线使受教育者主要获得“技能和能力”。

“为了”环境的教育是一种以环境关怀为重点的环境教育，培养受教育者产生足以影响其行为的价值观念。这主要涉及价值、态度和正面的行动，通过向受教育者介绍对环境的个人责任观念和监管者的概念，训练受教育者的质疑精神，建立起道德而公正的价值观念，从而使他们的行为及产生的影响对于地球环境的利益具有积极意义。“为了”环境的教育主要运用批判置疑的研究方法，通过此条核心主线受教育者主要获得的是“态度和价值观”。

需要重点指出的是，这三条核心主线虽然分工各有不同，但实际上是相互交叉相互作用的。其中，“关于”是前提和基础，受教育者掌握了知识，批判地评价相关问题和促进其价值和态度的发展才能成为可能；“通过”是手段和体验，有助于态度和情感的培养，强化大量的环境知识与理解；“为了”是目的，只有在“关于”和“通过”的基础上，才会与态度和价值的培养相联系。只有当这三条核心主线结合一体，才是完整的环境教育内容，才能形成知识、技能与态度，最终实现环境教育的目标。

随着可持续发展教育的开展，“为了”环境的教育的重要性正日益突显。这一趋势预示着环境教育从经验主义向生态的教育范式的转变，也预示着环境教育向可持续教育的转变。

（三）环境教育的本质特征

环境教育不同于以往的传统教育，其不仅要使受教育者获得知识增长见识，而且还须深入到受教育者的意识中，改变教育者的价值观念和态度，并具备解决实际环境问题的能力。环境教育主要有以下几个本质特征：

1. 环境教育是一种跨学科性的整合教育

我们生存及生活的外部世界，是一个复杂的综合体，广泛涉及自然界和人类社会的方方面面，按照所涉及的学科来看，包含生态学、生物学、物理学、化学、地理学、经济学、社会学、历史学、伦理学、文化研究等多学科的内容。环境教育必须对各学科进行整合，对不同学科内容进行引导，对集中引起环境问题的所有相互影响的因素进行分析，才能真正了解环境状况，找到解决环境问题的办法。这是一个综合的过程，并不是各学科内容的简单相加，只有从整体角度理解各领域对环境的相互作用，我们才能真正把握环境问题产生的实质，找到解决环境问题的关键。

2. 环境教育是一种综合素质教育

环境教育的最终目的，是要形成受教育者的综合环境素质。这要求环境教育不仅要关注认知结构，更要关注情感体验，重视受教育者的心理体验过程，从动机、信念、意志、价值观、态度、道德感、责任感等方面进行引导，培养受教育者的感知、意识、认识、批判性思维能力、思考和解决问题的技能，最终使受教育者形成有益于环境的个人行为模式，形成具有知识技能、态度和价值观等方面综合环境素质的合格公民。

3. 环境教育是一种持续性的终生教育

第比利斯环境教育大会指出，环境教育是一个终生学习的过程，它始于学前教育阶段，贯穿正规教育和非正规教育的各个阶段。环境教育没有绝对的起点和终点，在各年龄阶段，都要针对其认知、情感特点，重视培养对环境的敏感并获得有关知识、解决问题的技能以及态度，比如在青少年阶段要特别重视培养学习者对所在社会环境的敏感性。环境问题的复杂性决定了环境教育的长期性、合作协同性，环境教育有赖于全球公众的协同配合、终生努力。

4. 环境教育是重视实践的教育

环境教育不仅是让受教育者掌握知识，更重要的是内化成自身素质，具备解决实际环境问题的能力。这就必须在教学中重视综合性、探究性活动，以培养解决实际问题的能力。受教育者通过在实践中的亲身感受、动手探究，才能认识、体验并进一步理解环境问题，形成正确的环境意识与态度，具备一定的实际技能。

第二节　可持续发展教育内涵

一、环境教育向可持续发展教育的转向

从1972年的“联合国人类环境”大会到1992年的里约热内卢“环境与发展”大会，环境保护的理论与实践取得了一些进展，但环境问题依然存在并继续恶化。为什么？在反思与困惑中，可持续发展战略正式被提出，从而为人类社会的发展与环境保护重新确定了方向。传统的环境教育较为片面地强调保护环境，强调人与环境和谐相处，不太关注甚至否定人类社会的发展。事实上，环境保护离不开可持续发展，因为可持续发展的实现必须依赖人类生存和发展的自然环境，人类必须维护和改善自然环境；环境问题本身产生于经济发展过程之中，要解决这一问题亦不可回避地要回到经济发展这一原点，通过可持续发展来解决。相应地，环境教育向可持续发展教育转变亦是必然的趋势。

正如《21世纪议程》第36章所建议的那样——实现可持续发展必须坚定地立足于环境教育。应该说环境教育一直在稳步地朝着类似可持续性概念所确定的目标和结果奋进，但为什么第比利斯会议有远见的设想没有得到充分地实施？借此机会，也到了环境教育反思自己的时候——环境教育的各种努力几乎都更多地集中在环境问题上，而对人类或经济发展注意较少是一个主要原因。

如果说1992年里约会议以前，环境教育主要内容还仅限于自然环境的保护，那么在这之后，环境教育从内涵与外延上都开始向可持续发展教育转向。环境就其概念本身来说，不仅仅如环境教育研究之初狭义的只指向自然环境，而是把人类文明改造所形成的工程环境、包含政治、经济、文化的社会环境都囊括在内。必然地，环境教育的目的、目标、方法都相应地改变以适应其内涵的变化；就其研究内容而言，开始把所有的环境——自然、政

治、经济、文化、科技等当成系统与子系统，看重它们之间的联系，整体思考社会、人口、自然以及发展，把自然研究、社会研究结合起来，以期能协调地可持续发展。

伴随着环境教育向可持续发展教育的转向，“为了环境的教育”在整个环境教育体系中显得日益重要，批判理论的研究方法持续加强，这已不仅仅是以自然研究的方法来研究环境问题，更把其当作社会问题来进行定性研究。它指导人们反思：什么样的政治机构和经济所有权能够更好地给予人们对自己生活的真正控制权？如何才能真正实现可持续发展？

英国环境教育研究学者赫克尔（John Huckle），在《可持续发展教育：评估未来之路》一文中，总结了“为了环境的教育”的九个方面，其中除了第一、二条强调要掌握“自然环境的知识及其供人类利用的潜力”“掌握适当的技术方面的理论与实践”外，其他七个方面都是从社会研究方面来拓宽环境教育的内容。他强调在环境教育中必须注意融合进以下内容①：

一是注重培养“历史意识和社会形式的改变对自然世界的影响的知识”，厘清社会关系如何塑造着环境关系，探索主流的发展模式与目前的发展为什么不可持续。学生们要被引导思考问题，如人类环境是怎样以社会的形式建设起阶级冲突与社会运动的意识来的。利用自然的投入产出在大多数社会中并非是平等分配的，所以要减轻经济剥削、改善人们环境福利，进行实现可持续发展的工人斗争和环境运动；可持续发展的必要以及这种发展在现有世界中引起的矛盾等。

二是培养对意识形态和消费主义的理解与认识，帮助学生解读为主流文化所传承的关于自然和环境的形象、信仰和价值，培养其对于主要的环境意识形态与社会理想的基本认识，从而有能力辨别和处理新闻媒体中的倾向，理解消费主义的政治内涵与绿色消费主义的局限。

三是鼓励学生参与现实问题，保持试验性与乐观主义的态度。学校应通过各种实践途径，让学生充分融入社区生活，积极参与促进可持续发展的计划，将可持续发展的成功例子纳入课程，以培养学生对希望资源的意识。要

---

① Huckle. J, “Education for Sustainability: Assessing Pathways to the Future”, *Australian Journal of Environmental Education*, 1991 (7).

让学生保持乐观的精神，忠于公正、理性和民主。

环境教育走到这一步，毋宁说直接称为可持续发展教育更为合适。此时的环境教育不仅要改变人们对环境的行为，更要从根本上改变人们的发展观、价值观和道德观，要重新审视人与环境、人与人的关系，关注政治、经济、社会的一系列发展战略，其同时涵盖了最初意义的环境教育、人口与发展教育、全球教育。可以说，环境教育已完成了向可持续发展教育的转向。

显而易见，可持续发展教育是根据人类社会可持续发展的需要，为了更好实现环境教育的长远目标，在可持续发展思想下，对原有的环境教育做出的调整。可持续发展教育与环境教育的关系是互动的，首先，它们之间存在承继关系，可持续发展教育承继了环境教育的很多形式与方法，环境教育是可持续发展教育的前提和基础；其次，它们之间是发展与被发展的关系，可持续发展教育作为一定时期内实施环境教育的一种手段，在原有环境教育的基础上，融入了政治、经济、文化、人口、发展、全球化等等新的内容，是对原有环境教育的发展，是在可持续发展时代所拥有的新内涵。

中国的环境教育在向可持续发展教育的转向中，目标、内容、方法，都相应地做了调整，其目标由以前的“把环境科学知识渗透到各学科和课堂教学中去，把环保作为一种道德教育”调整为“让学生树立正确的资源观、环境观和人口观，以及可持续发展意识，了解人与自然之间的相互关系”；其内容由以前的“人口、资源、环境污染和环保方面的知识”调整为“把环境保护和发展结合起来”；其方法由以前的“传统的授课方式”调整为“多样化的实践方式”，如实地调查、观察、访谈等。①

二、可持续发展教育的基本内涵

（一）可持续发展教育的概念

经过多年的研究与发展，特别是经过2002年约翰内斯堡的可持续发展世界首脑会议，环境与社会、经济及文化之间的广泛联系已成共识，可持续发展教育的内涵在人们广泛的探索中也更加清晰。

---

① 王民：《可持续发展教育概论》，地质出版社2006年版，第19页。

1. 可持续发展教育定义

由于存在地域与文化的差异，可持续发展教育在各国、各地区的表述有所不同，人们从不同的角度解读可持续发展教育的内涵。

2005年，联合国教科文组织正式公布的《联合国教育促进可持续发展十年（2005—2014）——国际实施计划》（以下简称《国际实施计划》）中，对可持续发展教育下的定义是：可持续发展教育基本上是价值观念的教育，核心是尊重：尊重他人，包括现代和未来的人们，尊重差异与多样性，尊重环境，尊重我们居住的星球上的资源。教育使我们能够理解自己和他人，以及我们与自然和社会环境的联系，这种理解是养成尊重的坚实基础。确保公正、责任、探索和对话的同时，其目标是：通过我们的行为和实践，使所有人的基本生活需求得以充分满足而不是被剥夺。

关于可持续发展教育，我国学者定义为："可持续发展教育是以跨学科活动为特征，以培养学习者的可持续发展意识，增强个人对人类环境与发展相互关系的理解和认识，培养他们分析环境、经济、社会与发展问题以及解决这些问题的能力，树立起可持续发展的态度与价值观。"[①] 这个定义比较全面地揭示了可持续发展教育的本质和特点。

2. 可持续发展教育目标

环境教育向可持续性发展教育转向，环境教育的目标也向可持续发展目标转向。可持续发展目标可以表述为：第一，意识，培养在对生态系统科学正确认识与把握的基础上，实现人与自然和谐相处、共同发展的观念；第二，知识，这是正确理解人与环境关系，正确处理环境与发展的重要基础，主要包括：人类活动与环境的相互关系，环境决策中社会、政治、经济因素的作用，环境、社会与经济相互的辩证关系；第三，态度，培养对环境的发自内心的正确态度及价值观至关重要，主要包括欣赏、关爱环境及其他生物，关于环境问题的独立思考，尊重他人的信仰和意见，尊重证据和理性争论等；第四，技能，包括交流技能，计算技能，学习技能，解决问题技能，与他人合作技能；第五，参与，在处理环境问题时，能自觉做出有责任感

---

① 王民：《可持续发展教育概论》，地质出版社2006年版，第34页。

的、有利于环境的行为。①

在《国际实施计划》中，首先把可持续发展教育作为整个可持续发展战略的重要推动力，明确了“可持续发展教育十年”的总体目标：把可持续发展观念贯穿到学习的各个方面，以改变人们的行为方式，建设一个全民得更加可持续发展和公正的社会；让每个人都能接受良好教育，学习可持续未来和积极的社会变革所要求的价值观念、行为和生活方式。总体目标具体化为：一是教育和学习在可持续发展的共同事业中的中心作用；二是在可持续发展教育的相关单位中，推进联系、建立网络、促进交流和互动；三是通过各种形式的学习和提高公众认识，为可持续发展构想的深化和推进，以及向可持续发展转化提供空间和机会；四是不断提高可持续发展教育的教学质量；五是制定每一个层次加强可持续发展教育的战略。

实际上，可持续发展本身是一个动态过程而不是固定的概念，这就决定了可持续发展教育的动态性。相信随着时间的推移，可持续发展教育的内涵还会发生变化，这是可持续发展本身固有的特性。

3. 可持续发展教育特征

《国际实施计划》从七个方面总结了可持续发展教育的特征，包括跨学科性和整体性：可持续发展学习根植于整个课程体系中，而不是一个单独的学科；价值驱动：强调可持续发展的观念和原则；批判性思考和解决问题：帮助树立解决可持续发展中遇到的困境和挑战的信心；多种方式：文字、艺术、戏剧、辩论、体验……采用不同的教学方法；参与决策：学习者可以参与决定他们将如何学习；应用性：学习与每个人和专业活动相结合；地方性：学习不仅针对全球性问题，也针对地方性问题，并使用学习者最常用的语言。②

（二）可持续发展教育的主题

1. “可持续发展教育十年”的核心主题

可持续发展包含社会、环境和经济的共同可持续性的发展，可持续发展

---

① 徐辉、祝怀新：《国际环境教育的理论与实践》，人民教育出版社1998年版，第29—30页。

② 钱丽霞：《联合国可持续发展教育十年的推进战略与中国实施建议》，载《中国可持续发展教育》，2005年第5期。

教育需要关注的核心内容与这三个方面紧密联系，并且通过文化把它们共同联结在了一起。《国际实施计划》从15个方面叙述了今后十年可持续发展教育需要关注的核心主题，概而言之，即，第一，关注对社会制度的理解及其在变化与发展中所起的作用，理解民主与参与制度，让人们有机会发表意见、选择政府、达成共识和解决分歧，具体内容是：人权、和平与人类安全、性别平等、文化多样性与跨文化理解、卫生、艾滋病、政府管理等主题。第二，让人们认识环境的资源性和脆弱性，以及人类活动和决策对它的影响，必须把环境作为社会与经济政策制定的因素，关注的主题是：自然资源及其变化、气候变化、农村发展、可持续城市化、防灾减灾等。第三，让人们认识经济增长的局限性和潜力，其对社会和环境的影响，要求人们从环境和社会公正出发来评价个人和社会的水平，关注的主题是：消除贫困、企业的责任、市场经济等。

3. 中国可持续发展教育的主题

我国可持续发展教育是在国际社会的带动下逐渐发展起来的，促进我国可持续发展教育的因素主要有：一是国际社会关注环境与发展问题以及国际社会可持续发展教育的兴起与发展；二是国内环境与发展问题亟待解决；三是国内政治、教育、经济、文化发展的需要。

根据国内可持续发展中面临的现实问题以及国际社会关注的热点问题，我国构建了可持续发展教育的七个核心主题：

（1）发展主题

中国可持续发展教育最主要的任务是培养学生正确的发展意识，要让学生不仅认识到本地区的发展需要，还要认识到其他地区的发展需要。

（2）人口主题

引导学生树立正确的人口观，从而正确认识人口与环境、资源、能源、社会、政治、经济、文化以及与就业、健康等各方面的关系。

（3）公平主题

公平本身就是可持续发展追求的原则，尊重人的需要、创造公平的机会、促进每个人的发展是教育应有的责任，要让学生认识到中国与世界之间、不同地区之间差距的原因，了解中国政府为缩小这些差距所做的努力是这个主题的主要任务。

（4）多样性主题

通过认识人类文化的多样性，正确对待中国的传统文化和少数民族文化，因为它们是解决当前环境与发展问题的文化基础。

（5）相互依赖

引导学生认识世界万物之间的相互联系和相互依赖，因为这是形成人与人之间、人与自然之间、人与社会之间和谐发展的重要前提。

（6）环境主题

与传统的环境教育不同，可持续发展教育不仅让学生掌握到与环境相关的知识，更重要的是让学生了解环境与社会、政治、经济之间的相互作用，了解和认识人的行为对环境的影响。

（7）资源和能源主题

了解本地资源和能源优劣势，及其与本地经济、文化、交通的联系，了解资源和能源与科学技术、社会经济的关系，能批判性思考资源和能源短缺问题。①

第三节　生态文明教育内涵

前面我们已经介绍了生态文明教育在中国的兴起，这里我们将就生态文明教育的概念、理论基础、构成体系等问题进行探讨。

一、生态文明教育的概念

（一）生态文明与生态文明教育

1. 生态文明

文明是人类文化发展的成果，是人类改造世界的物质和精神成果的总和，是人类社会进步的标志。生态文明是相对于原始文明、农业文明、工业文明而言的一种新型的文明形态，是当代人为消除生态危机、改变环境及可

① 参见王民：《可持续发展教育概论》，地质出版社2006年6月版，第60—63页。

持续发展而寻找和选择的一条文明之路。

关于生态文明的定义，在我国的理论界早就展开了研究和讨论，概括起来，生态文明“是指人类遵循人、自然、社会和谐发展这一客观规律而取得的物质和精神成果的总和；是指以人与自然、人与人、人与社会和谐共生、良性循环、全面发展、持续繁荣为基本宗旨的文化伦理形态”①。这个定义所包括的内涵比较丰富，揭示了生态文明的本质是人与自然的和谐，目标是实现可持续的发展。具体来讲，其含义应从以下几个角度来理解：一是物质生产层面，生态文明倡导人们在生产活动中尊重生态系统的规律，与生态系统协调来发展生产力，而并不是以保护生态为借口停止发展，因此发展循环经济是实现生态文明的突破口；二是机制制度层面，生态文明要求自然生态系统与社会生态系统协调发展，通过机制与制度的调整和重构，构建生态政治、发展绿色经济、发展绿色科技；三是思想观念层面，生态文明提倡生态文明价值观、伦理观、道德规范和行为准则，其目的是通过实现人的观念的转变为生态文明建设打下基础。②

生态文明具有独立性、整体性、过程性等特征。③ 独立性是指生态文明独立于物质文明、精神文明、政治文明，并共同组成现代社会的文明；整体性是指生态文明以生态整体观为出发点，把人置于整个自然系统中，强调人、自然与社会的整体平衡；过程性是指生态文明代表着人类文明的程度，其进步和发展需要一个持久的建设过程。

2. 生态文明教育

生态文明教育吸收了环境教育、可持续发展教育的成果，把教育提升到改变整个文明方式的高度，提升到改变人们基本生活方式的高度。

生态文明教育是针对全社会展开的向生态文明社会发展的教育活动，是以人与自然和谐共生为出发点，以科学的发展理念为指导思想，培养全体公民生态文明意识，使受教育者能正确认识和处理人—自然—生产力之间的关系，形成健康的生产生活消费行为，同时培养一批具有综合决策能力、领导

---

① 姬振海：《生态文明论》，人民出版社2007年版，第2页。

② 曹迎：《论高校学生生态文明教育》，载《绿色中国》，2006年第21期。

③ 薛晓源：《生态文明研究前沿报告》，华东师范大学出版社2007年版，第53—54页。

管理能力和掌握各种先进科学技术促进可持续发展的专业人才。

生态文明教育是中国生态文明建设的一项战略任务，这个任务是长期的和艰巨的。因为生态文明教育是全民的教育、终身的教育，不仅全民生态文明意识的形成需要过程，而且健康的生产、生活及消费方式行为的形成同样需要过程。同时，生态文明教育又是一个系统工程，需要各方面的支持和配合，这就要求一方面政府需站在战略的高度，系统地、周密地部署生态文明教育，运用已有的环境教育体系全面地开展生态文明教育，另一方面教育的主体应探索更多、更有效的教育手段，开辟更多、更广阔的教育途径，积极推动生态文明教育向前发展，使之成为中国生态文明建设一支强有力的力量。

（二）生态文明教育特征分析

生态文明教育是依托环境教育和可持续发展教育，顺应时代的潮流而兴起的，其特征有与环境教育和可持续发展教育相同和相似的地方，但也有自身的特征。归纳起来，主要表现在以下几个方面：

1. 整体性

整体性是生态文明教育特有的特征，首先，生态系统本身是一个整体，人是这个系统的一部分，生态文明倡导的人们在生产活动中尊重生态系统的规律理念本身体现了整体性，关于生态文明的教育就要以整体性为前提；其次，生态文明建设关系到各方面的利益，要坚持全国一盘棋的全局原则和理念，处理好人与自然、人与人的关系，处理好不同区域之间的发展关系，生态文明教育应贯彻这个原则和理念；再次，生态文明教育的实施需要整体性的考虑，生态文明教育是一个系统工程，如生态文明教育理论的基础、内容、目标、原则、机制、方式方法等问题需要统筹，实施教育的各个部门之间需要相互合作，做到整体一盘棋，从而保证教育的效果；最后，生态文明教育需要社会全体成员的共同参与，特别是各级领导，应带头倡导生态文明理念，从制度上推进生态文明教育，以身作则争做生态文明的榜样，只有社会成员都行动起来，生态文明教育才能取得好的效果。

2. 全面性

生态文明教育的全面性包括两个方面：一方面是指生态文明教育活动覆盖到各个领域，通过教育，把生态文明理念和思想贯彻到政治、经济、社会、文化各个层面当中。另一个方面，与环境教育、可持续发展教育相比，生态文明教育的内容更全面、更广泛，主要包括以下几点：一是生态环境现状及知识教育，这是培养生态文明意识的前提；二是生态文明观的教育，包括：生态安全观、生态生产力观、生态文明哲学观、生态文明价值观、生态道德观、绿色科技观、生态消费观等，是生态文明教育内容的核心部分；三是生态环境法治教育，这是建设生态文明社会的保障；四是提高生态文明程度的技能教育，如：节能减排等的绿色技术、日常生活中节约的常识、掌握向自然学习的方法和技巧等。

3. 实践性

教育本身就是一项社会实践活动，实践是生态文明教育的内在要求，生态文明的一切物质和精神成果只有在实践的基础上才能取得，也只有实践，生态文明的成果才能发挥其作用；实践又是生态文明教育重要的实施途径，通过实践，使受教育者在与自然、社会接触的过程中掌握生态环境的基本知识、转变对人与自然关系的认识、调整对待生态环境的态度和价值观、增长维护生态环境平衡的技能。

4. 全民性

与环境教育、可持续发展教育相比，生态文明教育更强调全民性，教育对象全覆盖。高校非环境专业大学生、各级政府部门的领导和工作人员、企业管理者和员工是生态文明教育的重点对象。这是因为，大学生是生态文明建设的主力军，在生态文明建设与经济建设、社会建设、文化建设越来越紧密的今天，国家和社会越来越需要“生态型人才”，高校生态文明教育理应面向各个专业的学生。各级政府是国家可持续发展战略的执行者，政府部门人员的生态文明素质将直接影响到国家生态文明发展战略及生态文明制度的具体落实。而企业从业人员，特别是企业管理者，拥有较大的生产、经营自主权。因此，通过生态文明教育，提升各级政府部门和企业人员的生态文明意识，促使他们在各部门具体工作中、在各种生产实践中自觉把握经济与生态环境的和谐发展，为其他生态文明教育对象树立榜样。如此，对中国的生态文明教育尤为重要，否则，生态文明教育效果会大打折扣。

二、生态文明教育的理论基础

中国的生态文明教育以什么样的理论作为基础，将直接影响到生态文明教育的方向及目标的实现。在这里，我们将归纳环境保护相关理论、中国传统生态伦理思想、马克思生态文明思想、中国共产党生态文明思想及习近平生态文明思想，对这个重要问题做出回答。

（一）环境保护理论

日益严重的环境问题催生了众多环境保护理论，大批的哲学家、经济学家、生态学家、社会活动家从各自不同的角度，反思、建构了不同的学说及实践原则，诸如生态（环境）哲学、生态（环境）经济学、生态（环境）伦理学，等等。生态中心论、技术中心论、弱人类中心论是其中的代表。

生态中心论者认为：非人类生物与非生物都具有自身存在的价值，这些价值并不依赖于人类世界的有用性，生物的丰富性与多样性本身就是其价值；人类没有权利因为自身的繁荣及人口数量的增长与非人类物质发生冲突，否则，冲突会严重危害生物的丰富性与多样性，因此人类必须改变经济增长政策，改变片面强调物欲的生活习惯。

技术中心论者尽管意识到环境问题的存在，但他们相信：当前由人口、能源、原料、粮食、生态学等问题引起的一系列困难只是暂时现象，虽然技术不一定可以解决所有的污染问题，但技术可以减轻或解决大部分污染问题，技术是抑制未来污染问题的主要动力。

弱化的人类中心论流派认为：人类首先是关注自身发展。如何实现人类的长足进步与发展，这需要经济、社会和环境三者协调发展，不能片面强调任何一方，用牺牲环境的办法来促进经济增长是短视的发展。人类的活动经常改变生态平衡是不可避免的，应当多建立对人有利的生态平衡，避免对人不利的生态平衡，不主张唯生态主义；应该建立全面协调发展的战略，即经济增长、社会发展不以生态恶化为代价，生态环境的改善依赖经济的增长和社会的进步。

实际上，人与自然的关系本质上是人与人之间的关系，人类社会发展应以人为本。笔者认为，生态文明教育不能单一地依据上述三种环境保护理论，否则会陷入保护了自然、抑制了发展，或者为了发展破坏了环境，最终还是抑制了发展的循环中；而忽略了改变人的生态价值观的技术中心论，终将无法平衡人与人的关系。

（二）中国传统生态伦理思想

生态伦理作为生态文明观的核心内核在中国传统思想中有着丰富的内涵，并且从它孕育的开始就有着同一的基调，即“天人合一”。“天人合一”是由汉代哲学家董仲舒提出的，它与中华农业文明起源时期的生态环境有关，其代表思想主要有儒家、道家和佛教三个流派。佘正荣在《中国生态伦理传统的诠释与重建》一书中对三家流派的基本观点作了详细地概括。

1. 道家“顺应自然”的生态伦理思想

道家“顺应自然”的天人观是道家生态伦理思想的理论基础，道家认为人与万物都属于大自然的存在物，人不能超出天道即自然法则而生存，所以人要遵循自然法则，主张人与自然有同等的价值，要和谐相处。其主张的“无用之用”的处事态度是达到人与自然和谐的方式，即人类的行为应遵循“自然”“无为”的境界，否则，人类违背自然规律的活动会引起自然秩序的混乱；在处理天与人的关系上，道家劝解人类要“知足”，反对人对自然的无节制的掠夺，要人们合理地利用自然资源，不要改变自然法则和自然本身的和谐秩序，以达到一种人与自然本体合一的生存理想和生存境界。

此外，“寡欲节用”的消费观彰显生态伦理观，道家认为，人只有以虚静、恬淡无为的境界控制欲望，才能够减少对物质资源的滥用，防止环境的恶化和生态危机的产生。

2. 儒家“参赞化育”的生态伦理思想

与道家以天道为出发点，论述天人的关系不同，儒家主张天道人伦化。董仲舒的“天人感应”说把人与自然的关系看作是和谐的整体。在处理人与自然的关系上，儒家注重以人道行天道，“推己及物”，把人际道德规范推及到人与物的道德关系上，认为人比自然更能自觉、自主地调整自己的行为，从而保持、维护人与自然的和谐。“参赞化育”是儒家强调人类积极参与和改造自然界具有能动作用。人应该按照自然规律积极的改造和利用自然，从而促进万物的生长，达到人与天地共生共存。这些都表现出了儒家按照自然规律利用自然资源的生态伦理追求和提倡的生态道德要求。

儒家的生态哲学思想体现了“天—地—人”合一的观点，透露出了可持续发展的生态观念，有利于促进人与自然和谐发展。

3. 佛教的生态伦理思想

作为中国传统文化重要组成部分的中国佛教思想，其中也包含着非常丰富的生态伦理思想，其观点主要有：强调人与宇宙是整体的关系。世界万物由于因缘组合在一起形成了生态系统，人类是这个整体中的一个物种，而不是整个生态系统，因此，人类应努力维护生态系统的完整性，否则就是不道德的。佛教主张万物皆平等，告诫人们任何行为都会产生报应，为了自己能得到好报应既要善待生命，也要善待无生命的事物，具体的行为就是吃素、不食肉。佛教提倡这种思想一方面是要以此来规范人们的行为，另一方面使生态伦理思想有具体的落脚点，以便能更好地指导人们的行为。

佛教思想认为众生的生命本质是平等的，一切众生包括花草树木，山川河流等都有佛性，不可以随意处置。它的思想更偏向生态中心主义。

4. 中国生态伦理传统思想剖析

中国生态伦理传统思想虽然产生的年代、流派不同，但有着一些相似的观点，有些是比较积极的，表现在：第一，人与自然和谐的思想。无论是儒家主张的人与自然的整体性，还是道家主张的人与天地万物的同源性，以及佛教主张的生命具有平等性，中国生态伦理传统思想都强调人与自然是一体，不可分割，人与自然应和谐统一。而西方生态伦理思想特别是人类中心主义把人与自然对立起来，形成二元论，这就决定了两者在实践方式上的不同。第二，人的道德规范应包括协调人与自然的关系。虽然儒家关注的重点是人道，道家关注的重点是天道，但两者都讲自然秩序与人类秩序应协调、统一。儒家不仅讲人道，而且也讲天道，儒家倡导的“亲亲而仁民，仁民而爱物”的思想就是证明。虽然儒家认为物有等级体系，但儒家把天道与人道贯通一致，认为人类道德规范包括人对物行为的评价，从而扩大了伦理学研究的范围。

同分析西方生态伦理思想一样，我们剖析在有着五千年中华文化底蕴基础上建立起来的中国生态伦理传统思想，对于生态文明教育有着重要的借鉴作用。

（三）马克思生态文明思想

在马克思恩格斯的许多经典著作中，有着丰富的生态文明思想内容，如：《1844年经济学哲学手稿》《德意志意识形态》《资本论》等著作，恩格斯的《自然辩证法》更是专门对人与自然的关系进行了大量的阐述。《马克思恩格斯论环境》一书高度概括了马克思恩格斯生态文明思想的主要观点，包括：

1. 尊重自然规律是人类活动的前提

在一些人眼中，生态环境危机是20世纪后才出现的全球问题，他们认为产生于19世纪中叶的马克思主义不可能对生态环境问题具有清晰的认识。然而早在19世纪，马克思恩格斯在分析了资本主义的生产方式及其发展的基础上，就向人类发出了警告。马克思、恩格斯认为：在资本主义生产方式下，割裂了人与自然之间和谐发展的关系，破坏了生态系统的物质循环发展，工业化的生产方式加快了城市化的进程。但是“它一方面聚集着社会的历史动力，另一方面又破坏着人和土地之间的物质交换”[①] 两个原本完整的城乡生态圈发生了巨大变化，使得物质资料分配不平衡，生态系统无法快速得到有序循环净化，工业废气和废水的大量排放造成了空气污染，水污染，水土流失，土地荒漠化等问题频发，人类对生态环境的破坏已超出自然承载能力，最终阻碍生态系统的可持续发展。[②] 这个警告的背后，实际是告诫人们应该尊重自然，人类的活动应遵循、符合自然规律。

2. 人与自然的关系具有双重性

马克思恩格斯认为人与自然关系的双重性是由人的双重属性决定的，一方面，“人本身是自然界的产物，是在他们的环境中并且和这个环境一起发展起来的”[③]，这就决定了人与自然的关系是人依赖于自然，自然环境对人类活动具有制约作用；另一方面，“社会是人同自然界完成了的本质的统一，是自然界的真正的复活，是人的实现了的自然主义和自然界的实现了的人道

---

① 马克思：《资本论》第1卷，人民出版社2004年版，第579页。

② 运晓钰、陈丽鸿：《〈资本论〉蕴含的生态思想及其当代价值》，载《北京林业大学学报》（社会科学版），2018年第01期。

③ 《马克思恩格斯全集》第20卷，人民出版社1979年版，第38—39页。

主义”[①]。在这里，马克思将自然、人、社会看作是一个统一的系统，人的双重属性决定了人在自然界中的双重地位。马克思把人与自然的关系置于人与社会的关系之中，从而揭示了人与自然的关系本质是人与人的关系，人类解决人与自然的矛盾需要在解决人与人的矛盾的过程中来完成。

3. 在人与自然关系上坚持主体性原则

在人类中心主义那里，人与自然是二元的对立。马克思从实践的角度来看待人与自然的主客体的关系，认为人的社会性表现为人的实践性，人在实践的过程中，与自然建立起相互的关系，对自然的利用、改造是人实践活动的重要部分。这时，自然是人的实践对象，同时，自然也改变了人，人与自然这种互为对象性的关系，是一种主客体的关系。

4. 人与自然的关系是物质变换关系

马克思认为，人与自然的交换过程，实质上是人与自然的物质交换过程，这种交换过程是通过劳动来完成的。“劳动首先是人和自然之间的过程，是人以自身的活动来引起、调整和控制人与自然之间的物质交换的过程。”[②]这种“物质变换”的概括深刻地提示了人与自然之间不可分离以及相互依存的关系，现在人与自然的矛盾，实际上就是这种“物质变换”“没有得到合理的控制和调整”[③]。由此，我们在马克思这里找到了解决生态问题应有的原则，即“合理地调节他们与自然之间的物质变换”[④]。

5. 协调人与自然的关系是人类的使命

马克思恩格斯不仅把解决人与自然的关系看作是人类的使命，并且把解决这一问题与解决社会关系问题联系了起来。这为处理人与自然的关系提供了新的视角，“人对自然生态的控制实质上是人对人自己的人文生态的控制”[⑤]。为此，“马克思认为，只有实现了共产主义扬弃了私有财产和异化变

---

① 《马克思恩格斯全集》第42卷，人民出版社1979年版，第122页。

② 《马克思恩格斯全集》第23卷，人民出版社1979年版，第201页。

③ 广州市环境保护宣传教育中心：《马克思恩格斯论环境》，中国环境科学出版社2003年版，第21页。

④ 广州市环境保护宣传教育中心：《马克思恩格斯论环境》，中国环境科学出版社2003年版，第21页。

⑤ 广州市环境保护宣传教育中心：《马克思恩格斯论环境》，中国环境科学出版社2003年版，第27页。

动，人类的一切活动才能按照人的本性和自然界的规律合理地加以调节，从而合理地协调人类与自然的关系”[①]。这就是说，只有在共产主义社会中才能达到人与自然、人与人之间真正的和谐关系，而这正是人类的使命。

马克思恩格斯的生态文明思想，对于今天我们进行生态文明教育有着重大的指导意义，首先，对于人与自然的关系，马克思、恩格斯认为人占有主导地位，人有能力认识自然和改造自然，同时，人有责任保护自然，因为保护自然就是保护人类的发展，这种观点对认识人对自然的责任有很好的指导作用。其次，马克思恩格斯的生态文明思想使人们清楚地认识到人类对自然的改造不能随心所欲，不能违背自然规律无节制地向自然索取，人类应时刻保持严谨的科学态度，公正地处理人与自然的关系，也就是公正地处理人与人的关系。再次，马克思恩格斯反对消极自然保护观点主张的把人完全回归到自然界中，认为这忽视了人的需要和人类发展，主张在开发和改造自然的过程中遵循生态规律，自觉地、积极地保护自然环境，合理地控制和调整人与自然之间的“物质变换”，最终实现人类共同美好未来。最后，马克思恩格斯使人们更加深刻地看到人与自然的矛盾不是孤立存在的，解决这个矛盾不是单方面的问题，而是有待于解决人与人、人与社会、社会结构之间的相关问题，有待于人类社会的向前发展。总之，马克思恩格斯揭示了生态系统与经济发展密不可分的关系，体现了社会整体发展观，其对资本主义生产方式反生态本性的批判，对当下我国生态治理、建设社会主义生态文明社会具有巨大的指导意义。

（四）中国共产党生态文明思想

面对21世纪更严峻的挑战，在总结中国发展的经验和教训的基础上，中国共产党积极探索发展之路，创造性地提出了建设生态文明社会的目标，并为中国的未来设计了一条实现人与自然和谐发展的“生态文明”之路。

1. 走科学发展的道路

2002年11月，党的十六大提出要全面建设小康社会，开创中国特色社会主义事业新局面。大会提出要将“可持续发展能力不断增强，生态环境得

---

① 广州市环境保护宣传教育中心：《马克思恩格斯论环境》，中国环境科学出版社2003年版，第28页。

到改善，资本利用效率显著提高，促进人与自然的和谐，推动整个社会走上生产发展、生活富裕、生态良好的文明发展道路”，强调走中国特色社会主义建设道路不能忽视生态建设和环境保护，提出要用科学发展观指导资源环境工作，切实做到以人为本，将统筹人与自然和谐发展作为构建社会主义和谐社会的目标之一，致力于转变经济增长方式；提出要坚持节约资源和保护环境的基本国策，加快建设资源节约型、环境友好型社会。[①] 党的十六大后，中国共产党的生态文明建设思想虽处于酝酿起步阶段，但为后期中国共产党生态文明建设思想的不断发展和完善奠定了基础。

2003 年 10 月召开的十六届三中全会提出了科学发展观，强调人与自然协调发展。科学发展观的本质是坚持以人为本，强调“发展的前提是科学发展，兼顾人、社会、自然的关系和利益，是为了满足人的需要，为人提供良好的生产、生活、学习、自然环境，最终目标是人的全面发展，提高人的能力，升华人的精神”[②]。生态文明也是“以人为本”的，因为生态文明追求的价值是主张在人与自然的整体协调发展的基础上，实现人类当前和长远的利益，从而最大限度地保持可持续发展。可见，“以人为本即是科学发展观点出发点，也是我们建设生态文明的基本出发点”[③]。科学发展观的重要内容之一“就是强调社会经济的发展必须与自然生态的保护相协调，在社会经济的发展中要努力实现人与自然之间多和谐……要走可持续发展的道路”[④]。科学发展，既不是以经济发展为借口而牺牲环境，也不是以保护生态环境为借口而不发展经济，而是需求经济发展与生态环境的平衡，在实现人与人之间和谐中真正实现人与自然的平衡。科学发展观倡导的公正原则既是社会是否全面进步的标准，也是衡量人与自然和谐、经济发展人口、自然、资源协同进化的标准。科学发展观的公正原则主要反映在代内公正、代际公正、环境公正和国际公正等方面，这与生态文明追求的生态与经济的共同进步，当代

---

① 段娟：《十六大以来中国生态文明建设的回顾与思考》，见张星星：《改革开放与中国特色社会主义：第十五届国史学术年会论文集》，当代中国出版社 2016 年版。

② 本书编写组：《全面落实科学发展观大参考》，红旗出版社 2005 年版，第 127 页。

③ 胡伯项、胡文、孔祥宁：《科学发展观研究的生态文明视角》，载《社会主义研究》，2007 年第 3 期。

④ 俞可平：《科学发展观与生态文明》，载《马克思主义与现实》（双月刊），2005 年第 4 期。

与未来持续发展是一致的。

2. 走生态文明之路

面对中国的基本国情和特殊的国情，为解决生态环境与经济发展的矛盾，提高中国的国际竞争力，为中国社会主义现代化建设走出一条健康发展之路，造福中华民族的子孙后代，2007年，党的十七大明确提出把建设生态文明作为我国建设全面小康社会五大奋斗目标之一，即“到2020年，基本形成节约能源资源和保护生态环境的产业结构、增长方式、消费模式。循环经济形成较大规模，可再生能源显著上升。主要污染物排放得到有效控制，生态环境质量明显改善。生态文明观念在全社会牢固树立”①。这是首次将“生态文明”理念写进党的纲领性文件中，是对以往人与自然关系的思想与理论的总结和提升，是中国对解决日益严峻的资源和生态环境问题做出的庄严承诺，把生态文明升华到了新的高度，展现了中国共产党致力于生态文明建设的决心，为十八大以后生态文明建设思想的成熟完善提供了良好前提。

（五）习近平生态文明思想

在中国共产党生态文明思想和工作实践的基础上，习近平提出了“我们既要绿水青山，也要金山银山。绿水青山就是金山银山”等思想。党的十八大首次把生态文明建设纳入中国特色社会主义事业“五位一体”总体布局。党的十九大明确提出要加快生态文明体制改革，建设美丽中国。随着中国共产党生态文明建设思想的发展和完善，习近平生态文明思想也逐步形成和完善，包括许多深刻的内涵。

1. “生态兴则文明兴，生态衰则文明衰”

习近平生态文明思想深化了对社会主义本质属性的认识，明确指出只有在生态文明思想的引领下，才能实现“民主法治、公平正义、诚信友爱、环境友好、资源节约、充满活力、安定有序、人与自然和谐相处的总要求”②。建设生态文明社会是体现社会主义本质的必要条件，也是社会主义和谐社会的具体表现形式和重要实现路径。“生态兴则文明兴，生态衰则文明衰”阐

---

① 《高举中国特色社会主义伟大旗帜，为夺取全面建设小康社会新胜利而奋斗》，载《人民日报》，2007年10月16日。

② 《中国共产党党章》，人民出版社2017年版，第13～14页。

明了生态与文明之间的辩证关系，揭示了人类社会文明的发展规律，准确把握了生态文明建设是关乎中华民族永续发展长远大计的理念。

2. “保护生态环境就是保护生产力”

习近平运用马克思主义唯物辩证法，系统地分析了经济发展与环境保护之间的关系，认为处理好两者的关系，就要“牢固树立保护生态环境就是保护生产力、改善生态环境就是发展生产力的理念”[①]，其重心在于人与自然的和谐，途径在绿色发展，最终通过绿色发展促进国民经济的稳步增长。“人与自然是一种共生关系，对自然的伤害会伤及人类自身。只有尊重自然规律，才能有效防止在开发利用自然上走弯路。”[②] 在十九大报告中，进一步明确提出了要建立人与自然和谐共生的现代化，最终要实现中华民族的永续发展。

3. “生态环境就是民生福祉”

习近平生态文明思想的价值取向是以人民为中心，强调生态文明建设是顺应人民对良好生态环境的要求和期待。党的十九大报告中强调新时代社会主义的总目标是要把我国建设成为“富强、民主、文明、和谐、美丽”的社会主义现代化强国。“美丽”二字的提出，凸显了我国对于生态文明建设的重视已经达到了一个新高度。保护生态就是改善民生。当前我国社会主要矛盾已经转化为“人民日益增长的美好生活需要和不平衡不充分的发展之间的矛盾”，天蓝蓝、白云飘正是人民美好生活的期盼。因而，加强生态文明建设必须加强生态民生建设，建立有效的沟通渠道和生态监督机制，提供更多的优质生态产品，形成节约资源和保护环境的生活方式，共同构建美丽中国。

4. “实行最严格制度和最严密法治”

习近平指出：“保护生态环境必须依靠制度、依靠法治。只有实行最严

---

① 中共中央文献研究室：《习近平关于社会主义生态文明建设论述摘编》，中央文献出版社2017年版，第20页。

② 中共中央文献研究室：《习近平关于社会主义生态文明建设论述摘编》，中央文献出版社2017年版，第11页。

格的制度、最严密的法治，才能为生态文明建设提供可靠保障。”[①] 建设社会主义生态文明社会必须依托强有力的法治体系才能得到有效开展。因此，要健全资源生态环境管理制度，建立生态环境保护责任追究制度，坚守生态红线，坚持节能减排，完善经济社会发展考核评价指标体系。要构建完善的生态文明法治体系，不断地完善和修订生态文明法律法规，切实做到有法可依，有法必依，执法必严，违法必究，真正保障人民的生态权利和义务。

5. “构建人类命运共同体”

生态问题关系到全人类的生存和发展，所以解决生态问题必须打造人类命运共同体。因而，我国致力于通过“一带一路”促进打造人类命运共同体，与沿线国家共同协作应对生态危机，走可持续发展道路，合理分配自然资源，形成绿色发展方式和生活方式。“人类只有一个地球，各国共处一个世界”，“命运共同体”强调“命运相连，休戚与共”，为了和平、发展、合作、共赢的共同愿景，全世界各国都应共同应对生态危机和挑战，不断弘扬马克思主义生态思想，走人与自然和谐相处的发展道路是时代之需亦是应有之义。

习近平生态文明思想是在继承和发展中国传统生态思想、马克思及中国共产党生态文明思想的基础上，所构建的全面的生态文明观，符合马克思主义辩证唯物主义和唯物辩证法，是新时代生态文明教育的理论基础。

三、生态文明教育体系构成

生态文明教育属于教育范畴的类型之一，本身是一项系统工程。生态文明教育由若干要素组成，包括教育目标、教育内容、教育者和教育对象、教育途径和评价等要素，各要素在系统中发挥各自的作用，缺一不可。生态文明教育的基本任务是对自然生态“尊重的教育”和生态保护“责任的教育”。

（一）生态文明教育目标体系

生态文明教育目标就是要引导全体社会成员树立生态文明理念，养成生

① 中共中央文献研究室：《习近平关于社会主义生态文明建设论述摘编》，中央文献出版社2017年版，第99页。

态文明行为习惯，形成绿色健康的生产方式、生活方式、消费方式，做到人与人之间、人与自然之间和人与社会之间和谐相处、永续发展。

1. 知识目标

知识是正确理解人与自然关系，正确处理人和社会与自然、生态与发展的重要基础。通过生态文明教育，公民应掌握生态学、环境学基本常识，掌握生态系统平衡的基本常识，掌握保护生态环境的实用型常识，掌握保护生态环境的基本法律常识，清楚人类活动与生态环境的相互关系以及政治、经济、社会、文化、生态之间的辩证关系等。

2. 意识目标

生态文明教育所要培养的意识是指树立人与自然同存共荣的自然观念，每个公民首先应具有珍惜自然资源，合理利用、利用自然，努力实现人与自然的和谐相处的意识；其次还应树立维护生态平衡的责任意识，有了这个意识，人们才能自觉地约束自己的行为；再次还要树立经济、社会、自然协调、可持续发展的观念，增强全民“节约意识、环保意识、生态意识，营造爱护生态环境的良好风气”①；最后还要树立健康、绿色的生活方式和消费方式的观念。

3. 态度与价值观目标

培养人们对生态环境发自内心的正确态度及价值观是生态文明重要的目标之一，是人文精神的重要表现形态。生态文明的一个重要标志就是生活在自然界中的人们对自然要有人文关怀，这是实现生态文明的基础。这个目标具体包括培养公民热爱、欣赏、尊重、保护、善待自然及其他生物的平等和公平的态度，和谐、宽容与开放的心灵，陶冶生态道德情感以及人们能对自然界生命价值以及人类在自然界中的价值和位置进行科学评价。

4. 行为目标

各级政府能自觉落实国家科学发展观的战略政策，在处理生态与发展问题时，能自觉承担起促进和谐发展的职责，在工作中，培养绿色行政的自觉行为。各行业的企业能运用绿色科技、自觉实现绿色 GDP，自觉做出有利于

---

① 中共中央文献研究室：《习近平关于社会主义生态文明建设论述摘编》，中央文献出版社 2017 年版，第 116 页。

环境保护、促进环境友好型社会的行为，争当绿色企业。广大公众能自觉改变生活、消费方式，适度消费，减少浪费，掌握绿色生活的技能等。总之，通过教育，要培养全体公民的绿色行为习惯。

生态文明教育目标在生态文明教育活动中具有统领作用。生态文明教育目标也具有针对性，应根据生态文明教育的不同对象确定不同的目标。如大学生是中国特色社会主义现代化强国的建设者，是生态文明建设的主力军，生态文明教育应把培养“生态型人才”作为目标。对企业而言，生态文明教育的目标就是要培养绿色企业员工，实施绿色经营管理模式，打造绿色企业文化。

（二）生态文明教育内容体系

生态文明教育内容是生态文明教育体系构成的关键因素，是由不同的生态理论按照一定的层次结构组合而成的。生态文明教育内容是为实现生态文明教育目标而服务的，是生态文明教育目标的具体体现，具体包括：

生态知识。生态知识教育是生态文明教育的基础内容，是树立生态文明意识、践行生态文明的前提，包括生态环境现状认知、环境保护基本常识、生态系统平衡基本常识、生态科学规律、保护生态环境的实用型常识等。

生态文明观。生态文明观教育是生态文明教育的重要内容，是生态文明意识养成的重要内容，包括生态文明观、生态生产力观（生态科技观）、生态民生观、生态安全观、生态消费观、生态道德观、生态法治观等。

生态法治。生态法治教育是实现生态文明行为目标的关键环节。以生态文明法律法规规范人民的行为，为生态文明建设保驾护航，包括生态文明建设政策、方针，如“五位一体”总体布局、新发展理念、生态文明体制改革以及保护自然、保护生态、保护环境的法规、条例和公约等。

生态文化。生态文化教育丰富生态文明教育的内容，是培养生态文明意识的文化支撑。生态文化是人与自然和谐相处、协同发展的文化。广义的生态文化是指人类历史实践过程中所创造的物质与精神财富的总和；狭义的生态文化是指人与自然和谐发展、共存共荣的意识形态文化、价值取向和行为方式等。生态文化有多种表现形式，如森林文化、沙漠文化、湿地文化等。森林文化又包括竹文化、茶文化、花文化等。

生态文明行为。生态文明行为是检验生态文明教育效果的可测量指标，培养公民良好的生态文明行为是生态文明教育的终极目标，主要包括日常生活节水、节能、勤俭节约、绿色低碳消费、“光盘”行为、保护生态环境行为等。

生态文明教育目标具有层次性、针对性，因此，教育内容上应依据教育对象不同而的不同，针对大中小学、城乡居民的教育内容也就应有差异，如林场周边社区居民生态文明教育主要侧重林业森林保护常识、与可持续发展相关的知识、与实践技能以及林业相关法律知识等内容。

（三）生态文明教育的主客体

生态文明教育是一项全民参与的活动，生态文明教育的对象是社会各阶层的公众。生态文明教育活动的组织者、实施者为教育主体，发挥着主导性作用，而社会各阶层公众既是接受教育的客体，又是自我教育的主体，生态文明教育具有“双主体性”。

1. 生态文明教育的“双主体”

从哲学角度看，主体是相对于客体而言。辩证唯物主义认为，主体是指实践活动和认识活动的承担者，主体是具有意识性、自觉能动性和社会历史性的现实的人。主体的本质属性是能动性、创造性、自主性（自觉性、积极性），因此，广义地讲，所有公民都是生态文明教育的主体，这是由教育的主体的本质属性决定的；狭义地讲，各级政府、各级学校及专门从事生态文明教育的教师、企业、新闻宣传机构及人员等是生态文明教育主体，不同主体承担不同的主体责任。

作为生态文明教育的统筹者、领导者，各级政府应将生态文明教育成为“全民教育”，制定相关制度推动生态文明教育在各个领域中都得到广泛开展，促使建设生态文明社会的战略重要性得到社会的广泛共识，把生态文明教育作为生态文明建设的组成部分纳入工作任务和目标中。具体责任包括：加强生态文明教育政策指导，制定生态文明教育政策，制定和落实生态文明教育长期、近期和年度计划，落实专有资金投入、绿色科技人才储备等相关方面保证等。

各类学校是生态文明教育的主阵地。对内，将生态文明理念融入学校的工作中，完善学校的生态文明教育体系，在学校统一部署下，教师应自觉将生态文明理念融入课程中，探索多种方法和形式传播生态文明理念，以身作则，引导学生养成生态文明行为；对外，与社会、社区联合，利用师资优势（高校包括大学生）传播生态文明理念和知识，服务社会。

各类企业经营者要把追求生态文明作为企业发展的战略目标，应不断提高产业生态化程度，自觉建设“国家环境友好企业”“绿色企业”，提高从业人员生态文明教育普及率，承担开发或生产绿色产品、或运用绿色科技成果产生绿色效益、或提供绿色服务的责任，以实际行动贯彻落实绿色发展理念。

各类新闻媒体从业人员应架起政府与公众之间的桥梁，发挥正确的舆论导向作用，报道国家生态文明建设政策、生态文明建设取得的成就和破坏生态环境的事件，监督企业承担生态文明建设主体责任，面向大众普及生态文明知识。

2. 生态文明教育客体

每一个公民既是生态文明建设的参与者，又是生态文明教育的重要对象，更是生态文明自我教育的主力，要充分发挥主观能动性，积极践行绿色发展理念，参与生态保护、绿色发展的实践，在生态文明教育活动中，实现教育者与受教育者的双向平等互动。

（四）生态文明教育途径和方法

生态文明教育途径和方法是连接教育者与受教育者的纽带，是实现生态文明教育目标、完成生态文明教育任务、传递生态文明教育内容的手段。在充分认识受教育者主体特性的基础上，生态文明教育方式方法要讲究艺术性，选择适当时机、采用适宜方法，实现生态文明教育内容的有效传递。

生态文明教育途经从纵向划分主要是学校教育，包括全国各类幼儿园、中小学和高校，采用课程教学与实践教学相结合的方式，传授生态文明知识，提高学生的生态文明意识，锻炼学生解决生态问题的能力；从横向划分主要是社会教育，各级政府、媒体机构、相关公益组织是主导者，政府发布政策和加强指导，媒体（包括新媒体）宣传报道，环保社团组织组织公众参与创建绿色社区、绿色家庭以及与生态相关的重大节点活动，共同发挥教育的作用。利用自然保护区、生态博物馆、森林公园等生态文明教育基地开展生态文明教育成为有效途径，它们带给人们最直接的感官体验，增加人们的生态文明知识，丰富生态文明情感，增强人们投身于生态文明建设的意愿。

（五）生态文明教育评价

我们已在前面探讨了生态文明教育的基本内涵、理论支撑、目标体系等问题，在此基础上，继续探索、建立生态文明教育的评价体系可以帮助人们进一步明确生态文明教育的具体内容和工作范围，更重要的是，促使生态文明教育进入实际操作层面，以检验生态文明教育效果和改进工作，起到导向、督促作用。

生态文明教育评价体系与以往的环境教育评价是有区别的，这是因为，生态文明教育有更多的主体参与、协调的关系更广泛、人们参与实践的机会更多、内容更丰富，实现的目标更高，因此，生态文明教育的评价应更注重过程评价。根据生态文明教育目标体系，生态文明教育评价体系可分为生态文明教育过程和教育效果两大部分。

1. 生态文明教育过程评价

生态文明教育过程评价主要是对政府、媒体、学校等主体机构生态文明教育开展情况进行评价。

第一，政府工作系统。一个地区政府对生态文明教育的重视程度和工作力度关系到该地区生态文明教育工作的成败，此系统的评价内容应主要包括：政府对生态文明教育的政策指导、生态文明教育长短期及年度计划、生态文明教育条例和各部门的规章制度等情况；公开生态文明建设相关信息情况；发展绿色经济、绿色科技的规划和实施情况；成立各级领导小组，并有专职人员负责的组织机构建设情况；提供生态文明教育资金的专有资金投入情况；宣教人员数量情况；政府工作人员生态文明教育的培训率情况；绿色科技人才储备情况等。

第二，新闻宣传系统。新闻宣传是生态文明教育的重要形式，此系统的评价内容应主要包括：生态文明教育新闻宣传领导小组工作；有政府或委托相关机构开办的绿色网站；广播、报纸、刊物有生态文明教育的专栏；对重大生态环境活动的报道；面向大众进行生态政策、生态法律法规普及工作；主要街道和社区设立生态文明教育宣传栏（廊）等。

第三，学校教育系统。学校教育是生态文明教育的重要阵地，对学校教育的评价可以结合绿色学校（幼儿园）、绿色大学的评建，此系统的评价应主要包括：创建绿色学校（幼儿园）、生态国际学校的情况；高校生态文明教育情况；各类职业学校传播生态文明观情况等。

第四，公众参与系统。公众既是生态文明教育的主体也是对象，公众参与是生态文明教育的重要力量，此系统的评价应主要包括：各级别绿色社区（生态社区）、生态村（乡）建设情况；大众广泛参与与生态环境相关的世界日活动情况；建设生态文明教育基地情况，如开发国家森林公园、各级自然保护区的文化功能、修建生态公园，并设有专职生态解说员、工作体验区等；非政府组织参与环境保护活动的人次等。

第五，企业运行系统。在生态文明建设过程中，企业肩负着重大的责任，对此系统的评价应主要包括：产业生态化程度；建设“国家环境友好企业”情况；从业人员生态文明教育普及率；企业行为对生态环境影响的情况；开发、使用生态环保产品的情况；承担社会责任的情况；绿色科技人才储备情况等。

应当说明的是，以上的评价体系只是粗线条的，具体的指标有待进一步科学论证。另外，省、市、县各级评价体系应有所不同。

2. 生态文明教育效果评价

生态文明教育效果评价体系主要是通过对公众生态文明意识和公众对生态文明的满意度来检验生态文明教育效果。

（1）公众生态文明意识

生态文明教育的根本目标是提高公民的生态文明意识，因此，一个地区的公民生态文明意识的高低是评价该地区生态文明教育工作成效的一项重要指标。生态文明意识评价的内容应包含生态文明教育目标体系的全部内容，具体包括生态文明知识、生态文明态度情感、生态文明价值观、生态文明意志信念和生态文明行为等方面。这项指标的评价可以通过问卷调查、走访、观察得出该地区公民的生态文明意识程度。

（2）公众对生态环境、生态文明的满意率

生态文明教育效果另一个重要的评价指标是公众对生态环境、社会生态文明的满意率，这项评价主要是检验政府的工作效果，主要考察公众对所生活地区的生态环境、生态文明程度的满意程度。其内容主要包括环境优美度、资源承载度、绿色开敞空间、享受绿色经济、绿色科技成果状况等。这方面的评价可以通过问卷调查来进行。

第四章　中国生态文明教育模式

模式不仅具有理论的指导性，而且具有实践的可操作性，所以，人们热衷于总结适用于各自领域的模式，以帮助人们更好地完成任务。教育模式是对人们为了达到教育的目标和目的采取的不同的方法、方式、途径的总结和归纳。中国生态文明教育模式起步于环境教育模式的探索与实践，在这一章中，我们将主要探讨基础教育的环境教育模式、社会教育模式和高校生态文明教育模式。

第一节　基础教育中的环境教育模式

在国际环境教育发展史上，最初环境教育进入中小学的时候多主张环境教育单独开课，并把它视为一门独立的课程。在中国，环境教育走进中小学的一开始就强调多学科渗透，并成为环境基础教育中的主要模式。随着可持续发展教育的深入，在2003年《中小学环境教育专题教育大纲》（以下简称《教育大纲》）颁布后，基础教育的环境教育模式趋向多样化。下面我们将一一介绍和分析。

一、环境教育的课程模式

（一）单科模式

为了与多学科模式做一对比，我们把国外常见及我国少数学校采用的环境教育单科模式做个简单介绍。

1. 含义与优劣势分析

环境教育的单科模式，即单一学科模式，又称跨学科模式，是从各领域中选取有关环境科学的概念、内容方面的论题，将它们合并成一体，发展成为一门独立的课程。①

早在1972年的联合国人类环境会议上，环境教育就被认为是一门跨学科的课程。1975年，根据贝尔格莱德会议精神起草的《贝尔格莱德宪章：环境教育的全球性纲领》指出，环境教育的内容应当包括：全面地考虑全部环境——自然环境和人为环境，即生态、政治、经济、技术、社会、立法、文化和美学等方面。因此，跨学科的环境教育则顺理成章。我国原国家教委在1996年颁布的《全日制高级中学课程计划（实验）》中，就鼓励中学阶段尝试单独开设环境教育选修课，并出版了一些有关环境教育或环境保护的教材或读本。

单科模式，或叫作跨学科模式的优势在于：

（1）具有完整的内容体系

由于环境教育的内容来源于各个学科，而且还可以包含现有学校教育教学中没有的内容，环境教育的内容十分丰富，可以形成较为完整的环境教育的内容体系，避免多学科模式分散性的弱点，使环境教育保持整体性，系统性、针对性，以有效地达到环境教育的目标。

（2）保证灵活的教学方法

单独开课，主要采取的是以课堂为主，通过教师的授课直接向学生传授环境保护知识，由于教学学时能够有保证，就可以把课内教学与课外活动有机地结合起来，使得灵活安排教学内容和教学形式有了保证，如：开展户外教学，实践教学，生态体验教学等活动。

（3）有利于加强教学管理

单独开课，课程纳入教学计划，排进课表，有利于对课程加强教学管理，有利于师生对环境教育的关注和重视。由于是一门独立的课程，对该课程的教学质量评价可以制定出相对稳定、客观的评价标准，教师在教学中对照标准完成教学，从而保证教学质量的不断提高。同时，教育部门可以运用

---

① 范恩源、马东元：《环境教育与可持续发展》，北京理工大学出版社2005年版，第13页。

统一的标准对各个学校的环境教育进行监督和综合评价，推动环境教育的深入开展。

单科模式也有其劣势，主要表现在：首先，单独设课需要增加课时，这样不仅会增加学习者的负担，而且还要增加财力的投入；其次，由于对教师的水平要求高，给学校师资培养带来一定的难度和压力；再次，比较难解决与其他科目中环境教育主题相重复的问题。

2. 实施单科模式的条件分析

这个模式在国内外都有一些实施，但不太普遍。国内基本以选修课的形式开设。实际上，如果满足以下的条件，跨学科模式具有良好的前景。

（1）培养从事环境教育的专门人才

按照我国目前师范教育的师资培养模式，培养的人才都是专业人才，即有明确的学科方向。因此，要单独开课，对教师的知识结构要求提高，就需改变现有的师资培养体制，向培养全才的方向发展。但是有人认为，这没有必要也不可能。认为没有必要者认为环境教育不是一门学科，它是一种态度、意识和情感，需要在环境中学习；认为不可能者认为没有人愿意从事跨学科的环境教育，去掌握多个学科的知识。客观地讲，单独设课确实给师资培训带来一定的难度，但并不意味着不可行。目前一些省市在中小学中把培养艺术素质的相关课程统一起来，只开设一门《艺术课》，通过调整师资培训计划和教学计划来实施。环境教育可以借鉴这一做法，通过培养专门从事环境教育的教师，使国际、中国环境教育的思想与理念能真正落到实处，最终实现环境教育的目标。

（2）进一步加强课程改革

为了克服单独设课的弱点，除了解决师资问题，还需进一步加强课程改革，这是落实环境教育不可或缺的环节。纵观我国环境教育发展的过程，每次环境基础教育的进展和成果都是在基础教育教育教学的改革和改进的基础上取得的。在课程改革中，开发出一门集各个学科与环境相关，同时又避免与其他学科重叠的独立教材是需要考虑的重点之一。国内一些出版社曾经出版过不少供基础教育阶段使用的环境教育课本，如人民教育出版 1998 年出版的《环境教育》，中国环境科学出版社 1997 年出版的《环境保护常识》，浙江科技出版社 1999 年出版的《环境教育读本》，这些教材主要以环境保护的知识为主，同时也“引导学生掌握解决环境问题的基本技能，并纳入国际社会在环境保护事业中形成的可持续发展的思想，以形成学生正确的环境价值观、道德感和责任感”①。然而，独立开课的环境教育课程应涵盖相应年级所学各个科目的知识点，不仅要达到环境教育的目标，还要达到相应科目的学习目标，这就需要组织专家重新编写教材，为环境教育独立开课打下基础。

（二）多学科模式

渗透式环境教育是国际环境教育的主要方式之一。1992 年在我国召开的第一次全国环境教育工作会议上，原国家教委明确提出将渗透式环境教育作为我国现阶段中小学环境教育的主要渠道。国家环保总局编制的《中国环境保护二十一世纪议程》指出：“在普通中小学开展环境教育，把环境科学知识渗透到相应学科的教学之中。”2003 年教育部印发的《教育大纲》提出：“在各学科渗透环境教育的基础上，通过专题教育的形式，引导学生欣赏和关爱大自然，关注家庭、社区、国家和全球的环境问题，正确认识个人、社会与自然之间的相互联系。”十几年来，中国环境教育走过了从生物、化学、地理等特殊学科向思想品德、语文、数学、美术等一般学科渗透，从而涉及各学科的渗透过程。

1. 含义与优劣势分析

环境教育的多学科模式，也叫渗透模式，“即将环境教育的内容（如概念、态度、技能）融入现行的各门课程中去，通过各门学科的课程实施，化整为零地实现环境教育的目的与目标”②。

这种模式的优势在于：一是学校通过这一课程模式开展环境教育无须改变现有的课程结构。环境教育的内容有计划地分散安排到学校现有课程中，再加上各学科都蕴含着极为丰富的与环境相关的科学知识，不同的课程为环境教育提供了大量实现不同目标的机会，为在学科教学中渗透环境教育打下了坚实的基础。同时，教育者也可以根据所渗透的学科特点，采取不同的教育方式，如实验、社会调查等。二是它无须设置专门的环境教育教师和增加教学课时，教师也无须投入大量精力考虑整个环境教育的内容体系，因此，

---

① 祝怀新：《环境教育论》，中国环境科学出版社 2002 年版，第 155 页。

② 范恩源、马东元：《环境教育与可持续发展》，北京理工大学出版社 2005 年版，第 13 页。

不论对教师还是学生，都不增加太多的负担。这比较符合我国基础教育的现状，具有较好的实施条件，也成为我国中小学开展环境教育主要选择渗透模式的主要原因。

然而，渗透模式也有其自身的弊端和无法克服的缺憾。

首先，缺乏系统性。环境教育具有综合性、系统性的特点，其内容涵盖自然科学及人文社会科学的方方面面，而且这些内容互相联系，构成了不可分割的整体。环境教育的目标之一是让学生在全面获得环境知识的基础上，能够整体地、系统地、联系地观察和分析环境问题，提高综合分析解决环境问题的能力。很明显，在现行教育体制下实现环境教育目标有一定的困难，环境教育渗透模式在一定程度上割裂了环境知识的内在联系，使学生很难形成系统的环境知识体系以及获得解决问题的综合能力，从而使环境教育目标的实现大打折扣。

其次，给环境教育教学带来一定的难度。环境教育具有实践性的特点，环境教育的另一个目标是培养学生正确的环境态度和树立正确的环境价值观，培养学生解决环境问题时的决策能力和动手能力以及养成良好的环境行为习惯，而这一目标的实现有赖于学生在环境中的亲身体验与自主探究。由于渗透模式将环境教育主题或成分分散于各门学科中，实施中要兼顾原科目本身目标的实现，再加上不增加教学课时，因此在教学方式上就受到了限制，不易于就某一环境专题开展灵活多样的实践教学，进行更为深入的研究。

最后，增加了环境教育评估的难度。由于环境教育内容分散到各个学科中，涉及的学科多，教师多，范围大，分散性强，要想达到较好的效果，就需要达到整体部署，统一要求，否则不仅教学质量得不到保证，也给教育的评估带来一定的困难，反过来，也就无法进一步改进教学。

2. 实施渗透模式的前提条件

从我国开始实施环境教育时，渗透模式就被采取，并得到基础教育部门的普遍认可而得到广泛应用。也正因为这种模式有它的先天不足，有关人士认为，以下几个方面是保证这种模式有效进行的重要前提：

（1）课程的精心设计

环境教育本身系统性、整体性的特点要求教师须精心设计和准备讲课的内容，把环境教育自然地融入各门课程教学的过程中，而不是生硬地插入进去。否则，环境教育有可能像碎片一样无序地撒在各个学科中，或者与各学科内容不衔接，从而影响环境教育功能的整体发挥。

（2）教师的责任感

渗透模式把环境教育的任务分解给各个学科的任课教师，每一位教师都是任务的承担者。因此，各任课教师应有强烈的责任感，要对本学科所渗透的环境教育内容有十分清晰的认识和宏观的把握，把环境教育看作是造福当代，造福子孙的伟大事业，尽心尽责完成好自己应当承担的任务，环境教育的整体效应才能显现出来。

（3）学校的组织协调

正因为渗透模式具有分散性特点，教师往往各自为战，教学中难免会造成知识重复或遗漏。因此，为了保证环境教育的教学质量，学校应做好组织、协调和管理工作，如采取各个学科内的教师集体备课，协调各个学科间环境教育内容的衔接，确定专人负责协调全校的环境教育教学工作，加强对环境教育效果的评价等以保证环境教育目标的最终实现。

3. 实施渗透式环境教育的步骤

1985 年，美国威斯康星州公共教育部在《环境教育课程规划之内》中提出了“八步法”来安排中小学环境教育课程的渗透，值得我们借鉴。

第一步，选择适当的环境主题；第二步，选定教学科目及单元；第三步，发展环境教学目标；第四步，编制环境教育的教学内容；第五步，发展新的教学过程；第六步，增加新的过程技术；第七步，增加新的教学资源，包括设备，如：教材、实验器材等，以进行新的教学活动；第八步，收集有关活动素材及建议新的教学活动主题，可由学生提出。[①]

二、专题教育模式

虽然独立开课是未来环境教育的发展趋势，但我国目前设置独立环境教育课程的条件仍尚未成熟，因此需要在现有渗透式教学的基础上，通过具有

---

① 祝怀新：《环境教育论》，中国环境科学出版社 2002 年版，第 151 页—152 页。

独立设课性质的教育方式来弥补渗透模式的不足，环境教育专题教育正是应这一要求诞生的。

2003年出台的《教育大纲》要求中小学开展环境教育专题教育。《教育大纲》在总目标中明确提出：环境教育专题教育就是“在各学科渗透环境教育的基础上，通过专题教育的形式，引导学生欣赏和关爱大自然，关注家庭、社会、国家和全球的环境问题，正确认识个人，社会和自然之间的相互关系，帮助学生获得人与环境和谐相处所需的知识方法与能力，培养学生对环境友善的情感、态度和价值观，引导学生选择有益环境的生活方式”①。

（一）含义及特点

环境教育专题教育（以下简称专题教育）模式是在各学科渗透教育的基础上，通过整合教学资源，围绕某个环境问题以专题的形式展开环境教育，“以引导学生正确看待环境问题、培养他们社会责任感和解决实际问题能力为目标的专题性课程”②。专题教育模式具有如下特点：

1. 综合性和跨学科性

专题教育模式最大的特点就是既有多学科的综合性又具有独立设课的跨学科性。这种教育模式的内容来自各个学科的知识，教育是对各学科中与环境教育有关的知识的整合。虽然专题教育模式的课时较少，不能完全满足环境教育，但其具有的功能可以弥补渗透式教育模式的不足，使各科渗透的环境知识元素通过专题教学实现整合与重构。学生可以通过专题活动将各渗透科目所学的环境知识融会贯通，形成系统的知识体系，而且完成这个过程不需依附于任何科目。

2. 层次性和针对性

专题教育模式具有层次性和针对性特点。在《教育大纲》中，环境教育根据学生不同的年龄及身心发展的规律赋予了不同的目标和教学内容，具有层次性和针对性。《教育大纲》把环境教育分为四个阶段，即小学1—3年级、小学4—6年级、初中1—3年级、高中1—2年级，每一个阶段都有明确

① 国家环境保护总局宣传教育司：《环境宣传教育文件汇编（2001—2005）》，中国环境科学出版社2006年版，第315页。

② 王红旗、黄歆宇、李君、李华等：《解读〈中小学环境教育专题教育大纲〉》，载《环境教育》，2003年第4期。

的学习目标和内容。如小学低年级主要通过感知环境，亲近、欣赏和爱护自然，掌握日常生活的环境道德行为规范，而对于高中生来讲，由于具备了一定的思考能力、判断能力和解决问题的能力，环境教育的目标就提高了，即通过探索环境培养其保护环境的社会责任感等。可见，低一阶段的教育是高一阶段教育的基础，高阶段环境教育目标的实现是以低阶段目标实现为前提的，最终完成基础教育阶段的环境教育任务和实现环境教育的目标。

3. 参与性与实践性

《教育大纲》在“教学活动安排的特点建议”中强调学生的参与性和实践性，要让学生亲身参与和体验，如针对小学阶段的环境教育，建议安排学生通过触摸大树、倾听自然等游戏，进行用水情况调查、规划心中的社区，用画笔、手工制作等各种形式开展环境保护宣传。“这样的安排可以拉近学生与环保的距离，使环境教育具有很强的亲和力，亲身体验对于培养学生良好多生活习惯，有非常直接的作用。”[①] 如此，学校师生可以就一些环境教育专题灵活多样地组织教学活动，如户外活动、模拟游戏、实验、研究性学习等。

当然，在我国实行的专题教育模式课时过少，由此可能会影响专题教育模式功能的有效发挥，而最终降低教育的效果。然而，随着我国环境教育的深入，我们有理由相信这种局面会得到改善。

（二）专题教育模式的功能[②]

1. 专题教育具有科际整合的功能

由《教育大纲》目标可看出专题教育不是就某一学科或某几门学科所渗透的环境知识展开教育，而是在各学科渗透的基础上以专题的形式引导学生去综合思考，全面理解环境问题。学生可以通过专题教育将其在各渗透科目中所学的环境知识进行整合与归纳，形成对环境全面整体的认识。专题教育不仅弥补了渗透式教育所带来的知识割裂的缺陷，而且使学生能够将所学的知识融会贯通形成系统的环境知识体系和整体联系的生态意识和价值观，提

---

① 鲁湘：《就〈大纲〉说〈大纲〉——〈中小学环境教育专题教育大纲〉结构特点浅析》，载《环境教育》，2003 年第 5 期。

② 田金梅、陈丽鸿：《浅谈中小学环境教育两种课程模式》，载《山西师范大学学报》，2007 年第 6 期。

高他们综合分析解决问题的能力。

2. 专题教育为师生和环境间的互动交流提供了良好的平台

《教育大纲》的实施建议强调，要让学生亲身体验和自主探究，要从生活中的现实问题入手，学习调查和研究环境，注重师生与环境的互动交流。这样学生可以把环境作为认识的对象，学习的场所，也可以把自然环境作为良师从中得到有益于自我发展的熏陶与滋养。师生通过与环境的实际接触，通过亲身的经历与参与，将会意识到保护环境的重要性，并把保护环境看作自己生活必不可少的重要组成部分，最终把承担保护环境的责任作为自我发展的内在需要。

3. 专题教育能促进各学科知识间的互融流动

各学科的教师通过共同参与设计、组织和开展专题教育，不仅能增加相互间的交流与沟通，促进各学科教师在教学方法与经验上的共同借鉴与分享，增强各学科间的协调性，而且还可避免环境教育在内容上的重复或遗漏，同时为各科教师进一步准确把握渗透内容奠定基础。

4. 专题教育能促进学生与社会的交流

从《教育大纲》的分目标和教学内容中可以看到，《教育大纲》要求中小学的环境教育，从小学四年级开始直至高中阶段都有了解社区、了解区域环境问题的具体内容，同时，由于专题教育模式具有实践性的特点，更加有利于学生走向社会、走向实际，在现实生活中观察、思考和体验环境问题的发生和发展，理解环境问题的复杂性，养成关心环境的意识和社会责任感，从而促进学生与社会的交流。

5. 专题教育能实现环境教育与学生自我发展的契合

专题教育强调对学生综合素质的培养和发展。由于环境问题是由相互联系的原因和问题的影响构成的复杂网络，这就意味着我们在分析解决环境问题时不可单凭某方面的知识或经验就得出结论，要联系所学的知识全方位地看待问题。专题教育正是通过逐步引导学生感受、思考、探究我们身边的环境及环境问题，培养学生的环境意识和审美情趣，使学生养成用联系发展的眼光分析看待问题的习惯以及综合思考问题能力和动手解决问题的能力。

专题教育是中国迈向环境基础教育课程化的举措之一，它弥补了以往渗透式环境教育的不足与缺陷，成为环境教育渗透式的延伸和必要的补充，推动了渗透式教育更好地开展与实施，对中小学生环境知识，生态价值观，技能的培养发挥着巨大作用。

（三）专题教育的教学策略

好的课程方式不等于产生好的教育效果，专题教育模式要切实有效还需要具备以下条件：

1. 切实落实好教学计划

由于不是单独设课，也不是渗透在各个科目中，因此，要想实现专题教育目标，切实落实课时是比较关键的一步。很显然，专题教育课程平均每学年的四学时是不能放在任何一门课程中的，其开课的形式很值得推敲。这里有几种形式可以考虑：一是课程教学部分在相关的课程中加入以环境为主题的内容，实践教学部分与学生的综合实践活动结合，加入与环境相关的专题；二是采用嵌入式教学模式，即在学期的某个时期，如某一周集中安排专题教育。这样“可以使环境教育的开展变得较有弹性，可以为学生提供室内和户外环境教育的各种机会，也可以便于组织在环境教育中占有重要地位的野外考察”①。

2. 因地制宜开展形式多样的教学活动

《教育大纲》中建议教学活动可选取具有地方特点的学习材料，这就要求组织者遵循因地制宜的原则就地取材，利用学生熟悉的环境，调动学生参与的积极性，这也正好符合《教育大纲》的“从可解决的问题入手，以教师、学校、家庭和当地社区的现实环境问题作为学生了解环境问题的起点”的要求。目前在我国，有相当一部分学校是通过编写环境教育专题校本教材的方式来落实《教育大纲》的要求的。另外，形式多样的教学活动能激发学生探究问题的兴趣，因此教师可以针对不同认知水平的学生设计多种形式的活动，指导学生根据自身的特点选择学习方式，并充分尊重学生的选择。如开展户外活动、做模拟游戏、编演情景剧、社区服务、实验、野外实地考察等。

---

① 石纯、余国培：《中小学环境教育课程模式的选择》，载《教育发展研究》，2000年第7期。

3. 鼓励学生自主探索学习

专题教育要求通过鼓励学生自主探究学习，从而培养学生对人与环境关系的反思意识和能力。首先，教师积极引导学生发现身边的环境问题，然后组成小组对问题进行充分讨论；其次，收集各种信息，确定解决问题的办法和途径；再次，着手准备开始行动直至解决问题；最后，评价活动结果并总结。这里需要说明的是，学生自主探索学习并不是完全由一个个的个体独立完成学习的过程，我们建议以小组学习的方式进行。小组学习需要组员之间的配合与合作，因此可以培养学生的团结协作精神，同时，也可激发学生解决环境问题的创新热情，从而提高学生的创造能力。这个方式适用于各个阶段的环境教育，尤其是高级阶段的环境教育。

三、综合实践活动模式

21 世纪初，我国开展了新中国成立以来的第八次课程改革，颁布了旨在调整和改革基础教育课程体系、结构和内容的《基础教育课程改革纲要（试行)》，并决定从 2001 年秋季开始，利用五年的时间在全国中小学逐步推广符合素质教育要求的新的基础教育课程体。这次改革不仅为现有基础教育课程调整提高了一个重要契机，而且也为促进和改进我国环境教育提供了一个良好的机会。这次课程改革一个重要的标志或者说亮点，就是积极倡导综合实践活动，并把它列入必修课。这为“为了可持续发展的环境教育”拓展了又一条有效的途径，许多从事环境基础教育的工作者由此得到启发，积极探索环境教育的新模式，逐步摸索出了环境教育的综合实践活动模式（以下简称综合实践活动模式)，并积极推广应用。

（一）含义和特点

“环境教育的综合实践活动模式就是以综合实践活动为载体，对各学科的基础知识加以整合利用，使学生具有初步的环境意识，能积极地参与环境活动与实践，形成一定的情感态度、价值观和综合能力的课程模式。”[①] 在这

① 王红岩、熊梅：《环境教育的综合实践活动模式研究》，载《环境教育》，2004 年第 11 期。

个模式中，环境教育的载体是综合实践活动，活动涉及的领域是多方面的，包括《基础教育课程改革纲要（试行）》中建议的研究性学习、社区服务与社会实践、劳动与技术教育、信息技术教育，也包括其他的领域，如班团队活动等。综合实践活动的内容是环境教育，两者相互结合，拓展了环境教育的领域，丰富了环境教育实施的途径、方式和方法，它具有如下的特点：

一是综合性。这首先体现在内容的综合性，其内容涉及自然科学和社会科学的多个学科，如地理、自然、物理、化学、生物、思想品德、社会等，具有跨学科的特点。其次是教育途径的综合性，学校是基础、主渠道，学校与家庭、社会的结合是不可或缺的。最后是教育方式和方法的综合性，研究性学习、社区服务、户外活动、亲近自然等教育方式应相互交替开展，最终实现环境教育在知识、技能、情感、行为、价值观等方面的综合目标。

二是实践性。实践性是这一模式最突出的特点，实践活动本身就是这个模式的基本形式，学生在各种实践活动中通过动手、动脑，亲近自然、感受自然，掌握第一手资料，体验良好的环境给人类带来的好处以及环境问题给人类带来的危害，促使学生理解人与自然、环境的关系。如此，不仅有助于提高学生环境认知和环境情感水平，提高环保的技能和创新能力，更重要的是实践活动可以帮助学生逐渐确立可持续发展的意识，并且把这种意识内化成自身的素质，最终外化成自觉的环保行为。

三是开放性。开放性同样体现在内容、形式上，首先，从内容上讲，综合实践活动模式的教学内容不是来源于固定的书本、教材，师生不会受固有的结论束缚，教学的材料来源于学生对当地实际情况的调查和考察，在总结分析的基础上得出恰当的结论。这样学生独立思考的能力得到了锻炼，又由于结论是学生自己探究得出来的，因此更易于接受。其次，教学资源的开放性。由于综合实践活动模式的环境教育可以因地制宜，就地取材，学生的学习不受时间或空间的限制，实际生活的方方面面都可以作为环境教育的资源，加上学生在学习中相互交流，更扩大了这种开放性。最后，教学形式的开放性。师生可以根据具体情况自主选择教学形式，特别是应用性和可操作性的教学形式。[1]

（二）综合实践活动模式的主要类型

综合实践活动模式真正实现了以学生为主体、以教师为主导的环境教育，方式、方法和途径更具多样性，主要有以下类型：

1. 研究性学习

“研究性学习是学生在教师的指导下，从自然、社会和生活中选择和确定专题进行研究，并在研究过程中主动地获取知识、应用知识、技能的实际应用，注重学习的过程和学生的实践与体验。”[2]

运用研究性学习开展环境教育，改变了以往的灌输式的教学方法，代之以探究式的教学方法。研究性学习可以实现课内外、校内外的结合，促使学生走出学校、走进社会，发挥主观能动性，主动发现问题，自觉寻找解决环境问题的途径和方法，在研究中提高综合能力，增强社会责任感。例如：北京市西城区科技馆的教师组织学生对北京的河流、湖泊、大气、噪声垃圾以及生态环境进行调查分析，吸引了学生们的思考和研究，其中有一个学生作的“关于北京洗车浪费水的”调查，得到北京市相关部门的重视，随后出台了一系列的节水措施。在研究性学习中，师生的教学关系改变了质的变化，学生从配角变成主角，教师从演员变成导演，学生的自主性得到充分发挥，教师的主导地位更加得到体现。

研究性学习在开展环境教育中采用的基本步骤：第一，提出问题，问题要来自于实际生活；第二，确定研究解决问题采取的方法和步骤，制定出方案；第三，实际行动，建议以小组的形式开始行动，包括收集资料、实地考察、社会调查、做实验等；第四，整理、分析资料，并以图表的形式展现；第五，在小组内进行讨论，对调查结果进行分析，提出各自的见解；第六，在讨论的基础上，形成最后的结论。第七，写出报告，小组之间进行交流。

2. 社区服务

社区服务是学生在生活的社区中，通过参加社区活动，在劳动中增长知

---

① 王红岩、熊梅：《环境教育的综合实践活动模式研究》，载《环境教育》，2004 年第 11 期。

② 刘克敏：《开展环境教育的重要教育手段》，载《环境教育》，2003 年第 6 期。

识，同时把学到的知识用于实际生活中，在为社区服务中得到实际体验和锻炼。社区服务在环境教育中可以发挥重要的作用，一方面，学生在为社区服务中可以发现环境问题，为研究性学习提供素材和资源。另一方面，开展社区服务还可以使学生亲身体验环境与人们生活的紧密联系，以培养对环境的情感和环境保护的社会责任心。同时，社区还为学生提供了实践环境教育的场所，使他们在为社区的服务中提高实践能力。像温州市水心第二小学成立环保假日小队，利用周末到社区、街道宣传环境知识，劝阻违法行动，开展"回收废电池，保护绿色家园"活动，在社区内开展"环境保护小手拉大手活动"，在家庭里担任环境保护监督员，倡导不使用一次性餐具、不焚烧垃圾、垃圾分类等。为社区服务，不但调动了学生的积极性，而且还激发了家长参与环境保护的热情。

通过社区服务开展环境教育可以从以下几个方面入手：选择与学生生活紧密相连的社区，与社区建立联系，寻求社区的支持；与社区协商确定服务的项目；在社区中开展环境保护的实践，教师要注意引导学生在活动中主动发现环境问题，思考解决的办法，并通过研究性学习提出解决的办法；在社区中宣传这些办法，并应用在实际生活中，最后总结其效果。

3. 现代信息技术应用

利用现代信息技术开展环境教育就是把现代信息技术与环境教育结合起来，应用现代信息技术为环境教育搭建一个平台，使学生在学习的过程中运用信息技术，获取与环境有关的信息，并运用信息探索环境问题和解决环境问题，促使学生学习能力的提高。值得说明的是，利用现代信息技术开展环境教育除了将信息技术作为一种工具外，还要结合其他的教育手段，采取合作式、互动式、个性化的方式，如研究性学习，只有这样，才能更好地提高教与学的效率，改善教与学的效果，实现环境教育的目标。

江苏省锡山高级中学积极探索了网络条件下的环境教育。他们把环境教育的学习目标设定为能熟练应用网络查找信息、会制作有关环境保护的多媒体演示文稿和网页并能进行演讲。活动的主题是绿色家园行动计划。师生在其具体的步骤是：明确研究课题；技术培训；利用信息技术课，对学生进行相关的技术培训，包括：Word、PowerPoint、上网查资料、网页制作等；教师布置学习的计划和任务，教师为学生做出学习成果示范；确定小组及人员分工，确定方案，收集资料，制作多媒体文稿，设计《绿色家园》网页，进行班交流。①

基础教育中的环境教育者们经过多年的实践，探索了多种环境教育模式，特别是在实际工作中，把若干种模式有机地结合起来，各尽其能，各展其长，带动基础教育教学的改革，共同推进我国的环境教育事业的发展，使其出现生机勃勃的新局面，为培养具有高素质的人才做出了巨大贡献。

第二节　环境教育的社会教育模式

中国环境问题产生的原因是多元的，除了经济增长等因素外，环境保护缺乏社会心理基础也是一个重要因素，突出的表现是人们环境意识普遍薄弱。研究表明，环境意识是调节、引导和改变人们环境行为的内在原因。因此，要增长公民的环境知识，提高环境意识，一个重要的手段就是通过各种媒介和途径加强环境宣传教育。《中国环境保护 21 世纪议程》中明确指出："环境宣传教育的根本任务是提高全民族的环境意识和培养环境保护方面的专业人才。"②

中国环境教育最开始的主要形式是社会教育，即向广大群众宣传环境保护的知识，提高公众环保意识，故有"中国的环保起源于宣教"之说。"环境宣传是环境保护事业的一个重要组成部分，在环境保护事业中起到了先导、基础、推动和监督作用；环境宣传的一个重要的指导方针是走社会化宣传的路子，依靠各部门、各行业以及群众团体、大众传播媒介等进行广泛的宣传；环境宣传的重点对象是各级领导和广大青少年；环境宣传在不同时期有不同的重点内容并围绕环境保护的中心工作进行。"③ 近 40 年来，环境教育的社会教育模式（以下简称社会教育模式）在环境教育中发挥了重大

---

① 曹列文：《网络条件下的环境教育》，载《环境教育》，2002 年第 2 期。

② 国家环境保护局：《中国环境保护 21 世纪议程》，中国环境科学出版社 1995 年版，第 244 页。

③ 国家环境保护局：《中国环境保护 21 世纪议程》，中国环境科学出版社 1995 年版，第 245 页。

作用。

一、社会教育模式的目标和作用

社会教育是以政府、环境宣传教育者为主导，企业大力支持，新闻媒体借助各种传播媒介实施监督，广大群众共同参与，为了实现共同的环境价值目标而进行的各种环境实践活动。

社会教育模式的对象是社会各阶层的公众，其目标就是通过各种渠道大力宣传生态环境保护，唤起和提高大众的生态环境意识，并促使人们行动起来，加入保护人类共同家园的行列。《全国环境宣传教育行动纲要（1996—2010年）》确定环境宣传的目标是：到2010年，全民族的环境意识和可持续发展观念有明显提高。"十二五"的总体目标是普及环境保护知识，增强全面环境意识，提高全民环境道德素质。"到2020年，全民环境意识显著提高，生态文明主流价值观在全社会顺利推行。构建全民参与环境保护社会行动体系，推动形成自上而下和自下而上相结合的社会共治局面。积极引导公众知行合一，自觉履行环境保护义务，力戒奢侈浪费和不合理消费，使绿色生活方式深入人心。形成与全面建成小康社会相适应，人人、事事、时时崇尚生态文明的社会氛围。"①

宣传，作为大众传播的重要形式，具有传播的功能和作用。

就个人而言，宣传具有个人的功能：个人在接受宣传所传播的信息过程中，增长自身的才能，逐渐适应并参与社会环境的改造，在造就自身个性化的同时完成个人的社会化。

就媒介组织而言，宣传的功能："即在传播活动中，媒介组织所具有的能力和作用或应完成的任务。它包括告知功能、表达功能、解释功能和指导功能。"② 其中告知，是向人们迅速、及时地提供新近发生的新闻和新闻；表达是人们通过媒介和符号表述和交流自己的思想、观点和情感；解释是对告知的信息进行深层次的介绍、评价；指导是指通过告知消息、表达观点、解

---

① 《全国环境宣传教育行动纲要（2016—2020年）》，载《环境教育》，2016年第4期。

② 邵培仁：《传播学》，高等教育出版社2000年版，第60—61页。

释缘由、公开劝服，对受众的思想和行动所产生的一定的方向性指导和引导点作用。

就社会而言，宣传的社会功能即政治功能、经济功能、教育功能、文化功能等。其中，政治功能一方面是指大众传媒可以帮助政府收集、解释情报，传播、执行政策，宣传法律，稳定社会秩序和协调社会行动；另一方面大众传媒可以帮助公众了解、监督、政府的工作、政策，表达民意，影响政府决策，认识生活环境，提高生活质量。经济功能是指大众传媒可以推动社会经济的发展。教育功能表现为大众传播媒介直接向受众传播知识、营造重视教育的社会氛围、发挥部分学校教育的作用。文化功能主要表现为承接和传播文化，选择和创造文化，沉淀和享用文化。①

原国家环境保护总局副局长王玉庆曾把环境宣传教育工作作为环境保护战车上四个车轮之一，四个车轮即环境保护法制、环境保护投入、环境保护科技和环境宣传教育，可见环境宣传在环境保护中的重要性。环境宣传教育是通过大众传媒对大众开展与环境有关的宣传，由此，我们可以把环境宣传教育的功能、作用归纳为以下几个方面：

第一，就个人而言，环境宣传教育可以吸引人们参与环境保护活动，使人们在其中逐步提高自身生态环境建设和保护环境的能力，并能够自觉投入到改善生态环境中去，成为现代社会需要和有用的人。

第二，就环境宣传教育的组织而言，首先，可以通过各种形式的环境宣传向大众迅速、直接、快捷、形象、及时地提供与生态环境相关的新闻和信息；其次，通过媒介，人们之间也可交流对生态环境问题的看法、观点；再次，向大众传达、解释政府保护环境的政策、分析现实中环境问题的原因；最后，环境宣传教育还可以通过典型示范、触类旁通，间接地、潜移默化地发挥自己的指导作用，如指导人们学会绿色生活、绿色消费等。

第三，就社会而言，环境宣传教育是传播环境知识的有效途径，其教育功能不容忽视，通过环境宣传可以帮助人们更好地掌握生态环境知识，了解环境保护法律体系和环境保护的技术知识，稳定社会秩序，营造强大的社会舆论氛围和声势，为环境保护工作提供强大的社会基础和动力，最终推动整

---

① 参见邵培仁：《传播学》，高等教育出版社2000年版，第63—65页。

个社会经济健康、有效地发展。

第四，环境宣传是传承生态环境文化、倡导生态文明的重要手段。传播中国传统文化中生态环境思想，倡导生态文明是创造和谐社会的重要保证。现代社会的发展既要求人们树立公正和正义的发展观，对未来承担责任，又要求人们对自然界承担责任。环境宣传教育可以提高人们的环境责任感和环境伦理道德水平，从而促进全社会生态文明的建设。

二、社会教育模式的特点

关于社会教育模式的特点，如果与基础教育的环境教育模式进行比较，除了两者的教育对象有所不同外，在内容上，社会教育具有广泛性，而基础教育的环境教育选择性更强。在形式上，社会教育具有灵活性，而基础教育的环境教育更具规范性。在管理上，社会教育较松散，而基础教育的环境教育更严密。①

从传播学角度来讲，社会教育模式与整体互动式传播模式相类似。整体互动式的传播模式中的各个要素即是整体的又是互动的，整体是说，功能的完成要依赖于模式各个要素的参与，互动是指要素、信息之间的相互沟通、相互交换、相互创造、相互分享制约、影响和作用。② 在社会教育模式中，公众与政府之间、公众与媒介之间、媒介之间、公众之间相互交换环境信息、经验、思想，形成共同的环境意识和统一的环保行动。

由此，社会教育模式具有传播的整体互动模式的四个特点③：

（一）整体性和全面性

社会教育模式既包括了人际传播，也包括了大众传播和网络传播。人们在参与过程中，传播者和公众之间以及公众之间直接交换环境信息，同时，公众借助媒介表达和反馈自己对环境的看法和观点，这个模式能真实地再现环境宣传传播活动的基本过程和内外联系。

---

① 林培英、张毅：《学校环境教育与社会环境教育的比较》，载《环境教育》，2001年第5期。

② 参见邵培仁：《传播学》，高等教育出版社2000年版，第53页。

③ 参见邵培仁：《传播学》，高等教育出版社2000年版，第55页。

（二）辩证性和互动性

在社会教育中，主体之间的双向交流、多向沟通的互动性更为突出。在其中，环境信息依靠公众提供，环境政策、法律、知识依靠宣传者向公众传播，环境问题需要向公众公开，公众则监督政府、企业等的环境行为。

（三）动态性和发展性

社会教育模式不是固定不变的，会随着现实情况或人们认识水平的发展而发展，如传播的角色可以转变，作为公众既可以是受众也可以是传播者，他们中的一部分人在提高了环境意识后，可以以各种方式影响他人，使更多的人具有环境意识。

（四）实用性和非秩序化

环境社会教育从人类面临的环境问题出发，联系公众的现实生活、关注公众周围的实际问题，如水污染问题、空气污染问题，通过多种形式、途径开展环境教育，鼓励人们采取行动，为改变环境问题共同努力。

三、社会教育模式的主要形式

近40年来，广大环境保护工作者和社会各界有识之士运用各种宣传形式开展环境宣传教育活动，引导公众积极参与到保护环境的行动中来，积累了大量的经验，形成了环境保护部门宣传、新闻媒体监督、公众参与的环境宣传教育形式。

（一）环境保护部门的环境宣传教育

全国各级环境保护部门的宣传教育中心是受政府委托开展环境宣传教育的专门机构，是政府环境教育政策最直接的贯彻者。在环境宣传教育中，政府所扮演的是绝对主角，政府通过主题确定、宣传计划安排，活动策划，组织实施等环节将环境宣传纳入其宣传管理范畴之内，牢牢地把握了环境宣传的方向。其具体行动主要有：

1. 组织各种与环境相关的纪念日活动

在世界环境日、世界地球日、无车日、植树节、国际生物多样性日、国际保护臭氧层日等与环境有关的纪念日里，各级政府或者相关的职能部门都会与社会群众或团体组织一起举办各种形式的公众纪念活动，内容紧扣时代主题，通过集会、表彰、发表纪念讲话、发放环保宣传品、环境知识展览等方式呼吁社会各界对环境问题的关注，引导群众参与到关心环保、支持环保的活动中来，成为各级各地政府推动公众环保活动的主要形式之一。

2. 推动环保公益宣传

政府与新闻媒体相互合作，通过电视公益广告、环保公益海报、发放环保公益宣传品、纪念品等开展环境宣传教育。环境公益宣传是用公众易于接受的方式，以媒体、公共宣传平台和与日常生活相关的物品为载体，宣传环保的理念、政策、法规和行为方式。环保公益宣传可以在一定时间，在一定范围内，比较及时、高频率地向公众进行灌输式宣传，让人们目之所及能看到环境宣传的内容，时刻反思自己的行为或是监督他人的行为，使环保意识由教育强化成一种习惯，使环保参与成为一种自觉行为。从2003年启动的全国环境保护公益广告大赛不仅拓宽了社会环境宣传的空间，也带动了高校大学生的创作热情，培养了更多的广告人才。

3. 开展公众环保咨询服务

公共环保咨询是由政府或社会群团组织举办公众环保活动常用的形式，通常咨询服务（环境）也包括了环保投诉的内容在内，以组织环保行业的技术专家和管理专家解答群众提出的各种环保问题为基本形式。活动的组织者旨在通过活动为人民群众提供环保方面各种形式的服务，了解人民群众在实际生活中遇到的主要问题和诉求，从而达到与人民群众沟通并引导群众关心环保的目的。广大群众通过咨询反应自己的诉求，了解有关的环保知识，寻求解决所面临的环保问题的办法。公众环保咨询服务提供了一个很好的政府与公众互动的平台，拉近了政府与公众之间的距离，是一种开展环境社会宣传的有效形式。

（二）新闻媒体参与的环境宣传教育

作为政府主管环境宣传教育的国家环境保护总局（现在为生态环境保护部）自成立以来，就认识到了新闻媒体在环境宣传教育中可以发挥巨大的作用，因此一直与相关部门保持着紧密的合作，共同推进环境宣传教育向前发展。在2000年全国环境保护系统环境宣传教育工作会上，原国家环保总局副局长王玉庆进一步强调："要将环境保护法律、道德、意识和知识的宣传教育纳入全社会宣传体系的宣传内容中。”① 此后，国家环保总局与中宣部、教育部、国土资源部、广电总局、全国总工会、共青团中央、全国妇联等部门进一步建立了良好的宣传教育的合作关系，特别是加强了与新闻媒体的合作，逐渐形成了新闻媒体参与环境宣传教育的局面。

实践证明，在中国生态面临严重危机的情形下，新闻媒体环境教育形式在唤醒人们的生态环境保护意识，提高人们保护环境的能力，特别是提高决策者的决策能力方面起着重要的作用。

新闻媒体，包括广播、电视和报刊、网络等，是大众传播的重要途径和手段，它最大的特点是快速性，特别是网络、广播和电视，传播的信息能快速和及时地被大众所接受，从而能更好地发挥教育的作用；网络由于不受时间、空间的限制而更便利、更快。此外，广泛性是媒体宣传的另一大特征，通过广播、电视和网络，信息可以传播到千家万户，甚至可以跨越国界。随着我国广播、电视和网络建设的发展，其广泛性的特征更加显著。

多年来，我国新闻媒体环境宣传教育采取的具体行动措施主要有以下几点：

1. 开办环境保护的宣传栏目

目前，《中国环境报》《环境保护》《绿叶》《环境教育》《珠江环境报》《中国绿色时报》《生态文明新时代》等中央和地方的报纸杂志是宣传政府环境保护政策、法规，普及环保知识的重要阵地。在开办环境保护专业报纸杂志的同时，各级环境保护部门还按照《纲要》要求，协调各级宣传部门将环境宣传的内容以各种形式纳入宣传工作计划中，各级环保部门与当地的广播电台、电视台、报刊、网络等新闻媒体合作，或加强环境保护新闻报道，或开办环境保护专栏，积极宣传报道环境保护工作。比如2014年，上海市为了突出法律法规宣传，结合《清洁空气行动计划》阶段推进和“环保百日执法大检查”等专项执法开展专题宣传，运用电视台、平面媒体、网络媒体等宣传平台，同时还通过建立环保口记者的微信群、加密官网新闻发布栏的信息发布频率、借用官网网上访谈平台加强与各家媒体的沟通，全方位多角度促

---

① 国家环境保护总局宣传教育司：《环境宣传教育文件汇编（2001—2005）》，中国环境科学出版社2006年版，第15页。

进全面和企业人员知法懂法守法意识的提高①。

2. 在媒体上发布环境质量状况，增加环境信息的透明度

环境质量的好坏直接关系到人们的生活质量和身体健康，向公众发布环境质量状况不仅可以增加环境质量状况信息的透明度，而且可以增加公众的环境意识，加强对环境保护的监督，同时，也能增强政府的责任意识。我国政府为推进环境信息公开签署了旨在强调公众环境信息知情权的《奥胡斯公约》。各级环境保护部门按照依法行政的总要求，从维护公众的知情权、参与权出发，也加大了环境信息公开发布的力度。

在新闻媒体上定期发布环境质量状况公报和预报是我国从中央到地方媒体采取的一项重要举措。国家环保总局从 2001 年开始公布了 47 个重点城市的空气质量日报和预报，对大江大河的水质进行周报。北京电视台自 2003 年 1 月起，设立了“北京空气质量播报”栏目，每天播出空气质量日报、预报和环保小知识。2011 年后，每天的空气质量播报中增加了 PM2.5 数据，以显示国家对空气质量的重视，回应了老百姓对美好生活的期待。至 2015 年底，全国重点区域及主要城市空气质量预测预报系统初步建成，并实现了全国联网。

“我们缺少公众与政府部门间的信息互动。公众个人要求政府和企业提供环境方面的相关资料，相当困难，公众的知情权大打折扣。要想解决这个问题，我们应研究保障环境信息透明化的相关法规。”② 这种情况随着 2007 年 4 月公布的《环境信息公开办法（试行）》得到了解决。这是“为了适应新形势对环境信息公开的要求，有必要对环境信息公开的范围、主体、方式和程序、监督和责任等作出明确的规定，以建立和完善环境信息公开的法律制度，保障公众环境知情权”③。

3. 环境警示教育

2001 年，时任国务院总理的朱镕基同志在全国第五次环境保护大会上指出：“要搞好环境警示教育，把公众和新闻媒体参与环境监督作为加强环境

① 环境保护部宣传教育司：《“十二五”时期环境宣传教育文件汇编（2011—2015 年）》，中国环境出版社 2016 年版，第 550—551 页。

② 潘岳：《绿色中国文集》，中国环境科学出版社 2006 年版，第 57 页。

③ 黄冀军：《公开环境信息，推动公众参与》，载《中国环境报》，2007 年 4 月 26 日。

保护的重要手段，对造成环境污染、破坏生态环境的违法行为，要公开曝光。”这是环境宣传教育在新形势下的改革和创新。此后，从2001年开始，国家环保局联合中宣部、广电部共同开展了环境警示教育活动，这项活动的内容包括客观公开揭露和批评破坏环境的违法行为，对严重污染和破坏环境的违法行为、单位和个人进行曝光，深刻解剖破坏、污染生态环境的原因和根源，对比宣传报道典型的污染治理前后的情况。中央宣传部、国家环境保护总局、国家广播电影电视总局共同组办了环境警示教育系列活动，如组织“西部生态纪行”的大型新闻采访活动，全面报道我国生态恶化的现状；举办环境警示教育的大型图片展览；制作环境警示教育系列电视片等。[①] 之后，一批像披露西北地区环境问题的《中国西北生态环境警示录》、中央电视台“焦点访谈”栏目的《中国的生态安全报告》、以环境保护为主题的《清水的源头是热血》的电视片的播出引起了从中央到地方的重视，深深地触动了人心，极大地推动和改善了这些地区的环境保护工作，充分发挥了新闻舆论的监督作用。如河南省郑州市在文博广场建造了一座“环保警示钟”以警示社会关注环境问题，实践证明，环境警示教育可以增强全民对环境的忧患意识、环境意识和解决问题的紧迫感，同时，对那些破坏环境的行为，包括企业、个人、组织产生一个强大的压力，促使他们在保护环境方面采取更加有力的措施。[②]

4. 环境执法督查报道

目前，我国已颁布了十余部环境保护法律和资源管理法律，以及近百部环境、资源管理的行政法规和法规性文件、行政规章和规范，并加大了环境执法的力度。为了配合环境执法督查和环境评价工作，充分发挥新闻媒体的舆论监督作用，我国从1993年起开展了“中华环境保护世纪行”活动，至今已有25个年头，该活动的宗旨是“大力宣传我国环境与资源保护方面的法律法规，结合中国的实际情况，以法律为武器，宣扬执法好典型，批评违法行为，进一步推动地方政府加强有关法律法规的贯彻执行和促使解决重大

---

① 国家环境保护总局宣传教育司：《环境宣传教育文件汇编（2001—2005）》，中国环境科学出版社2006年版，第96页。

② 国家环境保护总局宣传教育司：《环境宣传教育文件汇编（2001—2005）》，中国环境科学出版社2006年版，第34页。

环境问题，提高广大人民群众特别是各级领导干部的法律意识和环境意识”。新闻工作者用手中的笔和镜头做了大量纪实报道，用实际案例教育了企业、各级部门、群众，提高了人们的法制观念和知法、守法的自觉性，弥补了环境执法手段的不足，充分体现了社会的公平、公正，得到了沿线人民大众的称赞，促使政府及有关部门解决环境问题，有力地推动了我国环境与资源保护工作。

（三）公众参与的环境宣传教育

所谓公众参与，指的是群众参与政府公共政策的权利，强调的是群众的权利与政府对此权利的保护，即群众有权利参与关系自己切身利益的公共事务（包括人口与就业、教育与文化、资源与土地、环保与生态、治安与稳定、医疗与交通等各个领域），有权利对公共事务过问、咨询、提意见，政府应对公众的这些权利给予保护并提供相关服务。20 世纪五六十年代，在发生“八大公害事件”的国家，就是由于公众参与意识的觉醒，迫使政府制定法律、加强环境保护，才使环境问题得到了较快的解决。可以说，没有公众参与就没有环境保护运动。中国政府在进行环境宣传教育中积极倡导公众参与，经过多年实践，公众参与环境保护已成为解决我国严重环境问题的有力措施。

公众参与环境保护的途径主要包括，对环境进行监督，如“群众举报和参与环境影响评价听证会、征求意见会、人大和政协建议及提案的处理”①；参与环境宣传教育，如参加政府等组织的以环境为主题的活动、参加绿色学校和绿色社区的创建、在环境教育基地接受培训、参与环保志愿活动等。

公众参与环境宣传教育可以激发公众的积极性，以提高公众的参与意识，保证公众的环境权益，同时可以促使公众明确自己应承担的责任和义务，从而能更加自觉地投身到保护环境的活动中去。目前，我国公众参与的环境宣传教育的主要有以下几种方式：

1. 参与环境纪念日系列活动

自 1972 年第一个“6·5 世界环境日”以来，中国政府及各级组织围绕

---

① 国家环境保护总局宣传教育司：《环境宣传教育文件汇编（2001—2005）》，中国环境科学出版社 2006 年版，第 32 页。

着每年的主题开展了大量的宣传工作，吸引了众多公众参与到了各项宣传活动中，如2001年的号召环境保护重点城市开展“无车日”活动，得到“有车族”的积极响应；2010年的“低碳减排·绿色生活”，号召公众从我做起，推进污染减排，践行绿色生活，为建设生态文明、构建环境友好型社会贡献力量；2018年的“美丽中国，我是行动者”旨在推动社会各界和公众携手行动，积极参与生态文明建设，让“绿水青山就是金山银山”的理念得到深入认识和实践、结出丰硕成果。在2018的活动启动仪式上，中国首份倡导简约适度、绿色低碳生活方式的《公民生态环境行为规范（试行）》正式发布。

除此之外，我国还利用其他环境纪念日开展宣传教育活动。据慧聪网报道，在2005年3月22日的第13个“世界水日”，第18个“中国水周”中，兰州市民踊跃参加“节约用水”的签名活动，石家庄市民积极响应政府“努力建设节水型社会，不断提高水资源的利用效率和效益”的号召，纷纷使用节水型厨卫用品。2014年，为迎接4月22日的世界地球日，山西省启动了“图说环保、图说生态”科普宣传活动，在全省征集环境科普作品并在各市的学校、社区进行展览。①

总之，借助强大的舆论声势，唤起公众参与环境保护的热情和意识，可以取得事半功倍的效果。这种集中式的大规模主题宣传，也非常符合我国民众的心理，也是我们对公众进行环境教育的优势。

2. 参与绿色系列创建活动

进入21世纪后，全国开展了创建绿色学校、绿色社区、绿色家庭、绿色大学的系列活动。绿色系列创建活动是公众参与环境宣传教育的主要形式之一，是动员全社会参与环境保护的有效载体，是一种新机制。这种形式充分说明“宣传教育工作由虚走向实，越来越贴近生活、贴近大众，团结和凝聚了更多的人参与环保、支持环保、实践环保，使环境保护成为每一个人的自觉行动”②。2014年4月30日，环保部出台了《国家生态建设示范区管理规

---

① 环境保护部宣传教育司：《“十二五”时期环境宣传教育文件汇编（2011—2015年）》，中国环境出版社2016年版，第506页。

② 解振华：《以扎实的环境宣传工作推进新世纪环境保护事业的发展》，载《环境工作通讯》，2002年第6期。

程》，进一步规范国家生态建设示范区包括生态省、生态市、生态县（市、区）、生态乡镇、生态村和生态工业园区的创建工作，将绿色创建进一步向区域、乡村和企业扩大，扩大了群众参与的渠道。

未来，如果绿色系列创建活动能得到各个阶层、各个行业的响应，进而形成一个全员参与、覆盖各个方面的绿色创建网络，这将是一条具有中国特色的公众参与环境宣传教育的新路径。

3. 发挥环境保护民间组织的作用

民间环保组织是推动环境宣传教育一股不可忽视和或缺的力量，特别是广大青少年的环境保护志愿者组织，他们有激情、有创意、有参与环保公益活动的热心，有关注中国生态环境的爱心，更有倡导绿色节俭的恒心。由于有了他们的参与，使得我们的环境宣传教育更有活力，更加增强了环境保护的动态性和互动性。

民间环保组织的功能主要包括：与政府对话，监督政府的工作；向公众传授环保的技能，提高公众环保的努力；收集环境信息，为政府公共决策提供参考；联合各界人士共同开展社会公益活动；培训环保志愿人员等。对于这股力量，各级政府应大力支持，加强与民间环保组织的关系与合作，建立相应机制，搭建政府与之对话的平台，就重要的公共政策进行专门解释与沟通等，联合民间环保组织和各界人士联合开展社会公益行动，使之发挥更大的作用。

4. 举办公众环保论坛

举办公众环保论坛是公众参与环境宣传的高层次形式，通常是由学术界和知识界举办，后来引入社区和志愿者组织参与。公众环保论坛是一种十分灵活的环境宣传形式，可以是高端的环境论坛，探讨环境保护的理念，研讨环境保护的发展战略等高层次的环境问题，同样也可以讨论如何处理发生在社区中的环保争议，社区居民行为对环境的影响等发生在群众身边的“小问题”。专家学者通过论坛向社会、向群众传播环保的理念和知识，社区居民也可通过论坛与社区管理者建立起“对话”的机制。如由中国环境文化促进会主办的“绿色中国论坛”，自 2003 年 10 月至 2008 年 9 月已经举办了 14 期，论坛的内容主要是环境与发展的前沿问题，引起了很大的社会反响。再如据新浪网报道，自 2008 年起，由联合国环境规划署、联合国粮农组织、联合国开发计划署指导的中国绿色发展高层论坛旨在让全社会共同关注人类环境，让每个人、每个企业乃至每个城市与乡村都成为环境友好型与资源节约型社会的参与者，让绿色责任精神、节约循环意识、低碳环保理念更加深入人心，让中华民族的伟大复兴与人类绿色文明发展共生共赢。论坛每届都评选出年度“中国十佳绿色城市”“中国十佳绿色责任企业”“中国十佳绿色人物（新闻人物）”“中国绿色贡献终身成就奖”等奖项。2018 年的主题是“绿色企业承载未来”，展示了中国企业在国家相应政策转型的实践历程中所取得的良好成果。

5. 发挥环境监督作用

当前，我国的法律没有授予公民环境权，面对环境违法的自然人、企业、社会组织，公民无法通过法律诉讼渠道维权，但可以通过“12369”环境举报热线实施监督。根据国家环境保护总局环所发的［2001］96 号文件，截至 2001 年 12 月 31 日，全国县级以上政府环保机关均开通了热线电话，旨在加强社会监督，提高办事效率，鼓励公众举报并及时查处各类环境违法行为。自 2001 年以来，环保部已接受民众举报 20 余万次。2015 年 6 月 5 日“世界环境日”，环保部环境应急与事故调查中心运行的“12369 环保举报”微信公众号正式上线。微信举报快捷、方便、信息透明，极大地方便了公众参与。经过一年时间的运行，“环保微信举报已覆盖了除西藏外的所有省份和地市，以及 40% 以上区县。微信公众号号粉丝数量超过 9.6 万人，全国共收到各类举报事项 23883 件，办结 21416 件”①。2014 年，环保部出台的《关于推进环境保护公众参与的指导意见》明确提出：大力推进环境监督的公众参与，聘请环保志愿者，环保社会组织代表担任环境保护监督员。我们相信，公众积极发挥环境监督作用既能促进企业遵守环境法律，也可提高其自身的环境意识。

---

① 寇江泽：《让手机成污染移动监控点（绿色焦点）》，载《人民日报》，2016 年 4 月 16 日。

第三节　高校生态文明教育模式

随着生态文明教育的深入发展，作为人才培养基地高校的生态文明教育蓬勃发展，探索出了具有自身特色的生态文明教育模式。在生态文明教育目标、生态文明教育内容和途径上开展了更多的研究、探索和实践。

一、高校生态文明教育现状评述①

2016 年，经过对全国 18 所高校生态文明教育基本情况调查统计发现，高校生态文明教育既有成绩也有不足，有些学校的经验和做法值得推广，更多的学校应进一步加强生态文明教育工作和构建完整的生态文明教育体系，以扩大社会影响力，发挥高校在生态文明建设中的作用。

（一）农林生态环境专业的生态文明教育教学体系相对较好，产生了一定的社会影响力

农林生态环境专业是培养生态文明建设人才的核心专业，是高校生态文明教育的主要师资队伍和宣传力量。这些专业发挥自身优势，建立了相对完整的教学体系，并发挥专业特长致力于社会服务。

1. 人才培养目标明确

培养合格人才是高校的核心目标和根本任务，农林环境学科专业教育结合学科专业特点，将人才培养目标定位在培养具有可持续发展理念、掌握生态环境建设需要的专业知识、掌握利用和保护资源的基本技能、具有良好道德，“理念、知识、能力、人格”协调发展的复合型人才。

2. 教学计划相对完整

目前，农林生态环境专业的专业必修课主要开设与专业知识和专业技能相关的课程，专业选修课侧重培养学生生态文明理念以及创新能力，同时，

---

① 根据北京林业大学人文社科振兴计划项目，“高校生态文明教育理论与实践研究”的调查结果整理。项目主持人：宋兵波；任务书编号：2015SZ－01。

发挥专业优势和人才优势面向全校学生开设选修课，开展通识教育。如广州大学针对环境科学、环境工程、风景园林专业开设了《环境伦理学》专业必修课和《环境与可持续发展》《环境与健康》等公选课；天津师范大学开设了《环境影响评价案例分析》《环境与资源经济学》《环境风险评估》等专业选修课；华南农业大学开设了《生态文明之路》公开课；北京师范大学面向全校学生开设了《环境保护法》《环境社会学》等通识课程；北京林业大学在全国率先设置了《生态文明专题》公选课，并通过网络向社会传播。

3. 重视教材建设

注重专业教材建设自主化与国际化结合，出版了一批专业教育的精品教材，如《农业生态学》等，促进了专业教育与生态文明教育的有机结合；配合生态文明教育公选课，组织力量编写了通识教材，如《环境与可持续发展》等，从而为更多的学生接受生态文明教育提供了支撑。

4. 社会影响力较大

调查的高校注重发挥专业特长，调动师生的积极性，致力于社会服务，取得了较好的社会效益。生态文明教育专家参与"绿色学校""绿色社区""绿色企业"等系列绿色创建活动的培训、评审。广州大学的"广州市环境教育模式的构建研究与实践"2006年获广州市第六届教学成果特等奖；华南农业大学免费向社会开放校园，让市民在享受优美环境的同时，将生态文明理念向市民传播，赢得了较好的口碑；大学生环保志愿者深入城乡社区、中小学校、企业宣传环保、绿色、生态文明理念，面向居民、中小学生、企业员工开展生态文明科普培训；甘肃农业大学志愿者参加刘家堡小学"绿色环保"画布绘制活动，"绿色希望"社会实践小分队在会宁县开展低碳环保宣传实践活动；南昌工程学院的志愿者进中学课堂宣讲水知识和系列水文化宣传教育活动；天津师范大学与天津市其他高校开展京津冀大气污染物管理、生态文明和环境文化传播等活动。

（二）在校园文化建设中融入生态文明教育

校园文化是以学生为主体，以课外文化活动为主要内容，深受大学生喜爱的一种群体文化[①]，大学生的参与程度比较高，形式多样的校园文化是高

---

① 胡龙蛟：《论校园文化建设与学校德育工作》，载《中国教育学刊》，2011年第S1期。

校生态文明教育的重要渠道，为生态文明教育提供了宽广的平台。在所调查的 18 所高校中，大多数高校能通过开展主题教育活动和校园文化宣传等多种途径开展生态文明教育。

1. 主题教育活动形式多样

各高校积极探索丰富多彩的生态文明教育主题教育活动形式。在 6 月 5 日“世界环境日”开展“绿色、环保、行动”为主题的宣传活动和志愿活动，如暨南大学在植树节开展植树活动、甘肃农业大学开展“把绿色带回家，旧电池换花种子”活动，多数学校都参与了“地球一小时”主题环保活动。此外，还有以美化校园为主题的演讲比赛活动；以节约粮食为主题的活动有“光盘”行动；以节能减排为主题的活动，如首都经济贸易大学的“环保时装设计 show”的活动。

2. 学生环保社团组织活跃

学生环保社团是高校最活跃的、有共同兴趣和爱好、有旺盛热情的群体组织，他们本身是生态文明的受教育者，同时更是生态文明的教育者，是高校生态文明教育的一支生力军。在调查的高校里，每所高校都活跃着大学生环保社团组织，丰富了高校的校园文化，传播了生态文明理念，同时，也促进了大学生的成才成长。华南农业大学环保科技协会获“全国百校大学生节能宣传联合性区域最佳表现奖”；暨南大学环境学院团队的“有害气体净化装置”获得第八届全国大学生创新创业的“最佳创意项目”及“我最喜爱项目”两项大奖等。

3. 组织学生参加社会实践与科技竞赛

社会实践和科技竞赛是大学生增强实践能力、展现运用知识能力和创新能力的平台和舞台。调查显示，将生态文明教育与暑期社会实践结合是各所大学通常的做法。另外，有些学校依托全国大学生创新计划、全国大学生环保创意大赛、全国大学生节能减排社会实践与科技竞赛等项目积极组织学生参与，取得了不错的成就，如华南农业大学获教育部第七届全国大学生节能减排社会实践与科技竞赛“金川杯”三项二等奖等。

（三）重视校园环境改善和基础设施绿色化

调查分析显示，校园环境、环境满意度与大学生生态文明素养之间有较显著的相关性。近几年，许多高校致力于改善校园环境，因地制宜增加绿地，加强基础设施改造，积极推进节能减排基础设施改造，与专业回收公司合作，规范实验室废物废液回收处理，改进食堂、取暖燃炉厨具，校园道路使用太阳能路灯，推广使用节能灯、节能水龙头，将中央空调改造为分体式空调，垃圾分类箱校园全覆盖等。如华南农业大学引进绿色环保节能舒适的纯电动汽车为师生服务，受到了广大师生好评。

二、高校生态文明教育的目标

（一）高校生态文明教育的总目标

党的十八大报告提出的“加强生态文明宣传教育，增强全民节约意识、环保意识、生态意识，形成良好的风气”，是全民生态文明教育的目标。高校是进行生态文明教育的主要渠道，大学生生态文明教育不仅要围绕这一目标展开，还要有针对大学生的特殊性。因此，高校生态文明教育的总目标应当是培养“生态型人才”。

高等学校作为培养高层次人才的专门机构，人才培养是其最基本的职能。随着社会实际需求的变化，调整人才培养模式和规格是大学职能转变的内在依据。当前，我国已步入生态文明时代，国家社会需要促进和参与生态文明建设的人才，高校应及时更新理念，培养出符合当今社会所需要的“生态型人才”。

“生态型人才”目前没有统一、清晰的定义与内涵。有学者提出，“生态型人才”是指拥有足够的生态环境知识，拥有科学的生态道德感的人才，应该成为推动“人—社会—自然”这一生态系统和谐发展的力量群体。我们认为，“生态型人才”是指高校根据时代的诉求和自身的办学特点，培养能够处理人与自身、与人类社会、与生态系统和谐相处的，具有高水平生态文明素养，创新能力强的专业化人才。其中，高水平生态文明素养是“生态型人才”重要的培养规格，高校生态文明教育活动都要围绕这一规格设计和实施。

（二）高校生态文明教育的具体目标①

为了实现高校生态文明教育总目标，还要依据“生态型人才”重要的培养规格——大学生生态文明素养设置具体目标。

大学生生态文明素养是指大学生在参与生态文明建设进程中所表现出来的文化知识水准、思想情感和行为习性，是生态文明在知识、态度、意识、道德、情感、价值观、审美观、责任感、意志力、行动力上的结合体，简而言之，就是生态文明知识素养、生态文明意识素养以及生态文明行为素养的统一。高校生态文明教育的具体目标可以从生态文明知识目标、生态文明意识目标、生态文明行为三个方面设置。

1. 生态文明知识素养

大学生生态文明知识素养主要包括以下目标：第一，了解生态系统与生态环境相关常识，具有对生态系统整体功能及整体组织原则的认知，不仅要了解宏观的生态系统如何运转，还要懂得微观的生态环境如何保持生态平衡；第二，了解重大生态危机与环境问题事件，了解环境问题对人类带来的严重的生存威胁；第三，具有一定的与环境相关新闻的知晓度，充实生态知识，为提高解决环境问题的技能打下基础；第四，了解生态环境法律法规，熟悉国家在环境方面制定的法律；第五，具有对国家关于环境政策及生态保护制度的关注度，了解国家在环境方面制定的政策以及环境保护的各种制度。

2. 生态文明意识素养

意识本身具有指导作用，对行为具有能动的作用，提高大学生生态文明意识素养是高校生态文明教育需要实现的最重要目标，主要涵盖以下目标：第一，具有生态文明自我（主体）意识，自我意识是指大学生对自身在生态文明建设中自我价值、自我作用的定位，对生态环境的态度以及主人翁地位的态度；第二，具有生态文明社会意识，社会意识是指对社会共识的认知、态度和评判，从具体形态讲，社会意识包括对生态修复困难、生态环境污染严重带来的各种社会问题的危机意识，对大自然环境被破坏的忧患意识，反对奢侈、反对过度浪费的消费意识，倡导低碳出行、绿色购物、勤俭节省的

① 魏源：《北京高校大学生生态文明素养培育途径研究》，北京林业大学学位论文，2018 年。

节约意识，热爱生态环境、保护生态系统与野生动植物的保护意识等；第三，具有生态文明情感，情感是指以一颗真诚、热忱、敬畏之心对待大自然及生态环境，对大自然怀有热爱和关心之情，能够欣赏并认同大自然的美好，强烈谴责破坏大自然和生态系统的行为，主要包括生态文明道德感、生态文明责任感、生态文明审美感；第四，对自身和他人生态文明素养的评价。

3. 生态文明行为素养

生态文明行为素养是指在知识目标和意识目标的基础上，培养大学生能够顺应大自然规律，自觉做出保护环境的行为，用自己的实际行动为生态文明建设事业贡献力量。生态文明行为是检验生态文明知识、生态文明意识养成效果的外在表现，主要包括：在尊重大自然的思想意识指导下，从点滴小事做起，爱护自然生态环境、勤俭节约、低碳生活、绿色消费，能够主动约束自身行为，不做违反大自然规律、破坏大自然环境的行为，并能通过自己的言谈举止影响身边人、影响大众加入生态文明建设的队伍，积极宣传生态文化知识，共同为维护生态环境的良好秩序贡献力量。

高校生态文明教育目标是一个系统，通过教育，大学生能自觉把已经掌握的生态文明知识内化为生态文明意识，最终转化为外部的生态文明行为，最后形成稳定的行为习惯，高校生态文明教育目标得以实现。

二、高校生态文明教育的内容

高校生态文明教育内容有狭义和广义之分，具有层次性、学科（专业）性特点。

狭义的内容主要指生态文明理论和生态文明知识。在生态文明理论方面，包括生态文明基本概念和内涵，生态文明教育的理论基础，包括马克思主义生态文明思想、中国传统生态思想、西方生态伦理思想[①]、习近平生态文明思想，生态文明制度设计等。在生态文明知识方面，包括党和国家关于

---

① 周芬芬、谢磊、周晓阳：《论大学生生态文明教育的基本内容》，载《中国电力教育》，2013 年期。

生态文明的方针政策，国内外生态危机事件，国家生态环境的重大进展，生态环境常识性知识，生态环境法制知识，生态文化知识，生态环境学科（专业）性知识等。

广义的内容除生态文明理论和生态文明知识外，还包括生态文明理念、意识、行为能力等方面。在生态文明理念方面，主要包括对大学生进行人与自然、人与人、人与社会和谐共生教育，人类社会可持续发展教育，树立生态伦理道德、绿色消费理念等教育；在生态文明意识方面，依据生态环境恶化的严峻现实情况，开展生态国情教育，唤醒大学生的生态忧患意识,[①] 在此前提下，培养大学生生态伦理道德意识、生态责任意识、勤俭节约意识、生态审美意识等意识，开展生态文明时代倡导的生态道德观、生态责任观、生态消费观、生态审美观以及生态伦理观教育；在生态文明行为方面，采用多种教学形式，主要通过开设第一课堂和第二课堂来锻炼、培养大学生符合大自然运行规律的生态文明道德行为和低碳节约的生活行为。

三、高校生态文明教育的途径[②]

高校生态文明教育途径可以从完善高校生态文明教育课程体系、建设高校生态文明教育校园环境、营造高校生态文明教育文化氛围等方面着手。

（二）完善高校生态文明教育课程体系

1. 进一步完善高校生态文明教育课程体系

在生态文明建设新时代，为实现高校生态文明教育目标，高校应开设生态文明方面的通识课，或在公共必修课和公共选修课的课程中加入生态文明教育的内容；在非环境、非农林专业类的专业必修课和专业选修课中增加生态文明内容，增加大学生对生态环境的认识；在农林生态环境相关专业的专业必修课和专业选修课中提高生态文明内容的篇幅，强化大学生对生态文明的重视。这样每个专业的学生都可以学到生态文明知识，有利于培养学生的生态文明意识。

---

① 陈永森：《开展生态文明教育的思考》，载《思想理论教育》，2013 年第 7 期。

② 魏源：《北京高校大学生生态文明素养培育途径研究》，北京林业大学学位论文，2018 年。

2. 生态文明教育内容融入思想政治理论课

生态文明教育是思想政治教育的组成部分，构建思想政治理论课生态文明教育内容体系是开展大学生生态文明教育的重要条件之一。思想政治理论课本身包含着生态文明理论、理念和内容，蕴涵着丰富的教学资源，对学生生态文明素养的养成具有独特的优势。因此，思想政治理论课要根据当前党和国家方针政策和形势，不断充实教学内容。当前，在使用2018版思想政治理论课教材时，应当将习近平生态文明思想内容融入课堂教学中。一是在《思想道德修养与法律基础》课中，结合中华民族伟大复兴梦和中国特色社会主义共同理想，引导学生将建设“美丽中国”作为自己的理想；结合道德修养部分，加入中华传统文化中儒家、道家的生态思想以及习近平生态道德观，引导大学生自觉维护生态道德公德和践行绿色低碳的生活方式；结合法治部分，帮助学生树立正确的生态法治观念。二是在《中国近代史纲要》课程中，讲述中国共产党从民主革命时期到当代的生态文明建设之路，介绍中华人民共和国成立以来中国共产党人的生态文明思想，包括毛泽东“绿化治水”生态思想、邓小平“协调、促进、发展”的生态思想、江泽民“可持续发展”的生态思想、胡锦涛“科学发展观”的生态思想，习近平生态文明思想，让学生能够全面系统地把握中国共产党生态文明思想的形成发展历程。三是在《马克思主义基本原理概论》中，结合马克思关于人与自然关系的论述，引导学生运用辩证唯物主义和唯物辩证法认识“两山论”的形成、发展和实践。四是在《毛泽东思想和中国特色社会主义理论体系概论》课中，依据马克思主义中国化的理论成果以及当前“五位一体”的中国特色社会主义事业总布局和“四个全面”战略布局的现实情况，将习近平的生态文明思想融入课堂。

（二）建设美丽校园环境

环境可以塑造人，环境可以影响人。高校的生态环境对大学生生态文明教育起着无形的影响作用，校园环境建设要从软硬件两个方面着手。一方面，学校硬件设施要合理，要努力营造绿色生态的校园景色，在规划教学楼、实验楼、图书馆、宿舍楼等建筑物时要注意与花草树木等天然景观融合在一起，能够让学生在学习生活中处处感受到来自大自然的鸟语花香。此外，学校也要积极推进校园环保措施及节能设备的使用，比如北京林业大学学生浴室采取在消费刷卡的基础上加装节水器；女生宿舍安装节水循环系统，收集利用洗漱水冲厕；学校办公楼、宿舍楼内更换新型节能电磁开水器；绿地采取微喷改造，每年可节约用水 2 万吨。另一方面，学校软件设施要有具体举措，在细节处融入生态文明教育，比如图书馆多增加生态文明相关科普书籍和专业书籍，学生校园一卡通上设计学校景色图，校园纪念品设计融入学校的绿色建筑等。同时，学校要注重提升教师的生态文明素质，通过言传身教提升大学生的生态文明素养。

（三）营造高校生态文明教育文化氛围

高校应运用各种宣传媒介开展生态文明宣传教育，通过校园宣传橱窗、在校园网中报道学校开展生态文明教育的动态、措施、取得的成就、学生环保社团活动动态等。此外，利用微信公众平台（微信公众号）等新媒体提高宣传时效，扩大传播范围。

作为注重学术发展的高校，可以把学术与生态结合起来，营造浓郁的生态学术文化氛围，定期举办“生态学术文化月”。开设“生态文明大讲堂”，邀请专家、学者向大学生讲解各类生态知识和生态文化知识，邀请有学术建树的教师介绍生态文明最新研究热点。组织学生开展生态文明课题研究，分享研究成果，形成学术成果汇编。面向社会开展生态文化展示活动，将生态文化产品，如竹藤艺术品、花卉艺术品等拿来展出，以供广大市民观赏，扩大学校在生态文明教育方面的影响力度。

实践篇

第五章　生态文明教育进学校（中小学）

——绿色学校枝繁叶茂

随着社会、经济、文化事业的不断发展，环境问题越来越受到社会各个阶层的普遍关注。尤其是党的十八大首次将生态文明建设作为“五位一体”总体布局的重要部分，放在了突出地位。生态文明建设理念通过宣传和教育，提高社会各个阶层的生态文明意识，是建设美丽中国、实现中华民族永续发展的需要。

绿色学校和国际生态学校就是为满足这种需要应运而生并繁荣开展的，它不仅是中国环境教育发展进程中的重要标志，也是生态环境教育重要的实践活动。加强环境教育基地建设和与国际生态学校项目接轨是加强学校环境教育的重要措施。

第一节　中国绿色学校发展概述

一、绿色学校的发展

（一）绿色学校发展的基础

在我国，绿色学校的诞生和发展是以环境教育为基础的，换句话说是环境与教育直接结合的成果。国内外环境教育理论是中国绿色学校发展的理论基石，国内外环境教育实践为我国绿色学校创建活动和开展国际生态学校项目提供了大量值得借鉴的经验。

1973 年全国环境保护大会后，环境保护工作开始受到重视，环境教育工作开始起步，在中小学课程中增加有关环境科学知识的内容成为时代的需要。

1987 年，国家教委颁布的教学大纲中强调小学和初中要通过相关学科教育、课外活动、开设讲座等形式进行能源、环保和生态的渗透教学，有条件的开设选修课。

1992 年，国家教委在新教学大纲中明确提出了在相关学科教学内容中的环保知识和教学要求。

1995 年召开全国环境教育先进单位、先进个人和优秀教材表彰大会，有力地推动了环境教育在我国中小学的发展。

20 世纪 90 年代中期以后，我国环境教育工作开始了比较广泛的国际交流，无论政府、还是民间的环保组织，在环境教育研究、人员培训、国际交流与合作等方面做了大量工作，为后来创建国际生态学校和绿色学校工作积累了很好的理论和实践经验。

（二）绿色学校的起步阶段

1996 年 12 月，中宣部、国家环保局、教育部联合颁布了《全国环境宣传教育行动纲要（1996—2010）》，发出了“到 2000 年，在全国逐步开展创建绿色学校活动”的倡议。这个行动是中国环境教育进程中的一个创举，标志着在广大中小学、幼儿园中积极开展的环境教育将成为一项全国性活动。

随着行动纲要的实施，各地环保和教育部门在总结、完善当地开展环境教育、创建绿色学校工作的基础上，形成了比较全面、完整、科学的创建绿色学校理论和实践体系，明确了创建绿色学校的方向，规范了创建学校的内容，建立了创建绿色学校的评价标准体系。这些相关工作的完成，促使学校的环境教育从单纯的灌输环境科学知识，发展到了确立集传授知识、培养意识、锻炼技能、端正态度、引导参与“五位一体”的教学目标阶段，并进一步将环境教育扩展到校园管理体系中，使之贯穿于学校的管理、教学和生活的各个环节，最终形成我国中小学开展环境教育的特有模式——创建绿色学校。

（三）绿色学校的发展阶段

政府主导迅速打开全国创建绿色学校工作的新局面。为了大力推动创建绿色学校工作，2000 年 3 月，国家环保总局、教育部联合下发《关于联合表彰绿色学校的通知》，同年 11 月国家环保总局、教育部联合下发《关于召开全国创建绿色学校活动表彰大会的通知》和《关于表彰全国创建绿色学校活动先进学校和优秀组织单位的决定》。全国中小学师生积极响应，以各种形式开展创建活动，极大地推动了基础教育学校教学的改革，涌现出一大批卓有成效的向绿色学校模式发展的学校。

2001 年 1 月 9 日，国家环保总局和教育部联合在深圳召开第一次全国创建绿色学校表彰大会和绿色学校经验研讨会，全国共有 105 所学校获得全国创建绿色学校活动先进学校，22 个单位获得全国创建绿色学校活动优秀组织单位，目的是为了树立典型、巩固成果、推进全国的创建活动，让绿色的“种子”播撒在全国孩子们的心中，并发芽、枝繁叶茂、开花结果，染绿华夏大地。

从 2000 年开始，国家级绿色学校每两年评选并表彰一次。2003 年和 2005 年的第二批、第三批共表彰了 383 所绿色学校创建先进学校，373 人获得全国绿色学校优秀教师（绿色学校园丁奖），52 个单位获得全国绿色学校创建活动优秀组织单位，113 人获得全国绿色学校工作先进个人。

2005 年，在第 34 个世界环境日到来之际，国家环保总局和教育部、全国妇联在人民大会堂隆重表彰了 112 个全国“绿色社区”、204 所全国“绿色学校”、100 户全国“绿色家庭”。国家环保总局局长解振华在致辞中说，绿色创建活动已经成为我国环保事业的组成部分，社会公众已经成为推动环保工作开展的重要力量。从“绿色学校”到“绿色社区”再到“绿色家庭”，绿色创建领域不断拓展，正在向机关、乡村、工矿、医院、饭店等各行各业延伸，呈现出蓬勃发展的势头……要不断深化创建工作，提高绿色创建质量，扩大绿色创建影响，使之成为号召全民参与环保的绿色旗帜。[①]

2007 年 6 月 5 日，在第四批全国绿色创建表彰大会上，国家环保总局局长周生贤说，建设资源节约型、环境友好型社会是全民族、全社会的事业，需要人民群众的广泛参与。希望受到表彰的单位和个人珍惜荣誉，再接再

① 国家环境保护总局宣传教育司：《环境宣传教育文件汇编（2001—2005）》，中国环境科学出版社 2006 年版，第 76—79 页。

厉，鼓励和带动更多的单位和群众积极参与，支持环境保护事业。希望全社会都向绿色创建活动的先进单位和先进个人学习，共同保护与建设我们美好的家园，为实现中华民族的伟大复兴做出贡献。[①] 当年，全国共有 217 所学校获得全国绿色学校创建活动先进学校，214 名教师获得全国绿色学校优秀教师，134 个单位获得全国绿色学校创建活动优秀组织单位、165 人获得全国绿色学校工作先进个人。

截止至 2008 年年底，全国共有 42000 多所中小学和幼儿园创建成为绿色学校，其中国家表彰的绿色学校 705 所。

2009 年，在环境保护部宣教中心作为中国代表加入国际环境教育基金会（FEE）后，中国正式启动了国际生态学校项目（Eco－School，ES），由此加入到了国际生态学校网络，为在创建绿色学校的基础上生态学校的创建提供了更大的发展空间和展示的舞台。项目针对学校的环境和可持续发展教育，提出了国际生态学校的七项标准（七步法），FEE 授权环保部宣教中心对符合该标准的学校授予国际生态学校绿旗。[②] 截至 2017 年底，全国已有 3000 余所学校参与了项目培训活动，400 余所学校获得了国际生态学校绿旗荣誉，已经成为学校环境教育的旗舰品牌。[③]

2011 年制定的《全国环境宣传教育行动纲要（2011—2015 年）》强调："强化基础阶段环境教育，在相关课程中渗透环境教育的内容，鼓励中小学开办各种形式的环境教育课堂。"[④] 2016 年 3 月 30 日颁布的《全国环境宣传教育工作纲要（2016—2020 年）》指出："中小学相关课程中加强环境教育内容要求，促进环境保护和生态文明知识进课堂、进教材。"[⑤] 标志着我国开展学校环境教育进入一个新的里程碑。

---

① 陈湘静：《团结一致应对环境危机创造绿色未来》，载《中国环境报》，2007 年 6 月 6 日。

② 《国际生态学校项目》：环保部环境宣传教育中心网站，访问时间：2017 年 11 月 23 日。

③ 《2017 年国际生态学校项目协调员会议顺利举办》，环保部环境宣传教育中心网站，访问时间：2017 年 11 月 23 日。

④ 环境保护部宣传教育司：《"十二五"时期环境宣传教育文件汇编（2011—2015）》，中国环境出版社，2016 年版，第 61 页。

⑤ 《全国环境宣传教育工作纲要（2016—2020 年）》，生态环境保护部网站，访问时间：2016 年 4 月 18 日。

二、绿色学校的概念与功能

（一）绿色学校的概念

随着国际环境教育的发展，1994 年欧洲环境教育基金会首次提出了一项全欧“生态学校计划”[①]，标志着在学校中的环境教育由实现环境知识、能力、意识、态度、参与五个方面的目标“发展到融学校政策、管理、教学、生活为一体的全校性、综合化的‘绿色学校’模式”[②]。这个计划得到全世界各国的认同，迅速得到响应和实践。不同的是，各国的命名有所不同，如在德国称作“环境学校”，英国等国家称“生态学校”，而爱尔兰叫作“绿色学校”，但相同的是在学校的建设与发展中都以环境教育和可持续发展教育理论作为指导思想，从而推动全民环境意识的提高。

目前，国际上对绿色学校尚没有一个明确的概括，但有一个基本的共识，那就是“绿色学校作为一种环境教育的重要手段和措施，其内涵是随着环境教育目标的变化而变化的”[③]。由此，当环境教育的内涵和外延由原来的“关于环境”的领域扩展到现在“为了可持续发展教育”，绿色学校的概念也得到扩展，成为“为了可持续发展教育”的学校，而“它不仅仅是环境优美示范校，环境卫生示范校，环境科技活动特色校，尽管这些都可能是绿色学校的表现”[④]。

在我国，绿色学校概念也是随着环境教育理论与实践、人们认识的发展而发展的，从不同时期人们对绿色学校的概述可以证明这一点。1996 年颁布的《全国环境宣传教育行动纲要（1996—2010）》中提出的绿色学校的主要标志是：“学生切实掌握各科教材中有关环境保护的内容；师生环境意识较

---

① 曾红鹰：《环境教育思想的新发展——欧洲“生态学校”（绿色学校）计划的发展概况》，载《环境教育》，1999 年第 4 期。

② 国家环境保护总局宣传教育司：《环境宣传教育文件汇编（2001—2005）》，中国环境科学出版社 2006 年版，第 302 页。

③ 黄宇：《国际环境教育的发展与中国的绿色学校》，载《比较教育研究》，2003 年第 1 期。

④ 黄宇：《国际环境教育的发展与中国的绿色学校》，载《比较教育研究》，2003 年第 1 期。

高；积极参与面向社会的环境监督和宣传活动；校园清洁优美。”① 在2000年公布《全国绿色学校标准》中则把绿色学校定义为：“在实现基本教育功能的基础上，以可持续发展为指导，在学校日常管理的各个方面都纳入了有益于环境的管理措施，充分利用校内外资源和机会全面提高师生环境素养的学校。”② 从前后两个表述中，我们可以看出绿色学校概念的发展和变化，后者比较全面地诠释了绿色学校的特征，即：绿色学校是一种以可持续发展教育理论为指导思想，注重全校性、综合性、广泛性、开放性、自主性的环境教育方法。

至今，我国的绿色学校已枝繁叶茂、遍地开花，并向其他如幼儿教育、大学教育、社区教育、公民教育、职业教育等领域扩展，带动了全国环境教育理论与实践的向前发展。

（二）绿色学校的功能

教育的功能在于育人，学校是传播人类精神财富，培养学生良好行为习惯的场所。因此在学校中开展环境教育，将可持续发展的思想渗透到学校日常管理实践的各个方面，从而培养学生的环境意识和参与能力，是绿色学校工作最重要的功能。创建绿色学校活动，不仅是学校实施素质教育的重要载体，而且是当前在学校中开展环境教育的一种有效方式。具体表现在：

第一，促进学校加深对环境保护的认识，培养师生正确的环境价值观。

创建绿色学校活动，通过加深师生对可持续发展理论和当前所面临环境问题的认识，提高他们的环境意识，引导他们树立正确的环境价值观，使其更加关注身边的环境状况，更加重视履行保护环境的责任。

第二，促进学校提高环境教育水平，引导学生全面发展。

创建绿色学校活动扩大了学校与社会、家庭和学生的交流，增强了学校与社区、政府、企业和社会团体的合作，学校可以从中获得最新的、专业的环境教育资料和信息，不断充实和提高自身环境教育的理论水平和实践水平，从而引导学生素质全面发展。

---

① 国家环境保护总局宣传教育司：《环境宣传教育文件汇编（2001—2005）》，中国环境科学出版社2006年版，第292页。

② 国家环境保护总局宣传教育司：《环境宣传教育文件汇编（2001—2005）》，中国环境科学出版社2006年版，第303页。

第三，促进学校提高环境管理水平，营造优美校园环境。

在创建绿色学校活动中，学校通过采取节纸、节水、节电、节约粮食等措施，一方面减少浪费，缩减学校财政开支，培养了师生的良好行为习惯；另一方面改善了学校内部管理，完善了学校的基础设施，营造了优美校园环境。

第四，促进学校主动参加社会活动，树立学校自身形象。

在创建绿色学校活动中，学校更加主动地参加社会活动，有更多的机会展现学校的风采和特色，有更多的机会获得各种荣誉和奖励，能够让师生体会到成功感和荣誉感，有利于树立学校的形象，有利于提高学生综合素质的发展。

三、绿色学校的创建措施

在中国绿色学校创建活动蓬勃开展过程中，各级政府、相关部门采取了许多行之有效的措施，有效推动了全国各地绿色学校创建活动。

（一）成立专门机构，大力推动创建绿色学校工作有序发展

在通过政府表彰的方式推动创建绿色学校工作健康发展的同时，国家环保总局和教育部于2001年3月成立了全国绿色学校表彰领导小组，并将领导小组办公室设在国家环保总局宣教中心，负责具体绿色学校项目的管理、评审和推动工作。国家环保总局宣教中心为在全国范围内推广创建绿色学校工作做了大量基础性和开拓性工作，全国绿色学校工作得以蓬勃健康发展，是其不懈努力的结果。

此外，各省、直辖市、自治区也相应成立了环境保护宣传教育中心，并成立各省、直辖市、自治区自己的绿色学校表彰领导小组，以推动各省市自治区开展绿色学校的创建工作，扩大了公众参与的覆盖面，形成了上下联合的环境教育工作网络，为创建绿色学校工作有序发展提高了保障。

（二）广泛培训骨干力量，打好绿色学校工作基础

1. 制定《绿色学校指南》

自第一次全国创建绿色学校表彰大会以来，国家环保总局宣教中心历时

三年，先后多次征求各地环境教育专家和部分省市环保宣教中心的意见，最后上报国家环保总局审定，于2003年3月完成了《绿色学校指南》，于2010年出台了《国际生态学校指南》。两个指南对指导和规范创建绿色学校（生态国际学校）工作发挥了巨大作用。

2. 组织骨干培训班

国家环保总局宣教中心积极组织对《绿色学校指南》的宣讲，开展各种形式的创建绿色学校培训工作，先后举办了针对不同教育主体的培训班，如2001年4月在北京举办的中小学环境教育培训班，2001年4月在杭州和上海举办的全国绿色学校第一期省级主管联络人培训班，2001年7月至2003年8月分别在北京、北戴河、大连、九江、昆明、成都和西安举办了7期绿色学校校长培训班，2002年12月在北京举办的中日技术合作——全国省级绿色学校小学校长环境教育培训班等。

3. 加强国际合作

国家环保总局宣教中心积极加强环境教育师资培训方面的国际合作。2001年6月，国家环保总局宣教中心和德国波尔基金会（Heinrich - Boll Foundation）开始合作，在北京举办了"第一期中德环境教育培训班"。此后，该基金会继续支持国家环保总局宣教中心，于2002年5月至11月分别在北京、重庆和云南昆明举办了三期教师培训班。2003年9月，德国波尔基金会又支持在中国的绿色学校中开展校园环境管理项目，举办教师培训班。

实施"中国全球环境教育行动"项目。这个项目的教师培训由中美双方合作完成，共有100余位从事环保宣教工作的官员和"绿色学校"教师参加了培训。此外，还有从2003年开始一直持续至今的中国瑞典合作"环境小硕士中国项目（YMPIC—Young Masters Program in China）"，2004年8月由国家环保总局宣教中心与英国大使馆文化教育处、中华少年环保世纪行系列活动组织委员会联合主办、首都师范大学环境教育中心协办的"给你一个更美好的明天——中英环境教育夏令营"项目等等。

（三）组织环保主题活动，引导绿色学校健康发展

为丰富绿色学校活动的内容，国家环保总局宣教中心与有关单位合作，策划组织了一系列的全国性教师和学生活动，引起了较大的社会反响。同时绿色学校创建单位自主开展或参加社会实践活动，如"保护母亲河""绿色

承诺”“天天环保”“生态监护”等实践活动，对广大青少年进行生态环境道德教育，增强他们的环境保护意识，引导公众参与讨论环境问题，形成“人人参与、共创绿色家园”的社会氛围。

2002 年 3 月，“全国绿色学校环境教育多媒体课件大赛活动”吸引了全国上千所学校的近万名教师参加，最终经专家评选，从 800 多件入选作品中选出 121 件优秀课件作品，177 件优秀教案作品，10 个优秀组织单位和百余名优秀组织者。

环境意识——中国少年儿童环境绘画比赛（CEAP——Children Environmental Art Competition）是一项中美民间联合举办的儿童环境艺术项目，主题为“给孩子一片蓝天”，于 2002 年 4 月举办。项目第一阶段在国内举办全国少年儿童环境绘画比赛，共有来自全国各地的千余幅优秀作品参加，其中 103 幅作品获奖，获奖作品在中国儿童中心展出一个月。项目第二阶段是将获奖作品结集成册出版，作品推荐到美国，参加为期 2—3 年的美国博物馆巡回展。

2004 年全国开展大、中、小学生“珍惜、爱护水资源”环保系列比赛活动，活动由国家环保总局宣教中心与香港环境保护运动委员会、瑞士再保险公司合作开展。此外还有，从 2003 年开始已经连续举办五届的“ITT 杯”全国中学生水科技发明比赛，2004 年的“箭牌杯”全国青少年环保创意大赛，2007 年的“绿色小记者——我家乡的节能减排明星”新闻作品大赛，2007 年的全国大、中、小学生环保创意暨摄影比赛等。

（四）开展理论研究总结提升绿色学校工作水平

2003 年 1 月，国家环保总局科技司正式批准国家环保总局宣教中心申报的研究课题《中国绿色学校发展策略和运行管理研究》（2003 - Z - 001）。该课题得到了广州环保局的资金支持，国家环保总局宣教中心、广州环保局宣教中心的主管人员和来自浙江大学、北京师范大学、沈阳师范大学、广州大学的几位专家参加了课题工作，共有 11 所来自北京、广州、江浙等地的课题实验学校参加了研究工作。根据计划，课题的研究成果将充实到新版《绿色学校指南》和新的评估标准中。

（五）发挥绿色学校创建主力军的作用

我国现阶段绿色学校的创建工作主要由中央、省和市三级环保和教育部门推进的，其中城市环保和教育部门作为推进绿色学校工作的基层单位，承担了大量的组织发动、宣传培训、日常管理、评选推荐工作，是推动绿色学校工作的主力军。

以广州市为例，广州市从20世纪80年代中期就开始有计划、有组织地开展环境教育工作，环保部门与教育部门密切配合，积极发挥广州市环境教育领导小组的组织、指导、实施和调控功能，坚持不懈地以创建绿色学校为载体开展环境教育，收到了明显的成效。目前，广州市中小学环境教育普及率提高到100%，各级绿色学校全部开设了环境教育课程，全市中小学将环境教育纳入课程计划及课外活动。至2012年，广州市已累计创建广州市绿色学校（幼儿园）859所，其中省级270所，受国家表彰的学校（幼儿园）14所。[①] 广州市推动绿色学校工作的经验在于：

第一，建立了不断开拓创新工作机制。1995年广州市成立了以副市长为组长，教育局、环保局等部门领导为成员的广州市环境教育领导小组，各区也相继成立了相应的协调机构，市环境科学学会也成立了环境教育专业委员会，在组织机构和人才方面形成了环境教育网络体系，在推动环境教育和创建绿色学校工作中，这个网络体系发挥了主导作用。2000年后以环境教育专业委员会成员为基础成立的环境教育专家队伍成为推动绿色学校工作的主力军。

第二，积极贯彻落实《全国环境宣传教育行动纲要》，创建绿色学校成为学校搞好教改和加强校园管理的推手。广州市及时制订了贯彻落实纲要的实施细则，把环境教育与道德教育和学校基础建设相结合，推动了学校建设的全面发展。有相当一批学校是在创建绿色学校的过程中实现了上等级的目标，被国家表彰的长湴小学、第八十九中学是典型的代表。

第三，长期不懈地一手抓普及，一手抓提高，形成创建绿色学校“六个一”格局。广州市通过多年的创建绿色学校实践，形成一套完整的绿色学校工作体系，包括有一套评估标准，有一套评审程序和办法，有一个交流平台，有一支专家队伍，有一套指导资料，有一批示范学校。在这个格局下，广州市的各级各类学校积极参加到创建绿色学校的活动中来，绿色学校工作

① 数据来源广州市环境保护宣教中心。

得以持续发展。

第四，绿色学校走上社会，成为系列绿色创建活动的重要宣传力量。广州市将创建绿色学校与创建绿色社区工作结合起来，通过“小手拉大手”，发挥“一个学生影响一个家庭，一所学校影响一个社区”的作用，使学校成为宣传环保的重要力量，在绿色学校中开展的“回收废旧电池”“每天节约一桶水”“每周少开一天车”活动都不同程度地引起了社会的反响。

第二节　绿色学校的评审

1996 年发布的《全国环境宣传教育行动纲要》提出要在全国逐步开展创建绿色学校活动，由此拉开了我国中小学创建绿色学校的序幕。自 1996 年以来全国各地普遍开展了创建绿色学校的活动，有力地推动了环境教育工作，一批优秀的绿色学校涌现出来。从 1997 年起，有关省市的环保与教育部门就相继开展了绿色学校评审工作，这些评审产生一批市级、省级绿色学校，为国家评审奠定了良好的基础。

以广东为例，广州市 1997 年开始在全市范围内评审市级绿色学校，广东省 1998 年开始在全省范围内评审省级绿色学校。广东省在创建绿色学校方面的突出成就，促成了第一次全国创建绿色学校活动表彰大会在广东深圳召开。2000 年 11 月 6 日，国家环境保护总局和教育部联合下发的《关于表彰全国创建绿色学校活动先进学校和优秀组织单位的决定》指出，自《全国环境宣传教育行动纲要》发布以来，全国许多学校在教育和环保部门的指导、组织下，积极开展了创建绿色学校活动，把环境教育作为中小学校实施素质教育的的重要内容，通过课堂渗透和各种活动，提高了师生的环境意识和参与热情，并从环境保护的角度改进了学校管理和建设，使中小学的环境教育更加生动、有效，取得了新的进展。决定表彰了深圳实验学校等 105 所全国绿色学校创建活动先进学校，对在组织指导创建绿色学校活动中表现突出的广东省环保局和广东省教育厅等 10 个省市 22 个优秀组织单位给予表彰。

2012 年，广东省环境保护厅重新修订了“广东省绿色学校”评审标准。

一、评审程序

绿色学校的评审分为国家表彰的先进学校，省级绿色学校和市级绿色学校三类，有些地方还有区级绿色学校。国家表彰的先进学校由各省推荐，省级绿色学校由各地市推荐，这种方式从制度上保证了在评审绿色学校过程中能够有效地实施层级管理，责权分立，使绿色学校的评审工作持续、有序地开展下去。国家表彰绿色学校和省、市命名绿色学校都是采取专家评审，政府主管部门审批的方式进行。

（一）国家级绿色学校评审程序

1. 申请

获得省级绿色学校资格的学校有资格申请国家表彰。省级绿色学校向省级主管机构申请。

2. 推荐

省级主管机构须对拟推荐的学校进行实地检查，经省级教育和环保主管部门审查同意后，向全国绿色学校表彰领导小组办公室推荐。

3. 审读

由全国绿色学校表彰领导小组办公室组织专家对申报材料进行审读，其结果报送全国绿色学校表彰领导小组。

4. 抽查

由全国绿色学校表彰领导小组根据申报材料确定实地抽查的地区和学校，并在完成抽查后向全国绿色学校表彰领导小组办公室提交书面抽查工作报告，经过评审后确定全国绿色学校名单。

5. 公示

由全国绿色学校表彰领导小组将评审结果在有关媒体上进行公示。

6. 表彰

全国绿色学校表彰领导小组确定全国表彰的绿色学校、先进个人、优秀组织单位后，由国家环保总局和教育部联合下发通知予以表彰。

7. 授牌

由国家环保总局和教育部联合向在全国绿色学校创建活动中获得先进学

校、先进个人、优秀组织单位颁发表彰奖牌和表彰证书。

（二）省市级绿色学校评审程序

现阶段，省级和市级绿色学校的评审与命名程序与国家表彰绿色学校的程序基本相同，有的省市在以往的基础上做了调整。以广东省评审绿色学校为例，评审分为三个部分，即广东省绿色学校推荐、创评、检查，具体程序如下：

1. 推荐程序

推荐方法详细的规定了被推荐的学校、幼儿园必须获得市级绿色学校称号，地级以上市环保主管部门负责接收和整理本地区有关推荐表和申报材料（电子版），各地级以上市要按照“择优”原则，对辖区内的学校进行推荐申报，每个地市推荐名额不超过两个，申报单位应按要求规范档案管理及时报送申报材料，并规定了申报材料的要求。

2. 创评程序

（1）申请

具备申报条件的学校向所在地级以上市环保主管部门提出申请，并按要求递交申报材料。

（2）预检

地级以上市环保主管部门对申报资料进行初审，并代表省环保厅对辖区内所有申报单位进行预检。

（3）推荐

地级以上市环保主管部门在规定时间内向省环保厅递交预检合格学校的推荐表和申报材料。

（4）审核

省环保厅组织专家对递交的材料进行审核，确定进入现场评审抽查的学校名单。

（5）抽查

向各地级以上市环保主管部门发文告知现场抽查时间、检查学校及评审组成员。

（6）现场考核

评审组在当地主管机构人员的陪同下学校进行现场评审。

（7）审定

省环保厅组织召开审定会，并根据评审组的报告确定拟命名的单位。

（8）公示

省环保厅对评审组确定的拟命名的单位进行公示。

（9）命名

省环保厅发文通报评审结果。

3. 检查程序

（1）由受检单位领导向评审组作15—20分钟创建情况汇报。

（2）评审组进行分组考评（资料组、教师座谈组、学生座谈组、校园环境组），其中幼儿园、小学低年级、中学毕业班学生不参加座谈。

（3）评审组综合各方面意见对学校创建情况进行反馈，并出具评审意见书。

二、评审内容

国家表彰绿色学校的创建与评审，主要体现创建绿色学校的整体发展、共同参与、循序渐进、因地制宜四大原则，过程与结果并重。国家表彰绿色学校的核心评估标准共有十项内容，涵盖了组织机构、资金支持、环境管理措施、教学渗透、培训研究、实践活动、校园氛围、校园美化、学生参与等诸多方面。由于国家绿色学校评审标准来源于对各地创建绿色学校经验的总结和提升，因此，各省、市评审绿色学校标准的核心内容是一致的，但更加具体化、更便于实际操作。

广东省绿色学校评选范围包括幼儿园、小学、中学、中等师范学校、中等职业学校、特殊教育学校。广东省绿色学校的评估有三个标准分别是：广东省绿色学校评估标准（幼儿园）、广东省绿色学校评估标准（小学）和广东省绿色学校评估标准（中学）；其中，中学和小学的评估标准有八大部分，共有24小项，具体评分的分值分布略有差别。幼儿园的评估标准有五部分，共有20小项。以广东省绿色学校评估标准（中学）评审标准为例（见下表），分为指导思想、组织落实、环境教育、社会实践、环境文化、环境管理、创建成效和特色加分八部分。

广东省绿色学校的标准具有以下几个特点：一是评价项目齐全，指标具体，八个一级指标不仅涵盖了国家的核心评估标准，而且评价内容详细、具体，尤其是13项必达指标从组织管理、创建计划、培养环境教育学科带头人等方面给出了明确的思路，二级指标符合环境基础教育的目标体系、工作管理体系，具有现实性。二是可操作性和公开性强，这套指标体系最大的特点是可操作性强，各项指标都有量化的标准且公开，便于具体操作及相互比较，减少了主观判断的偏差。三是评审更加便捷，评价指标体系中共有24个二级指标，每个指标有相对应的标准和分值，为评审工作带来了很大的方便。四是有利于促进创建工作的开展。公开的指标、公开的标准和分值，便于各个学校对照指标开展绿色学校的创建活动，建立长效机制，更加深入、有效、扎实地开展。

广东省绿色学校评估标准（中学）①

<table>
<tr><th colspan="2">项目指标</th><th>评估标准</th><th>资料来源</th><th>自评分</th></tr>
<tr><td rowspan="2">A
指导思想
（5分）</td><td>A1
创建思路
（3分）</td><td>1. 符合国家环境教育思想，思路清晰，目标明确（1分）
2. 倡导生态文明，可持续发展思想贯穿于学校的管理、教育、教学和建设之中（1分）
3. 把环境教育作为素质教育的组成部分（1分）</td><td>1. 学习《中小学环境教育实施指南》的情况
2. 学校的创建思路及中长期创绿规划</td><td></td></tr>
<tr><td>A2
领导重视
（2分）</td><td>1. 有创建绿色学校领导小组，校长任组长，成员组成涵盖师生、家长委员会代表及学校各部门，职责分明，工作形成制度（1.5分）★
2. 学校环境教育专项经费（含环境改造、教育培训、教研开发、教育活动等费用）的投入、使用状况，包括中长期投入计划（0.5分）</td><td>1. 创建绿色学校领导小组成立文件、人员组成、职责和分工
2. 领导小组会议记录及活动情况
3. 环境教育专项经费使用情况</td><td></td></tr>
</table>

① 广东省环境保护厅办公室粤环办函〔2018〕125号。

续表

项目指标		评估标准	资料来源	自评分
B 组织落实 （15 分）	B1 团队建设 （2 分）	重视师生参与创建的队伍建设，包括少先队、共青团、环保兴趣小组、社团组织、志愿者队伍等（2 分）	机构组成、活动计划、会议记录	
	B2 创建计划 （3 分）	1. 学校在创建年内的创建计划及总结（1 分）★ 2. 各学科和部门创建计划及总结，包括学期和学年工作计划及总结（1 分） 3. 环境教育在学校工作计划及总结中占的比例（1 分）	1. 学校对环境教育现状的调查、评估 2. 学校及各部门的年度创建计划及总结 3. 学校及各部门、各学科每学期的工作计划、总结	
B 组织落实 （15 分）	B3 机制建设 （2 分）	1. 将环境教育纳入学校德育工作计划中，结合重大思想教育活动渗透环境教育，把环保行为与学生行为规范结合起来（1 分） 2. 创建落实机制健全，包括投入、激励和改进机制（1 分）	1. 学校相关文件 2. 经费的来源、投入以及效果评价 3. 学校德育工作计划 4. 学校制定的环保行为规范及相关思想教育活动记录	
	B4 师资建设 （3 分）	1. 重视对环境教育学科带头人的培养，选派领导、教师参加各级主管部门主办的创建培训班（2 分）★ 2. 学校对全体师生进行创建动员和培训（1 分）	1. 领导、教师参加培训的情况 2. 学校开展培训的情况 3. 查阅培训证书及训后总结	
	B4 创建档案 （5 分）	档案管理制度健全，创建工作资料全面完整，分类准确，原始资料齐全，对学校创建以来的重要工作和实践都有记录（5 分）★	1. 学校创建大事记 2. 创建档案及目录 3. 创建主管单位领导访问记录 4. 查阅辅证、原始资料是否齐全、可信	

续表

项目指标		评估标准	资料来源	自评分
C 环境教学 （20分）	C1 课堂渗透 （6分）	1. 各学科在课堂有机渗透环境教育，并在各年级中施行（4分）★ 2. 相关学科在学期、学年考试中有一定比例的环境教育内容（2分）	1. 各科教师在教学中实施环境教育的教案 2. 各学科试卷	
	C2 教育资源 （4分）	1. 注重环境教育校本课程建设，并取得良好成绩（2分） 2. 有整合各学科的全校环境教育计划，并有适合这一计划的教育途径和教学方法（1分） 3. 在探究/研究性学习教学中环境教育内容应达到30%以上（1分）	1. 校本教材开发的情况资料 2. 学校环境教育教学计划、学科评估资料 3. 探究/研究性学习教学情况和成果 4. 师生座谈会	
	C3 综合实践 （10分）	1. 按照《指南》要求定期开设环境教育课程、环境教育讲座，或邀请环境教育专家讲课（2分）★ 2. 综合实践活动和研究性学习必须包含一定数量的环境教育主题（2分）★ 3. 学校开展环境教育选修课或开展环保小制作、小发明等活动，学生环境主题的探究性和研究性学习效果好（3分） 4. 综合实践教研组和其他学科组定期开展环境教育专题教研活动（1.5分） 5. 教师有一定数量和质量的教研方面的论文发表（1.5分）	1. 选修课教案及开展情况 2. 讲座记录、活动记录 3. 环保科技制作和小发明作品资料和照片，探究性/研究性学习成果 4. 教研活动记录 5. 教师论文和其他教研成果	

续表

项目指标		评估标准	资料来源	自评分
D 社会 实践 (15分)	D1 主题活动 (4分)	1. 有计划地开展环保纪念日活动(1分) 2. 开展经常性环境教育活动(1分) 3. 环保社团和志愿者活动有序开展(2分)	1. 活动方案、活动记录、照片 2. 与有关师生座谈	
	D2 环境监督 (7分)	1. 师生参与学校环境监督活动(2分) 2. 学生在学校和家里积极开展环保宣传和实践活动(2分)★ 3. 师生关注社会环境问题,能够尽己所能参与环境监督(3分)	1. 活动计划、开展的情况、成效及总结 2. 实例及效果	
	D3 共创共建 (4分)	1. 与所在社区或有关单位建立共建关系,定期开展环境教育(2分) 2. 与社区、单位一起开展绿色创建,师生走进社区参加环保活动(2分)	活动情况资料及照片	
E 环境文化 (10分)	E1 校园建设 (3分)	1. 学校功能区划分合理,主要设施充分考虑了环保和师生身心健康的需要(1分) 2. 校园清洁卫生,绿化美化符合生态要求,树木花草得到有效保护并能发挥环境教育功能(1分) 3. 园地齐全,生物园、地理园等教学场所符合要求,并在教学中发挥良好作用(1分)	1. 巡视校园,查看规划材料 2. 查看监测记录、活动报告、学习心得	
	E2 文化活动 (7分)	1. 开展环保科普宣传教育活动,有固定的环境教育宣传栏,有形式多样的宣传教育手段,定期更换宣传内容(2分) 2. 设立环保读书角,订阅《环境》杂志等环保类书报刊(2分)★ 3. 开展环境保护主题的读书、征文、书画、文艺创作等文化活动,倡导科学、文明的绿色生活方式(3分)	1. 巡视校园 2. 查看有关资料	

续表

项目指标		评估标准	资料来源	自评分
F 环境管理 （15 分）	F1 管理制度 （3 分）	1. 将环境管理理念融入学校各项工作，建立健全符合学校实际的环境管理规章制度（1 分）★ 2. 建立健全环保节能制度（1 分） 3. 建立学校无烟、无毒及环境安全制度，并有相关措施和教育活动开展（1 分）	查看有关制度的资料和执行情况	
	F2 资源节约与回收 （5 分）	1. 实行垃圾分类与资源回收（1 分） 2. 有资源能源节约设施，且运行良好（1 分） 3. 在校园内外倡导绿色出行理念（1 分） 4. 开展各种“资源节约型、环境友好型”校园建设活动（2 分）	1. 查看节能、节水、节电、节纸等设施 2. 查看学校环境管理报告 3. 活动资料	
	F3 污染减排与控制 （3 分）	1. 采取措施减少污染的产生，影响师生健康的突出环境问题得到及时有效妥善处理（1 分） 2. 学校污染控制达到有关要求（1 分） 3. 较好地处理了全部有毒、有害物质（1 分）	1. 有健全完善的对有毒、有害物质处理的措施及管理制度 2. 检查各种污染处理设施，查看学校食堂、厕所、实验室、垃圾处理站、教室、医务室等场所 3. 检查污染物排放及处理证明 4. 检查对环境污染问题的处理情况	
	F4 食品与饮用水等安全（4 分）	1. 学校销售的各种食品及食堂饭菜安全可靠（1 分）★ 2. 有安全可靠的饮水系统，并运行良好（1 分）★ 3. 学校开展应付各种突发事件（包括环境突发事件）应急安全教育，有相应的应急预案（2 分）	1. 学生饮用水供应情况说明 2. 学校食堂、小卖部等保障措施（卫生证、健康证） 3. 开展应急教育的情况，环境、卫生安全应急预案 4. 巡视校园	

续表

项目指标		评估标准	资料来源	自评分
G 创建成效 （20 分）	G1 师生参与 （3 分）	师生全员参与绿色学校创建活动，参与程度高，对创建工作有普遍的了解，能够及时得到创建的动态信息。（3 分）	师生座谈、活动记录等	
	G2 环境意识及行为 （6 分）	1. 全校师生环境意识强，在生活、学习和工作中自觉履行环保行为（3 分） 2. 学校创建辐射效应发挥好，对家庭、社区和其他人员带动明显（3 分）	师生、家庭、周边人群对师生的评价、调查报告、活动记录等	
	G3 环境效应 （7 分）	1. 学校节水、节电、节能、节纸以及节约其他能源方面成效显著（4 分）★ 2. 学校创建工作及其效果得到社会认可（3 分）	1. 学校节能、节水等统计及措施效果报告、相关票据证明复印件 2. 新闻报道或其他社会认可材料（报刊、网站、广播电视等）	
	G4 获奖情况 （4 分）	1. 学生在有效评定年限内（四年）在环境教育中各级获奖情况（2 分） 2. 教师在有效评定年限内（四年）在环境教育教研中各级奖励情况（2 分）	查阅获奖记录单、获奖证书	
H 特色加分 （20 分）	特色条件	1. 应有一段时间，且有长期持续开展的计划，成为学校办学活动的一部分 2. 取得显著成效 3. 在社会上有一定知名度 4. 得到同行或专家的认可	1. 听汇报 2. 查阅资料 3. 参观特色展示	

说明：1. ★项为必达指标，每项二级指标中，必达指标不具备，将取消该项二级指标分数。必达指标 13 项共 28.5 分。必达项目得分少于 24 分的将不予评审。2. 含特色加分，总分须达到 90 分以上，方可参与申报评审。

三、评审管理

绿色学校创建活动的日常管理工作主要涉及组织、发动、指导、培训、申报、推荐、评审和复查。为了推动绿色学校工作健康、快速发展，国家成立了绿色学校表彰领导小组，各个省、市也都成立了相应的领导机构，有的称为“环境教育领导小组”，有的称之为“绿色创建工作指导委员会”，总之都有相应的领导机构来领导和管理绿色学校创建活动，为深入、持续开展创建绿色学校工作提供了组织保障。各级领导小组下设办公室，负责处理日常工作，其多设在各级环保宣教中心，或各地环保局负责宣教工作的处室。

发动、培训、指导、培训、推荐和评审工作是创建绿色学校日常管理的主要工作内容。具体工作由环保和教育部门联合推动，依据办公室制定的相关计划，按照评审程序和评审标准的要求，组织辖区内学校开展创建绿色学校活动。

复查是创建绿色学校日常管理的另一项主要工作内容。复查的主要对象是已经被命名的绿色学校，复查内容主要针对其命名后是否持续开展绿色学校的相关工作，是否持续改进学校的环境管理和持续发展学校的环境教育。复查工作由表彰或命名机构对口负责，国家绿色学校表彰领导小组办公室负责组织对国家表彰绿色学校的复查工作，省级相应机构组织对省级绿色学校的复查。

第三节　国际生态学校项目的模式（特色）

一、国际生态学校的发展

（一）国际生态学校项目启动

为推动我国学校环境和可持续发展教育工作迈上一个新的台阶，并为我国的绿色学校提供一个更广阔的国际发展空间和展示舞台，环境保护部宣传教育中心于2009年6月在中国正式启动国际生态学校项目。国际生态学校项目具有全面性、参与性以及学习与行动相结合的特点。通过建立生态学校委员会、开展环境评审、制定行动计划、监测和评估、与课程建立联系、开展社会宣传和参与、制定生态规章七个步骤，提升参与者的环境保护和可持续发展的意识，增强全员参与环境保护和可持续发展的行动能力，提高学校环境教育和环境管理水平，改善学校和周边社区的环境。项目实施还会给学校带来良好的环境、经济与管理效益以及良好的社会影响。[①]

（二）国际生态学校为绿色学校注入新内涵

国际生态学校和绿色学校在理念上都强调提升青少年的可持续发展意识，提高学校环境教育和环境管理的水平。但与绿色学校相比，国际生态学校有几大特色：[②]

第一，绿色学校项目涉及的11个方面内容之间虽有一定的关联，但联系并不紧密。国际生态学校项目提出了生态学校建设的“七步法”，涉及学校管理、课程、对外交流等多个方面，这些内容是环环相扣的，内在的逻辑性很强。由于项目建立在学校存在的问题基础上，具有针对性，且成果可以应用在学校管理上，因此可以最大限度地促进学校的发展。

第二，国际生态学校项目会根据环境热点问题，在不同的阶段设置不同的主题，让学校围绕着这一主题有针对性地开展教育工作，比如，当前许多生态学校都开展了生态学校气候变化项目和生态学校植树项目等。

第三，绿色学校是对学校环境教育的全面要求，而国际生态学校则是强调有针对性地做好一件事，通过建立生态学校委员会、开展环境评审、制定行动计划、对效果进行监测评估等七个步骤，让本学校或社区的具体环境问题得到改善以致解决。

（三）国际生态学校项目进展

1. 开展管理人员和师资培训与研讨

为了推进国际生态学校项目的顺利开展，自2009年6月在中国正式启动

---

① 环保部环境宣传教育中心：《国际生态学校项目》，环保部环境宣传教育中心网站，访问时间：2010年7月7日。

② 李维、刘晶：《生态学校为绿色学校注入新内涵》，新浪网，访问时间：2010年7月7日。

国际生态学校项目后，环境保护部宣教中心近十年的时间分别在天津、云南、新疆、四川、北京、广东等地举办省市级绿色学校校长、负责环境教育工作的骨干教师及各省环保宣教部门主管人员等参加的培训班，培养学校管理骨干和提高教师能力。培训内容包括国际生态学校项目及绿旗荣誉申报流程、环境小记者项目介绍、校园节能减排与环境管理、生态学校课程建设、生态学校垃圾减量主题讲座等，丰富而又具有针对性。

2010 年 8 月 31 日在杭州举办了《国际生态学校指南》专家研讨会，主要就国际生态学校创建方法、管理办法及评审程序等具体内容进行了讨论，修订了《国际生态学校指南》①，为国际生态学校健康发展奠定了基础。

2010 年 4 月 26—27 日，环保部宣教中心与天津市创建绿色学校协调领导小组办公室联合举办了国际生态学校项目天津教师培训班，共有 110 名来自天津绿色学校的教师参加了此次培训。培训班的核心内容是“七步法”练习和讨论。

2. 开展交流活动

为了落实《全国环境宣传教育行动纲要（2011—2015 年）》中提出的加强环境教育国际交流与研讨等相关指示精神，积极为中小学校参与生态文明建设搭建交流平台②，2014—2015 年分别举办了“中小学气候变化专题教育培训班”“中小学教师核与辐射安全教育研讨班”，积极围绕环境热点问题开展科普与交流活动。

2017 年 11 月参加在法国巴黎举行的 2017 年国际生态学校项目协调员会议，会议重点讨论了“可持续发展目标”与生态学校项目结合问题。

3. 开展项目合作与培训

自 2009 年起，中国国际生态学校项目每年开展汇丰生态学校气候变化子项目培训，介绍环境课程教学方法、实践案例，提高教师的教育能力等。

2011 年国际环境教育基金会（FEE）在箭牌基金会的支持下，启动了面向青少年的环境教育项目——箭牌垃圾减量子项目，旨在“提高学生在垃圾减量及处理方面的知识及实践能力，并增强对垃圾给环境、社区带来的不良

---

① 《国际生态学校指南》，环保部环境宣传教育中心网站。访问时间：2010 年 9 月 7 日。

② 《国际生态学校项目》：环保部环境宣传教育中心网站，访问时间：2014 年 9 月 25 日。

影响的认识，在规范青少年日常行为的同时，通过小手拉大手，影响家庭、社区，从而提高全民的垃圾减量意识”。[①] 来自全国25所学校成为在中国的第一批试点学校并取得了成绩。

二、国际生态学校发展成效

为了表彰在国际生态学校项目上做出突出贡献的学校，在评审的基础上授予这些学校“绿旗荣誉”。至2017年底为止，已有28个省份的450所学校获得国际生态学校绿旗荣誉。在这里，我们介绍广州市三所既是广东省绿色学校、也是获得国际生态学校项目的绿旗学校，以便为创建国际生态学校工作提供一些借鉴。

案例一：发挥名校资源优势，创建国际生态学校结硕果——广州市东风东路小学[②]

广州市东风东路小学（以下简称“东风东小学”）是一所历史悠久、环境优雅、师资优秀、校风优良，素以教育质量高而享誉社会的现代化名校。学校位于广州市东风东路，占地面积22765平方米，目前学校分设四处校址，有70个教学班，3055名学生，168名教职工，四校区资源共享，优势互补，形成了现代化、集群式创新发展的办学规模。

东风东小学是“全国红领巾示范学校”“广东省一级学校”、广东省首批现代教育技术实验学校、广东省信息化示范单位。学校在创建绿色学校的历程中取得了丰硕的成果，先后在1999年和2003年被评为广州市绿色学校和广东省绿色学校。2003年学校领导班在创建成广东省绿色学校的基础上，提出了力争三年把学校建设成为国家表彰的全国绿色学校的目标。2007年5月22日国家环境保护总局《关于表彰第四批全国“绿色学校”创建活动先进单位和个人的决定》，表彰了广州市东风东路小学在内的217所全国“绿色学校”创建活动先进学校。

---

① 《国际生态学校项目》：环保部环境宣传教育中心网站，访问时间：2012年11月2日。

② 资料来源：广州市环境保护宣教中心绿色学校档案。

2014 年 9 月，学校启动了国际生态学校的创建工作，通过大力推动国际生态学校项目的开展和各类环境教育活动研究的开展旨在提升学校师生与社区居民对环境和可持续发展问题的认识。2015 年 10 月学校在国际生态学校网站上按步骤提交各种资料申报绿旗。环境保护部宣传教育中心 2016 年 1 月 25 日发布公告，东风东路小学被环境保护部宣教中心授予 2015 年度国际生态学校项目“绿旗荣誉”。具体做法是：

1. 重视学习，参加国际生态学校项目培训

东风东小学正式启动创建“国际生态学校项目”。启动项目之前学校主管行政人员参加了 2013 年由环境保护部宣传教育中心在广州举办的国际生态学校项目培训班，经过强化学习掌握了《国际生态学校项目指南（中国）》“七步法”的创建模式。学校按照指南的要求对全体教职工进行培训，在创建工作中全校师生统一了思想、提高了认识，把创建工作作为贯彻落实十八大精神，推动生态文明建设的具体行动。

2. 执行创建工作的“七步法”

东风东小学在创建工作中加强行政管理。项目责任人根据国际生态学校“七步法”实施的具体内容和要求召开全校师生动员会介绍创建国际生态学校的意义，介绍生态学校“七步法”的内容及其内涵以达到师生认知“七步法”的目的。在创建工作中学校按照指南的要求成立了东风东小学生态学校委员会，多次召开各级会议对建立生态学校委员会后如何开展环境评审、制订行动计划、监测和评估、与课程建立联系、社会宣传和参与以及制定生态规章商讨具体实施步骤。

“七步法”的第一步是成立生态学校委员会，2014 年 9 月，学校 70 个班级通过自荐、推荐、选举的方式分别选拔出 73 名学生成为生态学校委员会委员，邀请校级管理者、教师、家长、社区、当地环保机构等 27 位代表共同组成东风东小学国际生态学校项目委员会。其中，学生代表比例达到 73%，生态学校委员会每学期召开四次以上会议，向全校师生及家长联合会公布会议决策和开展情况。在第二步的环境评审中对全校师生发放调查问卷，在充分进行环境评审的基础上，确定了“垃圾分类”作为创建国际生态学校项目的主题活动。

学校按照“七步法”的第三步制定了切实可行的年度行动计划。在监测

与评估的过程中，通过各种活动、调查问卷、数据的记录、统计等工作，针对出现的问题，及时提出了整改意见达到了第四步的工作要求。充分利用课堂教学主渠道渗透和扩展生态环境意识教育是东风东小学创建绿色学校以来一直坚持的项目也是执行第五步工作的实践内容，学校把课堂教学与社会宣传结合在一起开展在第六步的工作中取得了很好的效果。在制定生态规章的过程中，学校生态委员会积极发动全校师生、家长广泛参与，制定出东风东路小学生态规章。

3. 建环保教育长廊，宣传生态学校规章

东风东小学在申报“绿旗”学校之前就已经在按照获得“绿旗”学校的要求开展工作。2011 年广州开始实施《广州城市生活垃圾分类管理暂行方法》，2014 年广州市政府出台《广州市人民政府关于进一步深化生活垃圾分类处理工作的意见》，2015 年发出的《广州市生活垃圾分类管理规定》。东风东小学从 2011 年开始就采取“小手拉大手”的实践模式，全面推动学生养成垃圾分类的习惯，并逐步影响家庭、社区乃至全社会，构建出一条新颖的垃圾分类宣传体系和行为习惯形成体系。

2014 年 9 月，学校启动了国际生态学校的创建工作，制定出了开展校园垃圾分类现状和学生家庭垃圾分类情况调查 、校园配置“可回收物”“其他垃圾”“有害垃圾”“餐厨垃圾”分类垃圾桶、对学校前期开展垃圾分类减量的工作进行回头看及时查漏补缺 、完善管理制度和调研总结撰写建设性的研究报告等十六项行动计划。在开展垃圾分类的活动的过程中学生们提高了资源节约和资源循环利用的生态环保意识。在开展垃圾分类活动中，学校坚持三个行动原则，即“垃圾分类”宣传常态化、行为习惯化、影响社会化，并制定了生态规章。2014 年东风东校本部建立了“垃圾分类”科普长廊，在 230 多平方米的长廊里，有《东风东路小学生态规章》，在色彩斑斓的展板里很有趣的互动游戏以及生动的模型仪器，从了解当下垃圾分类现状、珍惜资源减少浪费、善用垃圾回收资源等几个方面介绍了环保知识，为全校师生们提供了一个学习探究环境、了解垃圾分类科普知识的广阔平台。

4. 利用课堂教学主渠道，渗透生态意识教育

东风东小学在创建生态学校项目中一直在探讨与实施可行性和可持续发展的垃圾分类模式，即一条以“一室一校一社会”的平行辐射推行主线模

式。学校立足国家课程校本化实施，把“垃圾分类”的内容纳入教学计划中，比如利用数学课渗透“垃圾分类，垃圾减量”的概念，课堂通过对例题的分析，可以让学生计算出实际节约能源的数值，达到对低碳出行的理解。又如综合实践课让高年级的学生对“垃圾分类”作为课题进行研究，对学校垃圾的处理和回收利用提出切实可行的方案；通过调查、访问、查资料等活动形式，培养学生的合作精神；通过活动，让学生认识到生活垃圾对校园环境的危害，进一步提高学生爱护校园环境的意识。在实践课题中，学生学会了查阅生活垃圾污染的基本知识，学会了搜集校园垃圾的处理和回收利用的方法，对个别班级一周内每天产生的垃圾进行分类统计、分类分析，最终形成具体有效的倡议书，撰写了“校园垃圾的产生及分类”研究报告。

语文课与创建活动紧密联系，把创建活动贯穿在课堂上，通过教学让学生们懂得了在浩瀚无边的宇宙，有一个美丽的星球，她是我们人类的家园，要爱护地球就要低碳生活，要养成“垃圾分类”的好习惯。在创建国际生态学校的活动中，学校近 3000 名学生个个都是垃圾分类的能手，小学生们还制作了各式各样的垃圾分类宣传画，展出了不少垃圾制成的玩具，最终落实了学校“一个学生带动一个家庭，一个家庭带动一个社区，一个社区带动一座城市”的教育目标，推进整个社会的生态文明建设。

5. 国际生态学校项目结硕果，获得绿旗荣誉

作为广东省信息化示范单位，广州市基础教育的窗口学校充分发挥信息化优势，利用把“绿色、生态、人文”的理念传播到社区，把学生的实践、体验与感悟活动从校内延伸到校外，发挥了学校在本地的示范、延伸与辐射作用，用绿色网络引领人。在网络环境的教学实践中，教师引导学生通过网络资源收集相关资料，将资源进行整合，共同开发了专题性环保网站。在东风东路小学垃圾分类网站上，以歌谣的形式把垃圾分类的理念通过网站传播出去，让更多的人参与到垃圾分类的行列里来，“垃圾分分类，厨房归一类，习惯成自然，一点也不累；垃圾分分好，分前动动脑，一举两三得，环境都变好；垃圾没对错，种类很繁多，仔细去归置，辨别靠你我；垃圾不讨厌，位置别放偏，不要乱丢弃，才是好观念；分类关系你和我，清洁低碳好生活”。

2014 年 11 月 22 日，应“吉尼斯世界纪录——绿色环保，关爱珍稀动

物”组委会的邀请，东风东小学400余师生通过环保绘画比赛评选出了2000余幅作品。并利用这些作品和30857个易拉罐成功搭建起一座全球最大的易拉罐金字塔。最终的挑战获得英国吉尼斯评审官员的认可，成功打破了吉尼斯世界纪录。

东风东路小学被环保部宣教中心授予2015年度国际生态学校项目绿旗荣誉，评审的结果为“优秀”，专家意见是：东风东路小学以“垃圾分类”为主题创建国际生态学校七步法明确，活动声势大，氛围热烈，成效清晰。以学生为活动主体，每一步都感受到小主人的作用，而且真正收到了实效。绿旗荣誉将进一步激励东风东人以环保为己任，继续实施国际生态项目，环保永不停步，为促进环境教育和推动生态文明建设做出更大贡献。东风东小学在被授予“绿旗荣誉”的同时，张少芬老师和邱小雪被评为国际生态学校优秀教师，池星瑶等五位同学陪评为国际生态学校优秀学生。

案例二：绿色低碳 和泽生命 完成生态教育使命 —广州市第九十八中学

广州市第九十八中学（以下简称“九十八中”）是广州市海珠区一所公办全日制初级中学，学校建筑面积约13797平方米，校园布局合理，环境优雅。自2006年起，九十八中在“绿色低碳，和泽生命”理念的指引下，逐渐发展出独具特色的生态教育之路，先后被评为“广州市绿色学校”和“广东省绿色学校”。近年来，在党的“生态文明”理念的指导下，九十八中选择“校园垃圾分类”为主题，依托校本课程为载体，在丰富性、创新性的教学方法中，不断发展着学校的生态教育体系。

2012—2014年“世界环境日”期间，该校连续三年承办了海珠区“我的环保节日”中小学环保演讲比赛。2012年6月5日，该校师生参加在海珠湖举办的广东省纪念“世界环境日”广场活动，师生们所制作的环保展板及垃圾分类问卷调查深受好评，并邀请到了副省长许瑞生同志在展板上签名寄语。此外，学校还组织学生参与形式多样的志愿服务活动，到保利社区、公共场所开展垃圾分类宣传；组织学生环保志愿者督促全校师生做好垃圾分类工作。近两年来，九十八中师生共计132人次在环保类竞赛中获区级以上奖项，孔颖梅校长被评为中国环境科学学会第八届“优秀环境科技工作者”，可谓硕果累累。

1. 汲取兄弟学校实践经验，为创建国际生态学校奠定知识基础

从2013年5月起，在成立了“创建国际生态学校领导小组”之后，九十八中先后三次派出校级领导和项目的主要负责人，参加由国家环保部宣传教育中心组织的“创建国际生态学校专项培训班”的专题学习，以充分学习和全面了解国际生态学校的历史缘起、发展愿景及规范程序等理论知识，与培训班里的专家、兄弟学校负责人等有志于共建绿色生态文明的同道中人进行了充分的讨论，彼此分享各自的工作经验及所面临的具体问题，获得了许多宝贵的经验和创新性的意见，为结合本校实际情况调整对学校的现行工作做足了前期准备。

2. 依据调研结果决定生态主题，提高生态校园建设的实效性

自国际生态委员会成立以后，在2013年5—9月，九十八中生态委员会设置了30个涉及校园环境的问题，向全校师生发放了1131份问卷，收回有效问卷1109份，通过问卷对学校的环境情况进行了全方位的调查，并对数据回收结果进行了统计分析，认为学校迫切需要改变用水浪费现象，结合本校实际情况，生态委员会决定在2013—2014学年开展“垃圾分类与减排”“98饮水机科学用水”两项环保主题系列活动，并制定出了“垃圾分类”主题的讨论并设计2013学年寒假家庭垃圾减量方案、对保利社区的垃圾分类情况进行调查问题的征集、“小手牵大手”，把在保利社区的垃圾分类体验真正落实到家庭等14项相应的工作实施方案。在“98饮水机科学用水”主题中制定了“饮水机科学用水制度，并推广分类实施、“饮水机科学用水广告语”制作活动、到家庭及社区推广科学的用水习惯以及“饮水机科学用水”98大论坛成果展示等68项工作方案。

3. 结合过程性管理办法，用“数据”支持项目建设

自垃圾分类活动开展以来，九十八中生态学校委员会一直坚持使用过程性监测与数据统计相结合的方式来跟进。在创建过程中，该校师生分别对各班级以及学校公共场地的垃圾分类情况进行了多次常规检查和临时抽查，并做好了基础性的数据统计与分析，汇总了多方面的信息，从而对数据变化的原因进行了合理的解释，对下一阶段的行动进行了调整和改善。

国际生态委员会的成员在“98饮水机科学用水”这个专题实施中根据校内存在的浪费水资源的现象组织了系列活动。纪念“3.22”世界水日，国

际生态委员水项目组的同学利用3月17日的国旗下讲话、利用小品表演等形式，反映同学们在使用饮水机时的存在问题，引发同学们的思考。2014年3月24日全校每个班级都围绕“饮水机科学用水”进行了主题班会课，每个同学都围绕学校饮水机使用出现的问题，发表了自己的见解，并填写表格上交给生态委员会。2014年4月8日，国际生态委员会发起了“饮水机科学用水”98大论坛，出席论坛的36名代表和国际生态委员会的成员围绕“饮水机科学用水”的各个问题阐述了观点，提出了倡议，倡议“水龙头坏了要及时修理”，倡议“饮水机溢出的‘剩水’要循环利用，告知同学们不要用饮水机的水嬉闹玩耍以及不要用饮水机的热水洗手暖手”等。另外，生态委员会制定了《98饮水机科学用水规章》，“有损坏，要报告，惜水源，勿戏闹；喝多少，装多少，差不多，就关好；节用水，不浪费，杯自带，更环保；暖水袋，可不用，暖身法，运动好，水龙头，开小点，水流细，长永久”。

九十八中学在监测和过程性管理的执行中、在学校的大力支持下，各班级的生态委员利用班会课时间，宣传垃圾分类的基本常识；学校通过设置宣告栏，专题活动、国旗下讲话、科技节、文艺汇演等活动演讲垃圾分类与减排的内容，学校垃圾桶分类的准确率由每处的25%以下逐渐地提高到80%左右，“垃圾分类和减排”活动取得了一定的成效。“98饮水机科学用水”的主题在严格的监测和管理下同学们逐渐养成看见有损坏就马上报告的习惯，减少了水龙头损坏没有及时处理而浪费水的现象创建国际生态学校取得了预期效果。

4. 构建“校本化”课程体系，奠定生态文明教育的绿色基石

课程是学校内一切教学活动的核心所在，是课程领导者为学生综合素质发展所勾画的蓝图。近年来，九十八中在“三级课程校本化”概念的引领下，立足于“化学”和“生物”两门学科，将“校园垃圾分类”的主题充分融入国家课程体系中，一方面拓宽了学生环保学习的广度，例如，生物课老师在“生物与环境组成生态系统”单元中增加了“有毒物质为何要单独回收”的讲解，以及“垃圾分类有利于物质的循环流动，有利于保护生物圈”“垃圾分类回收废旧电池，可以回收重金属，减少重金属对环境的污染，保护环境”“垃圾分类收集，可以减少垃圾处理量，预防微生物大量繁殖”“避免危险废物对水环境造成严重危害”等的内容，使学生能够站在更宏观的层

面上来认识和理解"垃圾分类"的重要性和意义；另一方面，三级课程校本化的做法也增加学生学习环保知识的深度，例如化学教师在"有机合成材料"单元中对垃圾材料的讲解，既能帮助学生在知识层面上进一步掌握"垃圾分类"的原理，也能帮助学生在实践过程中更有效地区分不同垃圾的种类，既增加了学生学科学习的兴趣和实践能力，也提升了学生社会实践的科学化水平。在"98 饮水机科学用水"这个专题实施中，九十八中在"三级课程校本化"立足于"思想品德"和"地理"两门学科，将"98 饮水机科学用水"的主题融入国家课程体系中，通过课程让学生知道了水是生命之源，要爱护江河，保护好我们的水源。真正落实用为所学、学以致用的价值理念。

5. 走出学校，走进社区，全方位宣传落实"垃圾分类"环保行动

除了采用校园社团活动、校园空间文化建设等传统的宣传手段以外，九十八中生态学校委员会还鼓励学生以自身的积极性带动社会的积极性，先从家庭做起。通过集中群众智慧、DIY 手工活动等多种形式，商定寒假家庭垃圾减量方案和制作出环保分类箱，使"垃圾分类"切实落实到学生家庭的日常生活中。广州市第九十八中学把"垃圾分类与减排生态规章"带进了家庭，带进了社区。"垃圾是个大杂烩，扔前请你分好类，看清红蓝绿灰桶，仔细分类可利用；有害垃圾放红桶，回收垃圾放蓝桶，厨余垃圾放绿桶其他垃圾放灰桶；纸张两面循环用，每餐减少垃圾量，瓜皮果屑不乱丢，环保物品出行带；98 师生齐参与，垃圾分类贵坚持，科学有序放垃圾，变废为宝见效益。"此外，九十八中师生不仅让"垃圾分类"的活动走进了学生的家庭里，也让它从校园里走进了更广阔的居民社区中。"宣传与实践同行""一名学生影响一个家庭，一个家庭辐射一个社区"是九十八中在生态校园建设中积攒下的两条宝贵经验。

案例三：巩固七步法成果 积极开展国际生态学校活动

广州市越秀区黄花小学（以下简称"黄花小学"）坐落在具有光荣革命历史的黄花岗公园西侧。校园占地面积 5880 平方米。布局合理，净化、绿化、美化，具有良好的生态环境。学校有教学班 24 个，学生 997 人，在编教职工 54 人，小学高级教师 44 人，教师学历达标率 100%。

1. 创建国际生态学校历史

黄花岗小学从1992年开始即着手创建绿色生态学校，并在长期坚持不懈的努力下取得了一系列引人瞩目的成绩。2009—2010年，黄花小学先后被国家环境保护部宣传教育中心评为“全国绿色学校校园环境管理项目学校”“中国青少年太阳能研究基地”“新能源推广活动优秀项目学校”。由国家环境宣教中心推荐，黄花岗小学在2009年9月份正式申报国际生态学校项目，学校在生态委员会的努力下，带领师生共同完成了“七步法”规定的内容。2010年8月通过国家环境宣教中心评审，被授予国际生态学校“绿旗荣誉”。此外，黄花小学还获得过“国家绿色表彰学校”“广州市防震减灾科普示范学校”“全国绿色学校创建活动先进学校”“广东省现代教育技术实验学校”“2007年度全国改革创新示范单位”“广东省（首批）书香校园”“广东省安全文明校园”等国家级的荣誉称号。

2. 制定可行性行动计划，调动社会资源共赢

黄花小学在创建国际生态学校展开校园环境评审活动中，根据“七步法”的要求以学生为主体，同时也邀请了社区人士、环境志愿者、学校师生等各界人士一起出谋划策、规划、指导，共同构建了黄花小学的生态学校委员会。

在创建过程中，由于小学生有年龄方面的限制，且创建国际生态学校项目在全国刚刚启动尚无经验可寻，黄花小学紧紧地依靠政府环保部门，在环保专业志愿者的指导与帮助下，一方面逐步引导着、帮助着学生们熟悉和掌握环保活动的相关知识和技能，另一方面也实现了学校与社区的资源互补和互助支持，形成了“1+1>2”的共赢模式。

在创建过程中，生态学校委员会的学生们对学校的水、电、垃圾、废弃物减量和校园绿化等方面开展了访谈、调查问卷和实地考察，在审查时一一对照《环境检查表》，经过统计和研究，确定了以“垃圾分类”和针对‘减少校内塑料瓶’明确且能量化的两个项目作为主题。在老师的指导下，黄花小学学生根据前期调研情况，聚众智慧制定了相应的可行性行动计划。学校不断完善国际生态学校的环境建设工作，大力加强学校生态宣传教育氛围建设，为此，增添了国际生态学校文化长廊，以内容丰富、生动活泼的方式展示了国际生态学校的意义简介。此外，学校还结合校园垃圾分类专题活动，

在一楼操场地板上喷绘了以垃圾分类活动为主题的大型环保飞行棋，使垃圾分类活动寓教于乐，深入人心，同时也丰富了同学们的课余生活。在广州亚组委的支持下，学校新增添了多个纸质可回收垃圾回收箱，提升了校园形象。

3. 开展多种形式活动，垃圾减量措施收到成效

在创建过程中，黄花小学的学生们采用文字、表格、相片等多种形式对环境问题进行日常动态检查，特别采用定量化数据来反映环境问题改善的情况，例如，以具体数据制成柱状图，对比垃圾回收的效果，可以发现总的垃圾产生量呈减少趋势，垃圾减量措施收到了成效。此经验被收进环境保护宣教中心编制的《国际生态学校项目指南（中国）》。生态学校委员会及时对行动计划和实际情况进行监测、比较。以少先队为依托，各中队成立监测评估小组，分别定期对各级、各班的垃圾分类情况进行评估、监测，并进行节水、节电、节纸、节能之星等的评选活动。此外，学校倡导学生用多种颜色的笔打草稿，把空的本子或未写过的纸订成草稿本，不用纸巾擦桌子和门窗等等举措，并坚持“二次回收，二次利用”活动，长期开展垃圾分类回收、废旧电池、软包装饮料盒和“减少校内塑料瓶”等专项回收活动。

4. 积极开展“生态课堂”教学活动

黄花小学积极开展“生态课堂”教学活动，每个学科、每位教师认真组织教研活动，共同探讨、研究生态教学特点，充分挖掘自身学科教材中显性或隐性的环境教育渗透点，从不同年龄学生的认知水平出发，将环境教育与课堂教学相联系，充分利用教材中涉及的相关元素，对学生进行环境教育，甚至将某一环境行动渗透到不同年级和所有科目的教学当中：科学课组织学生监测学校环境，语文课学习制订行动计划和生态章程，数学课讲授统计废纸数量的方法，信息课锻炼使用图表、管理数据的能力，美术课指导学生变废为宝——运用废纸创作海报、壁画、工艺品等，音乐课编排相关内容的课本剧……通过这样的课程安排，学生从各种视角认识垃圾分类和废物回收问题，从而“有所成、有所获、有所得”。其中，数学课讲授统计废纸数量的方法被收进环境保护宣教中心编制的《国际生态学校项目指南（中国）》。老师们在活动中也不断提升对环境教育的认识，掌握开展环境教育的途径与技巧，不断探索环境教育的做法，从而更好地挖掘教材中可渗透的环境教育

内容。

5. 制生态规章，开展交流活动

黄花小学在师生共同参与下制定了自己的生态规章，采取朗诵比赛等方式使学生们能将生态规章熟记于心，并形成深刻的理解。在日常学习生活中按照生态规章的具体要求去做。学校在生态委员会的组织下，制定了生态课室、生态办公室规章，各班开展创建生态课室活动。同时，学校将规章打印成文，挂在课室、办公室的显眼位置，并开展了生态文明班评比活动，将生态课室规章列入文明班的评选过程中。此外，学校还将师生共同制定的生态规章制作成美观大方的展板张贴在教学楼最醒目的位置，以达到宣传的效果。这一系列举措取得了较好的效果，有力地促进了生态文明班的班风树立和好习惯养成。黄花小学在创建国际生态学校的活动中还采取走出去，请进来的方式，带领学生走进华南农业大学生命科学学院植物科学系、广东省实验中学，积极开展生态学校交流。学校还积极将学校创建国际生态学校的活动情况上传到校园网站、《黄花绿韵》校刊、越秀区教育信息网，到社区、街道宣传相关垃圾分类活动，张贴学生自制的活动海报，达到了很好的学习、交流、宣传和参与的效果。

第六章　生态文明教育进大学

——绿色大学传播绿色文化

在新时代，大学是传播绿色文化、开展生态文明教育的重要阵地，绿色大学更承担着弘扬和践行生态文明的重任。在这一章中，我们将通过介绍北京林业大学创建绿色大学的实践，总结绿色文化（生态文化）建设在推动绿色大学建设中发挥的重要作用，并探讨高等院校生态文明教育的模式，为今后建立绿色大学评价指标体系提供依据。

第一节　绿色大学的研究与探索

一、绿色大学发展概述

绿色大学的概念来自国外，1990年10月，来自22个国家的大学校长在位于法国塔罗里的美国塔夫特大学的校区参加“大学在环境管理与永续发展的角色”国际研讨会，并共同发起签署了《塔罗里宣言》（Talloire Declaration），对于大学的角色给出了宣示和说明。该《宣言》声明，“大学的领导者必须提供领导地位并支持动员国内及国外资源，如此才能使大学能够应付突来的挑战”[①]，“大学在教育、研究、政策形成与信息交换各方面，均扮演

① 王民：《绿色大学与可持续发展》，地质出版社2006年版，第6页。

了重要的领导角色，而可以促成可持续发展目标的达成。”[①] 该宣言提出了十点行动计划，也促成了日后“大学领导人促进可持续未来协会”的成立。截止到2010年，全世界有超过400所大学签署了这个协议，亚洲国家和地区的中国、日本、韩国、印度、马来西亚、菲律宾、泰国、中国香港和中国台湾签署了该宣言。应该说《塔罗里宣言》是目前国际公认的大学推动可持续发展最具有标志性意义的文件。

绿色大学概念的出现是全球环境保护与可持续发展对高等教育提出的新要求。在英国，大多数学校认为，培养出来的学生如果对环境问题没有责任感和危机感而把环境置之度外，那么就是教育的失败。“在瑞典，环境问题成为大学教育中不可或缺的内容，著名的伦德大学要求所有教育都有将环境问题纳入相关的学科和研究课程中。”[②] 澳大利亚墨尔本工业大学提出，理想的绿色大学，应该把课程的教育和大学运作的目标以及行动与减少对环境的影响相连。[③] 这些都表明了大学教育目标的指向发生了变化，积极回应了人类发展中所面临的资源环境问题。在世界范围内，很多大学积极行动起来开始建设绿色大学。1994年，美国乔治华盛顿大学在该大学开始实施绿色大学前驱计划，成立了绿色大学推动委员会，并与美国环境保护署建立伙伴关系，建立“绿色大学”计划之七大基本的指导原则，包括“生态系统保护、环境正义、污染预防、坚强的科学与数据基础、伙伴关系、再创大学的环境管理与运作、环境可会计性”[④]。另外，其他国家也开始创建“生态学校”，加拿大提出开办“种子学校”的口号，德国实施以环境友好的运行为核心的绿色大学策略，日本、泰国、韩国以及马来西亚也陆续开始打造绿色大学品牌。[⑤] 诸多国家的大学院校都在绿色校园建设、可持续发展教育方面进行了实践。

---

① 王民、蔚东英、张英、何亚琮：《绿色大学的产生与发展》，载《环境保护》，2010年第13期。

② 陈南、吴小强、王伟彤：《高等教育改革与绿色大学建设》，载《湖南师范大学教育科学学报》，2004年第4期。

③ 刘亚月：《绿色大学建设的理论与实践研究》，南京工业大学学位论文，2015年。

④ 刘猛、龙惟定：《国内外绿色大学简介》，载《智能建筑与城市信息》，2007年第4期。

⑤ 张玉珠、李云宏、季竞开：《导入“6S”管理理念创建“绿色大学”》，载《中国冶金教育》，2016年第5期。

可以说，创建绿色大学是发展环保事业和实施可持续发展战略的一项重要实践，也是人类环境思想进化的一种必然趋势和教育变革的一种新的尝试。

二、我国绿色大学的探索

在中国创建绿色大学不应把绿色大学视为“舶来品”而脱离中国实际，中国的绿色大学应在中国传统绿色文化传承以及中国高等教育体制改革的推动下全面展开，只有这样，才能使绿色大学稳步向前发展。

（一）绿色大学发展阶段及内涵

1. 基础发源阶段

农林高校是绿色大学的基础发源地，这一时期可以从 20 世纪 50 年代至 20 世纪 90 年代初。农林高校，特别是林业院校本身就是“绿色”的大学。农林院校有着天然的优势，具备长期的历史积淀的文化优势、地理优势、专业优势、科研优势。文化优势是指农林院校长期形成的办学思想都体现了自然和谐、生态保护等思想。地理优势是指很多农林高校建校地址就是农场或是林场，广大师生生活在自然中，接受着大自然的慷慨馈赠，对良好的自然环境产生了深深的依存和感激之情，这种情感培养了农业院校师生对待自然的态度。专业优势是指农林高校学科专业与自然、生态、环境紧密相关，特别是在学校建立之初，所有的专业都是农林专业，这就决定了农林高校学生必须学习掌握生态环保知识。科研优势是指农林高校直接参与国家的生态文明建设，特别是林业院校直接参与国家林业工程建设，本身就是生态教育实践活动。

在这个时期，从社会大环境来看，国家建设以经济建设为中心，生态建设并没有摆到突出位置，但绿色的理念最先由农林院校普及传播。例如：北京林业大学（时称北京林学院）学生在 1984 年春天就走上北京王府井大街举办了首届绿色咨询活动，向人们介绍林业建设、生态环境建设知识，宣讲破坏生态环境建设给人类社会发展带来的恶果。这次活动吸引了市民好奇的目光，因为那个时候生态、环保并不是被所有人熟悉。这个时期中国绿色大学的创建工作仅局限在农林院校系统内，以培育农林领域专业人才为目标。

2. 普及发展阶段

这一时期从1994年至21世纪初，我国绿色大学建设工作进入了普及发展阶段。这与当时我国面临的环境问题对环境教育的呼吁紧密相连1994年制定的《中国21世纪议程》对高校提出的任务以及1998年5月国家环保总局批复了清华大学关于创建“绿色大学”示范工程的报告，揭开了将“绿色大学”概念、绿色教育从行业性院校向普通高校展开的序幕，得到了国家政府部门及全国高校的广泛关注。在这个阶段中，很多高校积极推进绿色大学的建设，探索出了各具特色的建设模式。清华大学以“三绿工程”为其绿色大学模式，即“用‘绿色教育’思想培养人、用‘绿色科技’意识开展科学研究和推进环保产业、用‘绿色校园’示范工程熏陶人”[①]。哈尔滨工业大学则提出“建好一个中心，搞好三个推进”的建设模式，即：建好环境与社会研究中心，搞好“环境伦理研究的推进、环境宣传教育的推进、环境直接行动的推进”[②]。广州大学城构建了基于绿色交通理念下的绿色交通系统，推出建设“绿色校园、绿色服务、绿色人才”的绿色大学培养体系[③]；北京师范大学以“绿色教育、绿色校园、绿色行动及绿色人格”[④]等作为建设绿色大学的建设内容。

2001年5月，《2001—2005年全国环境宣传教育工作提纲》下发，明确提出国家要在全国高等院校逐步开展创建绿色大学活动，并指出绿色大学的主要标志是：学校能够向全校师生提供足够的环境教育教学资料、信息、教学设备和场所；环境教育成为学校课程的必要组成部分；学生切实掌握环境保护的有关知识，师生环境意识较高；积极开展和参与面向社会的环境监督和宣传教育活动，环境文化成为校园文化的重要组成部分，校园环境清洁优美。

---

① 于吉顺：《“绿色大学”的研究与探索》，载《北京林业大学学报》（社会科学版），2009年第12期。

② 于吉顺：《“绿色大学”的研究与探索》，载《北京林业大学学报》（社会科学版），2009年第12期。

③ 张玉珠、李云宏、季竞开：《导入“6S”管理理念创建“绿色大学”》，载《中国冶金教育》，2016年第5期。

④ 骆有庆、李勇、贺庆棠：《我国绿色大学建设的实践与思考》，载《北京教育》（高教），2014年第5期。

此后，绿色大学创建工作全面展开。

3. 快速发展阶段

这一时期以2003年党的十六届三中全会提出科学发展观为标志，表明我国绿色大学建设进入了一个新的发展阶段，中国创建绿色大学的理论更加完善；2004年党的十六届四中全会提出构建社会主义和谐社会；2007年党的十七大报告首次写入生态文明；2012年党的十八大报告创造性地提出了“五位一体”总布局，首次把“美丽中国”作为生态文明建设的宏伟目标，将生态文明建设提到关系人民福祉、民族未来长远大计的高度；2017年党的十九大报告指出，必须树立和践行绿水青山就是金山银山的理念，建设美丽中国，为人民创造良好生产生活环境，为全球生态安全做出贡献，并要提出加快生态文明体制改革，建设美丽中国，开展绿色家庭、绿色学校、绿色社区和绿色出行等行动。这些理论的发展极大地推动了绿色大学建设的脚步。

近年来，国内不少高校在理论指导下，都开展了一些探索和实践，积累了宝贵的经验。北京大学成立了生态研究中心，清华大学成立生态文明研究中心，北京林业大学成立了生态文明教育研究中心、美丽中国人居生态环境研究中心、森林康养研究中心、西南生态环境研究院和白洋淀生态研究院等，由南开大学、清华大学、北京大学3校首倡、国内150余所高校加盟的中国高校生态文明教育联盟的成立，将极大地推动高校之间的联合和合作，推动绿色大学的建设。

（二）绿色大学各阶段特点

1. 基础发源阶段

（1）学校以培育农林生态建设专门人才为目标，构建了科学的人才培养体系，培养了一大批国家生态环境建设领域高级人才，并在今天成为支撑国家生态环境建设的中坚力量；（2）学校以服务经济建设为中心开展相关领域科学研究，其技术指向及相关产品为社会经济服务；（3）服务社会的体系并没有完全建立，主要集中在学术研究领域方面。

2. 普及发展阶段

这一阶段是人们对绿色大学理念认识、探讨的重要阶段。伴随着生态环境领域出现的严重问题，社会各部门各阶层都在高度关注人类生存环境面临的挑战，人类开始反思工业文明的发展进程。在我国，绿色大学概念的提出并迅速得到推广就是高等教育领域对生态环境问题思考的结果。这一阶段，完成了绿色大学从生态行业院校向各类学校的发展过程，并发挥各自优势推动绿色大学建设。主要特点有：（1）深入探索了绿色大学理念的内涵与实质，并试图从绿色大学理念方面有所突破；（2）开设环境教育的课程，在人才培养、科学研究、服务社会方面突出可持续发展理念；（3）以各学校环保社团活动为显著标志，绿色校园文化活动风靡校园并开始向社会辐射。

3. 快速发展阶段

人们针对绿色大学建设中出现的理论问题和实践问题进行总结提高，科学发展观、社会主义和谐社会、生态文明建设、美丽中国建设等为绿色大学提供了强大的理论基础。人们认识到科学发展观为绿色大学建设提供了建设道路和方法，社会主义和谐社会为绿色大学提供了建设目标与评价体系，生态文明和美丽中国为绿色大学提供了建设理念与理论支持。在这一阶段，绿色大学建设涉及的方面更加完善。首先，人才培养方面，生态环保与可持续发展意识被纳入到绿色大学教育的人才培养体系，从单一对生态环境建设人才的要求扩展到对所有社会主义合格建设者和可靠接班人的基本要求。其次，科学研究方面，生态环境领域院校、学科逐渐与综合院校、各类学科交叉融合，在探索资源、创造能源、节约资源等方面开展了大量科学研究，绿色环保科技创新成为高校学术研究的重要领域。再次，社会服务方面，绿色大学利用人才和科研优势，将生态文明理念和成果向社会传播和辐射，越来越注重服务社会本领建设，注重与人民生产生活紧密结合。最后，文化传承方面，绿色大学建设的核心和终极目标就是通过人才培养、科学研究、社会服务等多种形式宣传普及绿色文化，建设生态文明。

三、当前绿色大学建设中存在的问题

绿色大学是“绿色” + “大学”：绿色不但包含环境保护的内容还应该包含中国传统文化、生态文化的内容与传承；大学不仅是人才培养、科学研究、服务社会，还应承担文化传承与创新的责任和义务。从这个角度讲，当前我国绿色大学建设的突出问题是忽视绿色文化在绿色大学建设中的核心地位。

（一）理念尚需完善

关于绿色大学的概念，目前在国内有些学者比较科学地阐述了绿色大学的内涵，但还没有形成一个统一的说法，特别是在绿色大学建设的过程中，存在把绿色大学等同于大学环境绿化，等同于环保行动，等同于绿色教育等的认识，导致创建思路和实践的偏离。出现这一情况的根本原因在于缺少从文化角度理解绿色大学的内涵。普遍地讲，当前绿色大学建设存在着“一手软、一手硬”的问题，即重视“硬件”建设，忽视“软件”建设，忽视绿色文化的建设，忽视对人的绿色教育和绿色人格的培养，这就偏离了绿色大学建设的终极目标。我们认为：绿色大学应该是学校的各项工作都应贯彻可持续发展的教育理念，不仅要建设绿色的校园，更重要的是要开展绿色文化建设，并自觉担负起向社会传播绿色文化的责任。这就是说绿色教育和绿色大学的内涵应从技术层面上升、拓展到人文的视阈。

（二）系统性待加强

绿色大学建设是一个系统工程，即人才培养、办学理念、教学科研、校园环境、文化建设、服务社会几个方面组成一个相互作用、相互联系的系统，但从目前绿色大学建设的现状上看，这个系统并不完善，整体作用发挥欠缺。如在人才培养方面，第一课堂的生态伦理、生态道德教育、生态文明观教育缺失，不能适应社会及大学生的需求，在课程上还属于零敲碎打，没有建立体系且学校之间的差异很大；第二课堂方面的生态文明教育没有受到足够重视，支持力度不够，影响了教育效果和质量。在科学研究方面，国家对生态环境学科建设领域创新投入不足，具有较高创新能力的绿色科研人才匮乏，科学研究、特别是绿色科技成果在实际应用方面作用不突出。在服务社会方面，不能够满足人们的实际需求，服务能力及水平不高。这些单方面的不足，直接导致相互之间的隔离，不能形成合力，绿色大学的功能发挥受到限制。

（三）保障投入不足

其实，造成绿色大学建设缺少系统性的一个重要原因在于国家相关部门在绿色大学建设这个问题上没有形成统一的指导与规范。以组织机构为例，有的学校成立绿色大学建设办公室、有的则未成立具体运作机构，开展工作能力差别较大。总体来说，绿色大学建设还是比较“虚”，重视程度不够直接影响到的是资金投入明显不足：一方面，在高校扩招中校园基础建设忽视了绿色校园建设和环保指标；另一方面，有的科研项目本身为了追求短期的利益而忽视环保，这些都阻碍了绿色大学的创建。

（四）评估指标缺乏

一个科学合理的评价指标体系可以起到促进、推动相关工作的开展，这是一个不争的事实，绿色大学建设同样需要建立一个科学合理的评价指标体系。我国高等院校大致分为综合类大学、师范类大学、理工农医类大学、艺术类大学四种类别，各类大学的人才培养途径和途径各不相同，这是目前我国绿色大学建设没有国家统一的评价指标体系的一个客观原因，所以基本上是各省评各省的，在一定程度上影响了绿色大学创建的积极性。因此，建立一套科学合理的绿色大学评价指标体系是当前推进绿色大学建设的当务之急，“教育部门可以单独建立一套绿色大学的评估体系，也可将有关要求渗透到目前正在全国范围内开展的本科教学水平评估体系中，有利于促进高校进一步明确绿色理念”①。

第二节　绿色文化是绿色大学的灵魂

一、大学精神与大学文化

大学精神是一个古老的新论题，古今中外的教育家、教育实践者们孜孜以求的是在大学中创建大学精神，因此关于大学精神的定义也纷繁多样。有人认为大学精神是社会历史发展积淀的产物，是经过长期发展所形成的特有的大学气质，这种气质与大学的发展历史、所处地域、学科设置等因素息息相关，并对青年学生产生巨大影响。还有人认为大学精神是人类普通精神里的一个特殊范畴，人们并不能找到鉴别是大学精神或是人类社会普通精神的

① 续建华：《绿色大学创建现状与对策分析》，载《前沿》，2006年第9期。

标准和边界，只是以大学为着眼点，在大学的发展过程中形成的反映民族精神、时代精神的理想和信念。也有人认为大学精神的形成是特定社会的历史文化传承在大学实践中的体现，“大学精神的核心是大学的一种办学理念和价值取向，并体现在大学人的价值观、大学整体的理想和目标、大学核心理念和大学组织信念四个方面”①。

大学文化也是高等教育者所关注的一个焦点。文化是一个复杂、多义的概念，“当前世界上多数学者认为，作为广义的文化，应包括四个层次：一是物质层次；二是制度层次，法律也当包括其中；三是思想、道德层次；四是价值体系层次。而根植于文化最深层次的价值体系，乃是决定文化倾向的核心”②。按照文化范畴的概念，从广义上讲，“大学文化应包括大学精神、大学环境、大学制度等方方面面的整个大学教育”③，是比大学精神更大的一个范畴，而大学精神是大学文化的核心和精神支柱。从狭义上讲，大学文化即为大学精神和大学理念。在这里，我们是从广义的角度来探讨绿色文化的。

每所大学都有其独特的精神和文化，对于提出建设绿色大学的大学而言，应该在大学精神和大学文化方面体现绿色，逐渐形成绿色大学精神和绿色大学文化。

二、绿色大学精神与绿色大学文化

绿色大学精神可以理解为绿色大学倡导的理念，即以引领生态文明为宗旨，传承绿色文化为己任，培养当代生态环境建设需要的合格人才。绿色大学精神应坚持绿色文化。

那么，什么是绿色文化？从绿色文化的发展历程来看，我们说绿色文化是人与自然协调发展的文化。但随着人口、资源、环境问题的尖锐化，为了使环境的变化朝着有利于人类文明进步的方向发展，人类必须调整自己的文

---

① 储朝晖：《中国大学精神的历史与省思》，山西教育出版社 2010 年版，第 70—71 页。
② 储朝晖：《中国大学精神的历史与省思》，山西教育出版社 2010 年版，第 61 页。
③ 施卫华：《大学文化育人功能及实现路径研究》，载《思想教育研究》，2016 年第 5 期。

化来修复由于旧文化的不适应而造成的环境退化，创造新的文化来与环境协同发展、和谐共进。因此，我们可以从以下几个角度认识绿色文化。

（一）狭义和广义的绿色文化

从狭义的角度讲，“绿色文化是人类适应环境而创造的一切以绿色植物为标志的文化。包括采集—狩猎文化、农业、林业、城市绿化，以及所有的植物学科等。”[①] 这是绿色文化的物质层面。随着生态学和环境科学研究的深入，环境意识的普及，绿色文化有了更为广义和深层次的内涵，绿色文化“即人类与自然环境协同发展、和谐共进，并能使人类可持续发展的文化，包括了可持续农业、生态工程、绿色企业，也包括了有绿色象征意义的生态意识、生态哲学、环境美学、生态艺术、生态旅游以及生态伦理学、生态教育等诸多方面”[②]。这个定义充分反映了绿色文化的制度、价值的层面。

（二）从人类文明发展的进程认识绿色文化

事实上，无论狭义的绿色文化还是广义的绿色文化，都是人类在适应自然生态环境中形成的。人类最早就是从自然中诞生，古朴的生态意识伴随着人类而出现。人类创造的农业文化使地球上出现了一个个辉煌灿烂的古文明。但由于古代人没能认识到环境与文化之间的关系，使得古巴比伦文明、地中海米诺斯文明、腓尼基文明、玛雅文明、撒哈拉文明等一些古文明相继消失。然而，“在源远流长的人类历史长河中，传统的农业文化阶段已孕育了新的绿色文化曙光，包括西欧的轮作制，中国传统农业中积累的精耕细作和养地技术，以及生态农业的萌芽，都成为绿色文化的新内容和现代持续农业的基础”[③]。

19 世纪的工业革命在给人类带来丰富的物质产品的同时，也给人类带来了资源危机、环境危机，迫使人类必须创造新的绿色文化来挽救支撑人类文明的环境。于是有了 1972 年以后世界性的绿色运动，也就有了较原有狭义的绿色文化更先进的以绿色为主导的环境科学和生态科学意义上的、人类为了

---

① 陈熹、马毓晨：《加强绿色教育助推生态文明建设》，载《中国教育报》，2018 年 3 月 1 日。

② 陈熹、马毓晨：《加强绿色教育助推生态文明建设》，载《中国教育报》，2018 年 3 月 1 日。

③ 陈宝林：《论环境的多样性和文化的多样性》，载《骏马》，2006 年第 3 期。

生存和发展而与地球环境结为伙伴关系的绿色文化。由此看来，狭义的绿色文化和广义的绿色文化之间的关系是不断地向前螺旋式上升的。在中国，绿色文化作为中华文明的重要组成部分，已经成为当今社会潮流文化和大众文化。

（三）从实践的角度认识绿色文化

从实践的角度来讲，绿色文化理念包括绿色的生产方式、绿色的生活与消费方式以及节约与节制的观念，“绿色生产方式是指注重在物质资料生产过程中转变经济增长方式，实现经济增长与资源能源节约和环境保护并举的一种可持续的新型生产方式”①；“绿色的生活方式和消费方式，指的是人们在消费过程中，以人与自然的和谐共生为最高旨趣，以高尚的消费道德、健康的消费心理进行科学的、合理的、适度的消费，并通过这种消费方式引导和促进生产方式的变革，进而调整产业结构，建设生态文明”②。总之，在人类的生产活动中，体现绿色的理念。

（四）从具体的形态和形式来看绿色文化

绿色文化还体现在具体的标准、制度等方面，制定各项节约节能规章制度、环境保护法律法规等都体现了绿色文化。另外，在社会中倡导的生态道德规范、生态价值观也体现着绿色文化。再者，绿色文化有形产品也越来越多，其本质是反映生态环境可持续发展理念，包括电影、文学、艺术作品等。最后，绿色文化还可以通过绿色宣传、绿色文化活动等形式来体现。

三、绿色文化建设在创建绿色大学中的作用

（一）倡导绿色文化有助于高校培育绿色英才

文化是人类历史发展过程中创造的伟大成果，“文化的基本功能是教育人、引导人、培养人、塑造人，就是要形成理想信念、民族精神、道德风尚

---

① 黄娟、张涛：《生态文明视域下的我国绿色生产方式初探》，载《湖湘论坛》，2015 年第 4 期。

② 张三元：《绿色发展与绿色生活方式的构建》，载《山东社会科学》，2018 年第 3 期。

和行为规范"[①]。在今天，文化已经成为影响各国之间综合国力竞争的关键因素，甚至是决定一个国家、一个民族、一个政党生存发展的重要战略资源和宝贵财富，文化在社会发展中的地位和作用比以往任何时候都显得重要。

当前，中国特色社会主义现代化的建设对人才的需求，特别是对创新人才的需求越来越高。我们认为当代创新人才应是能推动社会可持续的和协调的发展的，因此，创新人才应是具有"绿色文化价值观念的人，建立一种人与人、人与自然、人与社会和谐发展的理念，每一个人必须尊重地球上的一切物种，尊重自然生态的和谐与稳定，关心个人并关心人类，着眼当前并思考未来"[②]，即绿色人才。

高校是培养创新人才的重要基地，当前，许多高校在人才培养工作中，关于绿色文化素质教育开展得还是非常少，许多学生没有树立起正确的绿色文化价值观，没有绿色意识。据一项针对大学学生生态意识的调查表明，一部分大学生"所具有的哲学观念仍然是主张在人与自然对立的基础上，通过人对自然的改造确立人对自然的统治地位。比较注重事物和过程的单因单果的硬性决定论，以及线性的和非循环因素的作用"[③]。这直接导致一些大学生重视学习控制自然的技术，却缺少学习大自然智慧、创造绿色科技和绿色产业自觉性。因此，转变观念，弘扬绿色文化，推进绿色文化素质教育，把绿色文化作为大学生文化素质教育的重要组成部分，充分发挥文化育人的重要作用，引导大学生不断用生态哲学的观点认识和解决现实问题，不断提高绿色文学艺术修养和生态道德观念，有助于培育具有生态文明意识和精神的绿色英才。

（二）倡导绿色文化有助于高校创造绿色科技

绿色文化强调可持续发展，衡量一种文化是否先进，关键是看它是否体现生产力的发展要求，是否反映广大人民的根本利益。在21世纪，环境就是资源，环境就是财富，环境就是生产力。绿色文化中包含的可持续发展理论和发展绿色技术的内涵，为人类文明的进步提供了许多新思想、新观念，它

① 刘志鹏：《发挥资源优势，共建大学文化》，载《科学中国人》，2004年第3期。

② 王强：《关于高校生态文化教育的探讨》，载《江苏高教》，2007年第2期。

③ 江山：《加强生态文化教育提高大学生素养》，载《湖北经济学院学报》（人文社会科学版），2013年第10期。

预示着人类将进入生态文明新时代。可以说，绿色文化是先进文化的一个重要组成部分，与先进生产力的发展相适应，没有绿色文化的繁荣，就没有绿色科技的发展，就更谈不上先进生产力的发展。

科学技术是文化的重要组成部分，绿色科技创新需要绿色文化中科学的生态思想道德引领。21 世纪绿色大学校园的学术生态既是一种社会生态，也是一种教育生态，更应是一种绿色生态。大学的绿色科技创新是以知识分子为主体，为达到学术创新的目的，进行复杂的学问探究和科学实验的活动。因此，高校应大力弘扬绿色文化，推进绿色教育，创新办学特色，树立绿色理念，培育绿色精神，构建绿色和谐的环境，使学生在绿色环境中健康成长。[①] 而作为绿色科技创新者的中国知识分子，更应自觉培育绿色文化的思想，在科技创新中以绿色为目标，不断推进我国绿色科技的发展，打造一个绿色的中国。

（三）倡导绿色文化有助于高校更好服务社会

大学应承担更多的社会责任，为经济发展和社会发展服务，发挥更大价值。过去，高校的阵地主要在校园里，如今，伴随着网络与信息技术的发展，高校已打破原来固有的封闭心态，走出校园、走出围墙，主动与社会相连。把自己融入社会整体系统之中是高校的必由之路，使“高等学校从社会的边缘走向社会的中心，成为推动社会全面进步的轴心机构。正如纳伊曼所说，高等教育机构既是社会经济的轴心又是文化发展的轴心，也应成为周围社会的源泉，因此应该完全向社会开放。大学校园不仅要达到内部的学术生态平衡，还应促使外部生态环境的优化，提高大学校园的社会辐射力度”[②]。倡导绿色文化，不仅是在校园里，更需要高校向社会传播绿色文化，发挥高校的自身优势，为建设环境友好型社会做贡献。

当今，我国正处于建设美丽中国的关键时期，处处需要绿色人才，事事需要绿色科技作为支撑，时时需要绿色文化去引领。弘扬绿色文化，建设和谐校园，有利于高校培养绿色英才、创造绿色科技、引领生态文明，有利于高校更好地找到服务社会的切入点，增强服务社会的能力，提高服务社会的

---

① 王维婷：《大学校园绿色文化建设研究》，载《湖南科技学院学报》，2016 年第 9 期。

② 姚锡远：《对构建生态校园的理性思考》，载《中国高教研究》，2008 年第 3 期。

水平。

（四）倡导绿色文化有助于高校文化传承创新

校园绿色教育转化为受教育者的自觉行动是一个长期潜移默化的过程，它既需要明确的教育引导，也需要在一个良好的氛围中熏染形成，环境可以造就人、培养人、改造人。

具体来说，绿色文化对校园建设的作用主要体现在以下两个方面：一方面有助于构建和谐的物质环境，创设优良的物质绿色文化。打造绿色校园，需要在每个环节、每个细节都体现绿色文化理念，弘扬绿色文化精髓，不仅追求校园的自然美，更注重绿色文明积淀成绿色人格。另一方面有助于构建底蕴丰厚的人文环境，创建优秀的精神文化。绿色校园虽是物质形态，却能反映出一所学校的精神文化，即人文环境。因此，在高校中倡导绿色文化不仅可以强化绿色的物质形态，更可以帮助广大师生树立促进人与自然、人与人和谐的理念，形成良好的生态道德氛围，树立具有可持续发展特征的人生观、价值观、世界观。总之，“在绿色文化引领下建设起来的高层次、高格调、高品位的绿色校园，既能对师生起到陶冶情操和完善人格的作用，又能‘润物细无声’地内化师生的自身修养与涵养，外化为他们的言语和行为，同时也以其高品位的设施使学校物化为外在的形态与形象”①。

（五）倡导绿色文化有助于高校扩大国际交流

环境问题不是一个国家、一个民族的问题，而是全球性的问题，解决环境问题需要加强国家交流与合作。随着全世界对环境问题认识的不断深入，以绿色文化为主题的国际交流合作越来越频繁，越来越深入，这也为我国高等教育提供了发展的空间。一方面，大学作为国与国之间交流合作的重要载体和弘扬绿色文化主阵地，越来越注重开展绿色大学的国际交流与合作，我国的高等教育应以此为契机，以国际化的视野，全球化的思维加强国际交流，推动高等教育的改革和发展。另一方面，绿色文化成为扩大大学国际交流广度和深度的平台，使当今的大学更具开放性，更具国际视野，更加国际化。因此，我国高校应积极搭建绿色文化交流的平台，深入挖掘和积极推广

---

① 冯淑霞：《以人为本 创建“绿色校园”》，见邢改萍：《新世界中国教育发展论坛》第二卷，学苑出版社2007年版，第94页。

中国传统的绿色思想，向世界展现中国治理环境的成就，在交流中认识世界，也让世界更加了解中国对环境问题的重视。

“21 世纪的大学校园将更具多元化意识，学会认识和理解多元文化背景下的高等教育，积极利用巨大的国际教育市场和资源。”[①] 实现资源共享和文化交流，特别是绿色文化的交融，是高校走向国际性绿色大学的一个有效途径。

第三节　绿色文化的拓展者——北京林业大学

一、绿色文化建设理念内涵

北京林业大学在建校的 60 多年里，高度重视绿色文化建设，始终将绿色文化建设与学校发展紧密结合，形成了“知山知水，树木树人”校训和“红绿相映，全面发展”育人理念，展现了北林精神；始终与校园文化建设相结合，形成了“以民族文化为底蕴、青年文化为主体、绿色文化为特色”的绿色文化建设格局。

（一）“知山知水，树木树人”校训体现绿色文化

1. 知山知水

“治山治水”必先“知山知水”。《孟子·滕文公上》记载“禹疏九河”。禹之父鲧治水之弊，九年未果。舜命禹治水。禹审其父鲧治水之弊，考知洪水泛滥之由，改堵为疏，遂成。由此可知，“知山知水”方能“治山治水”。

——“知山知水”就是要探索自然规律、求是创新。人类认识自然、利用自然，必须要探索自然规律。北京林业大学的办学目标就是要培养学生求是创新的科学精神，养成注重实践的习惯，让学生通过实践，发现问题、寻找规律、解决问题。

——“知山知水”就是要追求人与自然和谐相处，实现可持续发展。学

---

① 贺旭辉：《论 21 世纪大学校园生态文化建设》，载《湖北社会科学》，2004 年第 12 期。

校注重培养学生追求人与自然和谐相处、热爱自然、认识自然、尊重自然、保护自然的绿色理念。

——“知山知水”就是要塑造高尚人格和情操。“仁者乐山，智者乐水”，学校注重培养学生淡泊名利、志存高远的高尚人格，让学生在“知山知水”中陶冶情操、砥砺人生。

——“知山知水”就是要培养适合林业建设需要的高素质人才。林业人才培养要走进“森林”，既见“树木”又见“森林”，上知“天文”下知“地理”，在实践中培养吃苦耐劳、艰苦奋斗的精神。

2. 树木树人

“树木树人”一词源于《管子·权修》：“一年之计，莫如树谷；十年之计，莫如树木；终身之计，莫如树人。”我们将“树木树人”的含义引申为两个层次：一是传授知识与塑造品格相结合，奉献科研成果与培养人才相结合；二是在“树木”的同时，还要“书木”，即将“树木”的实践上升为理论，将精彩的论文书写在大地上。不仅“树人”，还要“书人”，即让教育者和被教育者都能书写出精彩的人生。

——“树木树人”，就是坚持专业教育与文化素质教育的统一。大学首先要解决的问题是“为谁培养人，培养什么人”。因此北京林业大学牢牢把握社会主义办学方向，注重思想教育，坚定理想信念，同时特别注意“加强学林、爱林、献身林业的教育”①。学校加强文化素质教育，要求学生德智体美全面发展，把共产主义远大理想与勤奋学习、热爱专业结合起来，毕业后用自己的双手把祖国建设成秀美的山川。

——“树木树人”，就是坚持能力培养与素质养成的统一。知识是载体，是基础；能力是展现，是升华；素质是通过教育、实践，内化而形成的综合品质，是核心。在大学教育中，传授知识、培养能力、提高素质要融为一体，并贯彻到整个教育过程。经过多年实践，北林创建了第一课堂与第二课堂相结合的全方位育人理念和实施方案，取得了良好的教育效果。

——“树木树人”，就是坚持科学研究与人才培养的统一，以“树木”带动“树人”，通过“树人”支撑“树木”，把握“树木树人”的历史使命。

---

① 1994 年李岚清视察北京林业大学时的讲话。

一方面要为国家林业、生态和环境建设提供科技支撑和技术服务，即“树木”。另一方面要为国家经济社会发展培养绿色人才，即“树人”。通过科学研究和技术服务，提高创新能力，带动人才培养质量的提高，以高素质创新型人才支撑科学研究和技术服务。为此，学校专门设立了学生科技创新基金，鼓励学生创新“树木”科技，提高学生的科学素质，达到“树人”的目的。

“树木树人”和“知山知水”相辅相成、相得益彰。“知山知水”是“树木树人”的前提和条件，“树木树人”是“知山知水”的目标和任务。通过“知山知水”，培养学生探求真知、追求和谐的精神，从而达到“树木树人”的目的。通过“树木树人”，促进大学生素质的全面发展，实现“树木树人”，由此才能更加“知山知水”，认识自然规律，从而提高北林学子“治山治水”的能力，最终使他们成为具有科学发展观思维，具有绿色理念、生态道德意识的新时代绿色事业建设者。

（二）红绿相映的育人理念蕴含绿色文化

北京林业大学按照“知山知水，树木树人”校训，依照“突出特色，打造品牌”的思路，形成了以弘扬主旋律为基调，传承绿色文化为特色的“红绿相映，全面发展”的育人理念。

“红色”源于大学的社会主义属性和国家教育方针的要求。它关系着社会主义大学“培养什么样的人”“如何培养人”以及“为谁培养人”这个根本问题，要求大学要坚持把立德树人作为中心环节，把思想政治工作贯穿教育教学全过程，实现全程育人、全方位育人。同时，林业是艰苦行业，工作和生活环境艰苦、待遇低；“前人栽树，后人乘凉”，正是林业建设周期长、见效慢的历史佐证，没有强烈的事业心和奉献精神是干不好林业的。因此，学校在始终牢牢把握社会主义办学方向、注重思想政治教育、坚定理想信念的同时，特别强化“学林、爱林、献身林业的教育”和艰苦奋斗敬业精神的教育，形成了具有绿色特征的“红色”内涵。

“绿色”源于北京林业大学的历史使命和育人目标及专业能力的要求。北京林业大学是我国林业高等学府排头兵，其专业特长和文化底蕴都可以用“绿色”概括。是否突出“绿色”，关系着北京林业大学“培养具备什么特色的人才”这一时代命题。作为绿色学府，北京林业大学在办学中不仅培养学生过硬的专业知识和技能，还注重以绿色教育为载体，播撒绿色理念、传授绿色知识、开展绿色实践，建设绿色传播阵地，引领绿色文化潮流。我国林业部首任部长梁希同志的“无山不绿，有水皆清，四时花开，万壑鸟鸣，替山河装成锦绣，把国土绘成丹青”的宏愿，代表着北林学子绿化祖国、造福人类、再造秀美山川的崇高理想。北林的“绿色”包含着热爱祖国，献身社会主义事业的红色内涵。

“红绿相映”是北林人对“又红又专”传统育人目标的全新诠释和创新发展。“红色”是北京林业大学的育人基色，“绿色”是北京林业大学的育人特色，“红色”和“绿色”相互渗透、互为映衬，浑然一体。

(三) 校园文化建设凸显绿色文化

经过多年的实践与积累，北京林业大学形成了“以民族文化为底蕴，青年文化为主体，绿色文化为特色”的校园文化建设格局。

中华民族优秀传统文化是中国先进文化的根基。中华民族优秀传统文化中蕴含着的中华民族精神，是培养和激发青年学生民族自尊心、自信心，树立“四个正确认识”的重要因素。在东西方文化碰撞交流的时代背景下，保持青年学生对中华文化传统血脉的认同，成为一个紧迫的历史课题。学校始终把中华传统文化素质教育作为高校文化素质教育的基础，培养大学生对中华传统文化的认同，继承和弘扬中华民族优秀文化传统，深入领会中华民族伟大精神，激发大学生爱国主义情感，凝聚力量为实现中华民族伟大复兴贡献力量。

青年文化是一种先锋文化，在青年学生中有着广泛的影响力，具有强烈的示范作用，对青年学生成长产生的影响日益显著。如何把握青年文化发展方向，使之朝向文明、健康方向发展已经成为校园文化素质教育的一项重任。因此，学校应着重做好以下几个方面的工作：明确青年文化在校园文化素质教育中的主体地位，认真做好青年文化的开发和引导，积极引导青年学生积极参加大学生社会实践活动、志愿服务活动、科技创新教育活动、组织开展丰富多彩的校园文化艺术活动。同时，重视加强互联网青年文化等新兴青年文化的研究和指导。

绿色文化是一种人与自然协调发展、和谐共进，使人类实现可持续发展的文化。绿色文化已经成为先进文化的有机组成部分，引领生态文明建设的发展方向。北京林业大学是我国林业和生态环境教育的最高学府，肩负着培养新时代绿色事业建设者的时代重任，因此北京林业大学始终把绿色文化作为文化素质教育的特色，注重打造“传播绿色文化，引领生态文明”的特色校园文化，大力开展绿色环保教育活动，增强学生绿色环保理念，积极引导青年学生投身绿色文明建设。

经过多年的建设，“以民族文化为底蕴，以青年文化为主体，以绿色文化为特色”的北京林业大学校园文化发挥着“空气养人”的作用，促进了学生全面发展。

二、绿色文化建设探索

在“知山知水、树木树人”校训的指导下，北京林业大学在人才培养、科学研究、校园建设、文化活动等方面都围绕绿色主题开展，探索形成了富有北林特色的做法，收到了良好的效果，提升了学校绿色文化建设水平。

（一）人才培养方面

北京林业大学担负着培养新时代绿色人才的崇高使命，绿色文化素质是北林学生必备素质之一。北京林业大学始终将绿色文化建设工作与高等教育教学改革紧密结合，建立了以教师传授知识、学生自主获取知识为主线，能力培养、素质养成为两翼支撑，知识、能力、素质三者协调发展为一体的“一主两翼、三位一体”的新型人才培养方案，形成了理论教学体系、实践教学体系和第二课堂综合素质培养体系在内的三个教学平台。绿色文化素质教育贯穿于3个平台，一是2013年开设全国大学视频精品课——《生态文明导论》，二是2017年开设北京市思想政治理论精品课——《美丽中国：当代中国马克思主义与生态文明》，三是面向全校所有同学开设“林业概论”“森林资源导论”“生态学”等多门绿色环保普及教育选修课程。它们共同将绿色环保教育纳入在第二课堂素质教育内容，构建了第一课堂、第二课堂有机衔接的绿色文化素质教育体系。

（二）科学研究方面

学校科学研究的主要任务是服务国家生态环境建设领域的需要。学校在科学研究方面紧密结合绿色主题，以创新绿色科技为己任，不断努力，取得了多项丰硕成果。“十二五”期间，学校共承担各类纵向科研项目2100余项，科研经费10.1亿元，在林业高校中位居前列；现有国家、省（部）级重点实验室、工程中心及野外站台共42个。“十二五”以来，以第一作者单位发表论文被SCI收录3734篇，EI收录2045篇，承担国家重点研发计划、国家科技支撑计划、“863”计划、国家自然科学基金重点项目等重大科技计划课题，获国家科技奖六项、省部级科技奖48项，为林业建设提供有力的科技支撑。

学校高度重视学生科技创新工作。经过多年探索，初步形成以科研、教学力量为后盾，以青年学生为实施主体，以校、院两级学生科协组织为依托，以群众性科普活动和科技创新活动为基础，以三项杯赛（“梁希杯”北京林业大学学生课外科技创新作品竞赛、“挑战杯”首都大学生课外科技创新作品竞赛、“挑战杯”全国大学生课外科技创新作品大赛）为工作主线的大学生课外科技创新教育体系，并在国内外大学生竞赛中获得了许多奖项，53人次在国际风景园林联合会国际学生风景园林设计竞赛（IFLA－UNESCO）、国际大学生建筑设计大赛、中日韩大学生风景园林设计竞赛中获得金奖。近年来，学生科技文化节、学术科技周、创意设计大赛、创业设计大赛、结构设计大赛、各类学术报告、各类知识竞赛蓬勃开展，举办以“院士论坛”“周末公益讲堂”“北林学堂”“绿色大讲坛”“林业厅局长论坛”为主题的学术讲座千余场，极大地活跃了校园学术文化氛围。从2007年开始，学校积极落实针对本科生的国家大学生创新项目，全力培养具有创新精神和创新能力的绿色人才。2015年，获评“全国高校实践育人创新创业基地”，连续获评“首都大学生课外学术竞赛、创业大赛优胜杯”，多件作品获评全国“挑战杯”“创青春”二等奖、三等奖，首都“挑战杯”特等奖、一等奖。

（三）校园环境方面

学校提出了“精品化、园林化、智慧化”构建校园文化环境的新思路。精品化校园，是把学校建设为具有浓郁学术、人文氛围、高品位的校园；园林化校园，是把学校建设成为具有中国园林特色的艺术作品；智慧化校园，是把学校建设成为具有现代化气息的智能平台。

一是重视校园人文景点建设，打造精品化校园。学校投入专项资金，建设了一批校园人文景观，发挥了环境育人的良好作用，包括新中国第一任林业部部长梁希的铜像，青春雕塑、龙马精神雕塑、树洞花园、薄房子等，为校园增添了人文气息。

二是加强校园绿化工作，打造园林化校园。目前学校的绿化面积达到217560 平方米，绿化率达到 49%，绿化景观 10 余处，校园内四季常青，三季有花，绿草如茵；在学校院士教授的参与下，校园中初步建立了“梅园”“木兰园”“牡丹园”等多个植物专类园；学校每年投入专项经费，将地被菊、三倍体毛白杨等植物新品种引进校园，使北京林业大学的木本植物品种增加到了 250 多种，也为植物教学的实习和科研观察提供了便利的条件。先后获评“首都绿化美化花园式单位”“北京高校十佳美丽校园”“首都全民义务植树先进单位”“首都环境保护先进集体”等称号。

三是加强校园网建设，打造智慧化校园。学校建成了“万兆骨干、部分千兆到桌面”的数字校园网络，实现了无线网全覆盖，丰富了网络服务内容。学校重视网络对青年学生思想品德的冲击和影响，倡导绿色文化建设，积极开展网络文明教育和媒介素养提升。近年来，先后获评“教育信息化建设先进集体”（全国农林类院校）、“信息与网络安全保卫工作先进单位”，校园一卡通平台入选全国高校信息化建设典型案例。

（四）绿色文化活动方面

北京林业大学积极开展绿色文化活动，注重品牌打造、组织建构和资源整合，取得了良好的社会效果。

1. 打造活动品牌

（1）绿色咨询

北京林业大学的绿色咨询活动至今已坚持开展了 34 年。1984 年北林师生举办的第一届绿色咨询活动得到了其他高校的热烈响应，也得到了北京市高教局（现北京市教委）的高度重视，自 1987 年开始被北京市高教局列为重点活动。34 年来，每逢首都义务植树日，北林学生联合首都多所高校学生环保社团，组成绿色咨询队伍走上街头、深入社区、走进公园，向首都市民介绍国家生态环境建设的现状，宣传绿色环保理念，传播绿色环保知识，弘扬生态文化，倡导低碳生活方式，为生态文明建设积极贡献力量，鼓励和带动身边更多人加入绿色生活的队伍中来。如今，绿色咨询活动已成为传播绿色文化的重要平台，成为北京市绿色文化活动品牌，受到社会广泛关注。

（2）首都大学生“绿桥”系列活动

“绿桥”活动始于1997年，其名称来源于“为祖国母亲撒播点点生命绿，替华夏大地架起座座爱心桥”这两句话的尾字组合。至今已连续举办22届，每年都有50余所高校，近3000名学生直接参与，成了首都绿色环保活动的知名品牌。长期以来，“绿桥”活动得到了国家有关部委和北京市相关部门的大力支持，活动影响日益扩大，育人效果明显。

2002年第六届“绿桥”活动推出了《首都大学生创建绿色奥运环保志愿服务工作规划》，受到了团中央、团市委、奥组委的称赞，成为《首都青春奥运行动》的组成部分。北京林业大学在团市委的指导下，先后制定了《首都大学生迎奥运环保志愿服务行动规划》和《北京青春奥运志愿者绿色环保培训规划》，编写北京奥运会环保志愿者培训教材，并承担北京2008年奥运会志愿者环保培训工作。

从2003年起，“绿桥”活动开始在北京房山周口店、张坊、通州张家湾等地实施首都大学生“青春奥运（志愿）林”营建工程，整合社会资金100余万元，植树造林1500余亩；2005年邀请五大洲青年学生代表、港澳台青年学生代表参加“青春奥运林”种植活动；2006年“青春奥运林”项目作为第五届中韩青年交流营重点活动之一，受到韩方好评。青春志愿林营建活动获得北京市“保护母亲河优秀项目奖”等荣誉称号。

2006年第十届“绿桥”活动取得了新的突破，参与规模由首都大学生绿色环保活动扩大为全国青少年的一次绿色盛会。中国青少年生态环保志愿者之家成立，秘书处设在北京林业大学，启动了全国“百支青少年生态环保志愿者服务队进百村结百对”活动。该活动重点有三个方面的内容：一是以保护农村饮用水源为重点，二是以养成健康文明生活习惯为重点，三是动员青少年生态环保志愿者服务队通过开展植树种草、治理污染、保护水资源、生态监护等活动，直接参与农村的生态环境建设。

2012年，“绿桥”活动抓住“喜迎十八大”与“庆祝中国共青团成立90周年”等历史契机，结合保护母亲河行动，以“高擎团旗，绿色长征”为主题，开展大学生绿色校园——低碳“V”行动，承办全国青少年生态环保社团指导教师培训活动，开展首都大学生“绿色北京1+1”志愿服务项目，举行“情系母亲河”流域科考活动，开展“绿色见证雷锋精神”先进事迹宣讲进校园等活动，引导青年学生参与国家生态文明建设。

2016年，“绿桥”活动认真落实中央扶贫开发工作会议和中央党的群团工作会议精神，牢固树立五大发展理念，以“绿色共享，青春同行”为主题，联合全国百所高校发起“精准扶贫·绿色行动”伙伴计划，举办“京津冀晋蒙”青年环保公益创业大赛培训班，实施首都社区家庭绿色体验计划，举办第三期京澳青年绿色交流营，推进绿色课堂进学校、进社区、进农村等活动，开展系列宣传教育实践活动。

2018年，“绿桥”活动以习近平新时代中国特色社会主义思想为指导，学习宣传贯彻党的十九大精神，以“不忘初心跟党走 美丽中国青年行”为主题，主要开展三方面宣传教育实践活动，一是“2018·点赞青春再出发”共建共享计划，即点赞美丽中国接力计划、百校百团美丽乡村宣讲计划、A4210青少年绿色信用平台推广计划；二是“2018·奉献青春再出发”增绿减霾行动，即绿色家庭绿色体验接力活动、“北汽新能源”京津冀青少年“认知清洁能源·助力绿色冬奥”寻访活动、首都大学生“绿色咨询”和“青春志愿林”种植活动；三是“2018·奋斗青春再出发”实践拓展活动，即“绿桥杯”全国青少年绿色IP创新创意大赛、全国青少年生态环保组织骨干培训班等活动。

（3）绿色长征活动

从2007年起，由北京林业大学和全国40余所高校共同发起的“绿色长征 和谐先锋”主题活动在全国展开。该活动的宗旨是教育引导当代大学生积极弘扬红军万里长征不畏艰难的革命精神，在新时期推进环保事业、促进社会和谐的道路上，勇担先锋，用实际行动阐释“红色青年”走“绿色长征”之路的时代精神。绿色长征活动以接力方式组织全国40余所高校大学生组成雪域高原、西北荒漠、东北林海、黄河之旅、长江之旅、京杭运河、国宝家园、雨林探险、草原漫步、黄金海岸十条线路，深入全国22个省市26个国家级自然保护区开展绿色环保宣传、科考调研等活动。绿色长征活动成为全国规模最大、持续时间最长、范围最广的青少年环保活动之一，受到国内外媒体的广泛关注，取得了良好的效果。

（4）A4210 好习惯养成计划

该计划是北林学子于2012年提出并倡导的绿色环保项目，旨在号召与引领青年群体及社会公众在环境保护、勤俭低碳等方面养成好习惯。

在线上，构建便捷的A4210信息交互体系，依托“O2O”运营模式，将线下互动转化为线上交互，通过申请认证的“A4210计划”微信服务号、手机App、H5微信应用程序让参与者们实时进行坚持天数比拼与经验心得分享。在线下，带领志愿者们进社区、进高校、进公园，开展“百区千户万人”计划，发放A4210宣传册、折页、环保袋，邀请市民参与环保知识竞答，号召大家关注并加入A4210“改友圈”。创立A4210俱乐部，以“会员制”与“社群化”的激励机制吸引成功坚持好习惯的参与者成为会员。定期开展插花压花、旧物改造体验课等绿色活动。2017年，创新开展“志愿服务服务共享”共享单车文明骑行好习惯养成计划，服务首都城市精细化管理，取得良好效果。

自2012年活动开展以来，参与人数呈逐年稳步增长趋势，开展线下招募活动831次，累计招募北京林业大学参与者13481人，覆盖京内外高校47所；走进北京市158个社区、22个公园（广场），直接覆盖社会公众10万余人；交互平台、微信、微博等线上互动信息累计达67000余条。活动曾先后获《人民日报》等数十家媒体先后报道。六年多来，A4210活动项目（团支部）先后获得首届中国青年志愿服务项目大赛金奖，全国五四红旗团支部，全国大学生绿色梦想共创计划大赛一等奖，第九届中国青年丰田环境保护资助行动优秀创意“一等奖”等多个重要荣誉。

（5）百所高校“6·5”环境日主题活动

自2013年以来，北京林业大学与中国生态文明研究与促进会、中国光大国际有限公司等单位联合举办了六届百所高校“6·5”环境日主题活动，发出“生态文明 从我做起”倡议，面向大学生发起“生态梦想漂流瓶”微话题、“晒光盘”微行动，连续举办“生态梦想资助计划”，出版《暑期大学生绿色长征实践活动成果集》，成立“全国6·5环境日绿色行动联盟”，邀请知名专家举行高端报告会、论坛，开展京津冀青年大学生“G－idea”圆桌论坛，丰富青年学生环保理论知识。六年来，活动的社会影响力不断扩大，已成为全国高校青年学子弘扬生态文明理念，参与生态文明实践的重要平台，在推进生态文明建设方面发挥了积极作用。

2. 加强环保组织建设

环保社团组织是创建绿色文化的重要依托力量。多年来，北京林业大学积极扶持学生环保社团建设，并发挥优势搭建了全国和北京市级和环保组织平台。

（1）以山诺会为代表的学校环保社团

北京林业大学相继成立了山诺会、绿手指等环保社团。学生环保社团依托北京林业大学生态环境学科优势，立足于大学生群体，以提升大学生环保素养，唤醒社会公众环保意识，服务国家生态环境建设为目标，先后开展了陕西秦岭“丛林之旅”科考行动、远征白马雪山“拯救滇金丝猴行动”、内蒙古“心系沙漠”科考、紫竹院公园守护大雁活动、远征三江源走进可可西里科考活动、奥运水环境调查、“废油变肥皂”、校园碳核算、“水足迹”等活动，取得良好的社会反响。学生环保社团先后获得地球奖、拜耳青年环保奖等荣誉。

（2）首都高校第一支专业类社团联合体——首都大学生环保志愿者协会

2000 年，由北京林业大学发起，经北北京团市委审批同意的首都大学生环保志愿者协会正式成立，成为首都大学生成立的第一个专项领域社团联合组织。协会紧密团结首都大学生环保社团，根据首都生态环境建设的需求，积极开展以“绿桥”系列活动为代表的跨高校、跨行业的大型绿色环保活动。经过十几年的发展，首都大学生环保志愿者协会逐渐成熟，成为首都大学生绿色环保活动的组织者和引领者。2004 年，协会被评为“志愿北京——北京十大志愿者（团体）”，是首都高校唯一获奖的团体。

（3）首都高校绿色理论研究品牌社团——首都青少年生态文化研究中心

首都青少年生态文化研究中心 2003 年在北京林业大学成立，以面向青少年普及生态知识、指导生态实践、弘扬生态文化为宗旨。中心成立以来，联合北京林业大学“生态文化研究中心”开展生态文化理论研究，生态文化节等活动，为大学生绿色文化素质教育提供了理论支撑。开办“首都大学生绿色论坛”，组织开展了“首都大学生最为关心的十大环境问题”等调研活动，出版《生活的革命——绿色生活指南》一书。

（4）全国青少年生态环保志愿者交流平台——中国青少年生态环保志愿

者之家

2006年，经团中央书记处批示同意的“中国青少年生态环保志愿者之家”正式成立，秘书处设在北京林业大学。该组织成为全国青少年联合开展生态环保活动的组织依托。近几年，依托该组织开展了全国青少年生态环保社团交流会、大学生环保社团与农村团支部共建生态文明村活动、大学生生态电影周、全国青少年生态环保社团骨干（指导教师）培训班、京津冀青少年“G—idea”环保圆桌论坛等活动，得到了全国青少年环保社团的积极响应。

3. 强化支撑保障

一是争取新闻媒体支持，最广泛的宣传绿色文化理念。在绿色文化创建过程中，北京林业大学十分注重新闻媒体宣传工作，每年都邀请新华社、北京电视台等50余家主要新闻媒体对绿色文化活动进行宣传报道，最广泛地宣传了绿色环保理念，加速了绿色文化的传播，为公众了解、学习、掌握绿色文化起到了推进作用。

二是邀请公众人物及大众参与，增强绿色文化宣传影响力。多年来，先后有腾格尔、姜昆、鞠萍、李谷一、周冬雨、王治郅、陈中、韩晓鹏等80多位文艺界知名人士被聘为首都大学生绿色形象志愿大使；邀请五大洲青年、市民、企业家等与大学生一起参加绿色活动。公众人物的参与，提高了绿色文化价值理念的宣传力度，起到了示范带动作用，社会影响日益扩大。

三是整合社会资源，为绿色文化创建提供支持保障。多年以来，我们积极动员社会力量，吸纳各种社会资源，参与北京林业大学绿色文化建设工作。自2012年以来，共筹集社会资助500多万元用于绿色文化素质教育，重点用于“绿桥”活动、绿色长征活动和环保社团负责人培训等活动，并以此为纽带，推动了学校与地方、企业的共建工作，建立了一大批学生社会实践基地、就业实践基地，拓展了学校发展空间，促进了学生的成长成才。

三、绿色文化建设基本经验

北京林业大学绿色文化建设工作取得了一定成效，我们认为有以下五点基本经验。

（一）紧密结合生态环境学科优势，把握绿色文化建设方向

北京林业大学拥有国家“双一流”学科——林学、风景园林学等生态环境领域的优势学科，这是北京林业大学绿色文化发展的深厚土壤。绿色文化建设必须坚守社会主义方向，遵循生态环保规律。绿色文化是中华传统文化中和谐文化的具体体现，是社会主义先进文化的组成部分，这是绿色文化建设的方向。因此绿色文化建设是在贯彻落实习近平新时代中国特色社会主义思想、推进生态文明建设的旗帜下进行文化的创新和实践，应紧密结合生态环境学科优势、结合中国的实际推进绿色文化建设，积极普及推广绿色文化理念，使之内化为每个公民的素质，推进美丽中国的建设。

（二）紧密结合培育人才中心任务，规划绿色文化建设格局

高校的中心任务是立德树人，文化对培育人才工作起到至关重要的作用。绿色文化的终极目标，是培养社会公众的环保素养，使之行为准则符合绿色理念。说到底，是对人的“绿化”，是对人的教育。因此，绿色文化建设必须坚持以人为本，以培养绿色理念的人为出发点。基于此，北京林业大学创立了一、二课堂有机衔接的绿色文化素质教育体系，把绿色文化教育工作格局立足培养人的角度，把绿色素质作为每个人的必备素质加以强化，只有这样可持续发展才有希望。

（三）紧密结合生态环境建设需求，展示绿色文化建设成效

绿色文化建设决不能脱离生态环境建设的需求，不能成为“空中楼阁”，必须能解决生态环境建设领域的实际问题，才会被人所接受。绿色文化体现在绿色科技发明创造中，体现在每一个绿色环保工程中，体现在持续不断的创新中。近年来，推进生态文明建设、绿色发展理念的传播、着力解决突出环境问题、加大生态系统保护力度等，都为绿色文化的发展提供了难得的机遇。

（四）紧密结合生态环境建设热点，扩大绿色文化建设影响

文化有其传播的规律，往往随着社会关注度的提高，逐渐被人所关注，引发人们的思考。绿色文化的传播需要制造“热点”，要抓住社会的焦点，引起公众的讨论与参与，扩大绿色文化的影响力。例如：1997 年北京林业大学组织的“给生命以尊严，守护大雁活动”，引发了国内外的热烈讨论，活

动成为里程碑式的事件，绿色理念得以最广泛的传播。

(五) 紧密结合制度机制建设，形成绿色文化品牌效应

理念的形成，文化的推广不可能一蹴而就，需要付出持之以恒的努力。绿色文化理念是当前人类社会发展必须给予重视的方面，要从制度和机制方面保障绿色文化建设深入推进，否则人类将不能实现可持续发展。北京林业大学在绿色文化建设上，重视制度和机制建设，形成了34年的绿色咨询、22年的“绿桥”活动等活动品牌，形成了绿色文化建设的稳固阵地。

附：典型案例介绍

案例一：2017年“绿色长征”活动方案

2017年，全国青少年绿色长征活动的宗旨是落实全国高校思想政治工作会精神，坚持教育与生产劳动和社会实践相结合，引导青年大学生在实践中受教育、做贡献、长才干。活动围绕“一带一路”与绿色发展设计路线，以“绿色丝路 青春同行”为主题，组织青年大学生奔赴西藏、陕西、澳门等地，依托相关课题和科考项目，开展深入的社会调查实践活动，宣传绿色发展理念。

活动时间：2017年6月—8月（6月开展招募培训，7月至8月集中开展活动）

活动内容：

1. “绿骨”招募

6月上旬，面向北京林业大学全体学生，集中选拔招募30名左右优秀志愿者，组建5—6支团队。确定团队分工以及带队老师，与实践地建立联系，并制定本团队详细执行方案。

2. 集中培训

6月17日—18日，围绕“一带一路”背景知识、生态文明建设与绿色发展等开展专项培训；围绕生态文明宣传策略，调研方式方法，新闻撰写等开展系列通用知识培训；集中培训后，各团队指导老师结合团队情况，自行开展个性培训。

3. 开展实践

7月至8月，各团队分赴西藏、江西、陕西、黑龙江、澳门、广州等地开展5—7天绿色调研。主要内容包括：对各地区“一带一路”有关情况进行调研；对具有当地特色的绿色发展产业、自然保护区等进行考察；结合建团95周年等开展系列红色活动；自主开展绿色列车、绿色咨询、绿色调研、绿色访谈等宣传实践活动。

调研路线：

按照“交通方便、易于联络、高校协同、确保安全”的原则，每个省份选择1－2个城市（区、县）进行详细调研。

第一条：雪域高原团

西藏自治区：拉萨市、西藏大学

第二条：长江之歌团

江西省：吉安市（井冈山市、万安县）

第三条：黄河之旅团

陕西省：西安市、宝鸡市

第四条：东北林海团

黑龙江省：哈尔滨市

第五条：澳门团

澳门特区、广州市

成果说明：

每个团队需联系当地至少一所高校联合开展活动，并按照“四个一”思路开展实践并进行成果总结，具体是指：

1. 制作一部专题纪录片（10分钟）

要求突出“绿色丝路 青春同行”主题，以艺术手段充分展现实践过程，体现团队的所思、所想、所做、所为。同时，要保留原始视频素材，供后期制作整体视频用。

2. 开展一系列绿色科普宣传

各团队结合实际，通过绿色列车、绿色咨询、A4210宣传等形式，针对社区居民、市民游客等群体，深入社区家庭、超市广场、自然保护区等地方，开展绿色科普活动。

3. 开展一系列清洁能源利用调研

关注当地清洁能源使用情况，通过调研问卷（每个团队不少于50份）、个别访谈等形式，了解居民对清洁能源的认识程度，总结凝练当地环保开发模式。

4. 撰写一系列清洁能源使用典型案例

通过调研清洁能源使用状况，结合实践情况，每个团队撰写不少于10个典型案例。同时，各团队要做好新闻宣传，原则上每天一篇新闻，上传心桥网和上报绿色新闻网，鼓励在社会媒体进行宣传报道。

案例二：A4210好习惯养成计划

“A4210计划”是北林学子于2012年发起的特色环保项目。“A”是指英文单词“Action”，意为“行动”；“4”是衣、食、用、行四个方面；“21”指21天效应，研究表明一个新习惯的养成并得以巩固至少需要21天；“0”指勤俭、低碳、零浪费。“A4210计划”旨在通过参与者与志愿者结对并进行线上互动，利用21天在衣、食、用、行四个学习生活方面养成勤俭、低碳的好习惯。

1. 以“人性化”与“场景化”相促进的推广策略，扩大教育覆盖

“A4210计划”在宣传推广方式、报名入口选择、互动方式选择等方面以“人性化”为第一准则，基于青年学生多样的信息获取渠道和网络生活特点，设置微博、微信、手机短信息等多种宣传、报名与互动方式。同时，“A4210计划”推广注重不同参与群体的“多角色场景式体验”，引入“国王与天使”游戏模式，青年学生一方面作为“参与者”（即“国王”）接受他人的监督提醒服务，另一方面同时作为“志愿者”（即“天使”）监督提醒他人。

2. 以“交互式”与“个性化”相协调的过程服务，提升教育体验

“A4210计划”通过微信群、微博社区等建设，“参与者”群体内、“志愿者”群体内、“参与者”与“志愿者”群体间实时进行坚持天数比拼与经验心得分享，此外，通过手机App和基于H5微信应用程序的研发，打造多元线上渠道，构建对称与便捷的A4210信息交互体系。与此同时，针对不同类型学生多样的成长需要，“A4210计划”设置丰富的好习惯养成库，供参与者实现“个性选择”；针对不同类型学生的性格特点，“A4210计划”通过

编制志愿者手册对互动方法与内容进行预先分类设定，努力实现对参与者的“个性服务”。

3. 以“他律”到“自律”到“律他”相循环的养成路径，拓展教育成效

“A4210 计划”在校园内与高校间，通过引入“国王与天使”游戏模式，青年学子同时接受“被他人监督提醒”“自我监督提醒”和“监督提醒他人”三种养成教育体验，此外，还面向社会，通过发挥青年大学生的示范带动作用，使由“他律”到“自律”再到“律他”的习惯养成传导效应，影响更广泛的社会公众，贡献社会生产生活、价值取向等方面的绿色化进程。

4. 以“会员制”与“社群化”相融合的激励活动，强化教育黏性

“A4210 计划”已于 2014 年成立俱乐部，吸纳成功坚持 21 天养成好习惯的参与者为会员，定期开展免费的插花艺术体验、压花设计体验、养生知识讲堂等绿色激励活动。这一方面极大激发了参与者养成好习惯的积极性，另一方面也强化了俱乐部会员对已经养成好习惯的坚持。此外，“A4210 俱乐部”内不同类型参与者依据个人兴趣爱好等，还自发形成各类交流社群，对扩大养成教育效用发挥了积极作用。

5. 以“标准化”与“多样化”相统一的建设规划，打造教育品牌

着力以“好习惯养成库建设”与“志愿者管理”两个方面为突破口，推进“标准化”与“多样化”建设。一方面针对每一个好习惯，评估“难度星级”、明确“养成标准”、设计“养成路径”等，通过编制《志愿者工作手册》，规范“工作流程”、提供“难点解析”、实施“绩效考核”等。另一方面，不断丰富好习惯养成库的习惯种类、养成方式等，引导志愿者在遵循工作规范的同时，发挥自身主观能动性，创造性开展工作。

案例三：“绿手指”学生环保社团——“水足迹”项目

北京林业大学绿手指环境保护者协会是一支拥抱着“愿手指所指之处皆为绿色”美好愿望的大学生社团，成立于 2003 年 10 月，现有主要成员 85 人，会员千余人。

“水足迹”项目主要围绕水质监测和水质情况调研，通过水质监测、拍摄记录等形式实地考察河流环境情况，通过走访当地居民，深入了解其对水

质情况的看法，调研报告完成后，会同相关部门进行沟通交流。

“水足迹”项目自2004年开展以来，吸引了上千名来自环境相关专业及致力于环保工作的志愿者们的参与，也曾多次与各大高校的环保社团进行合作。目前已经走访河流几十条，公园水系若干，并多次组织乐水行活动。近年来，社团暑期实践活动主要围绕水环境问题展开。从2012年《北京朝阳区河流及水系的历史变迁调研》，到2014年《密云水库周边居民及景区游客行为方式对水质影响情况调研》、2015年《密云水库上游白河及附近水域水质情况调研》，再到2016年《清河水系历史变迁及水质情况调研》、2017年《密云水库水域水质情况监测及河流生态观测》都取得优秀的实践成果。暑期实践作为绿手指的又一个大型水项目，曾数次得到多个环保NGO组织的资金支持，并与其建立了长期的合作关系。

走水活动包括搜集河流资料、实地河流生态考察、采集并检测水样、问卷调查及采访、整理调查数据、撰写走水总结六个部分。活动通过检测、拍摄、发放问卷、访谈等多种形式，从多角度了解水质、沿河污染点、河流周边自然环境和河流周边人居状况。在水样检测方面，采用现场快速检测和后期实验室精准测定相结合的方式，以提高检测的精准度。了解当地水质变化情况、曝光非法排污口、监督促进企业完善排污系统，就调研过程中所发现的问题进行讨论并提出自己的见解。帮助相关部门了解居民意识的同时，使市民进一步了解身边的河流状况，增强市民的水环境保护意识。

活动过程中，成员们提升了专业兴趣、增强了专业知识，动手能力、人际交往能及团队协作能力也得到了很好的锻炼。这些活动使社团成员对身边的环境有了更深刻的了解，更加认识到保护环境迫在眉睫。“绿手指”一直秉承健康环保的理念：因为绿色，才有生命；为了生命，守护绿色！希望有一天大家手指所指之处，都是充满生机的绿色。

第七章　生态文明教育进社区

——绿色社区遍地开花

当前，我国绿色社区建设正经历着由被动应对环境问题到主动寻求可持续发展的绿色变革，绿色社区建设不仅是有效的污染防治措施，健康的人居环境、和谐的生态文化氛围建设，更是一种观念架构，一种模式构建和文化变革。在面向以生态文明为主导思想的21世纪，城乡发展必然要研究社区建设问题，发展绿色社区、生态社区是城乡走向生态文明的深层体现。居住社区建设，应建立生态居住社区的概念，即绿色社区。习近平同志在十九大报告中指出："加快生态文明体制改革，建设美丽中国。我们要建设的现代化是人与自然和谐共生的现代化，既要创造更多物质财富和精神财富以满足人民日益增长的美好生活需要，也要提供更多优质生态产品以满足人民日益增长的优美生态环境需要。必须坚持节约优先、保护优先、自然恢复为主的方针，形成节约资源和保护环境的空间格局、产业结构、生产方式、生活方式，还自然以宁静、和谐、美丽。"绿色社区应成为建设生态文明城市、美丽乡村，构建和谐社会的有力保障。

第一节　绿色社区及其目标

一、绿色社区发展的背景分析

（一）环境教育发展的需要

环境教育是全民性的教育，环境教育的领域应覆盖到全体公民。《贝尔格莱德宪章——环境教育的全球框架》指出："环境教育的目的，是使全世界的人们了解与关注和环境相关联的问题，并使之具有知识、技能、态度、动机并能够承担责任，以为解决当前已有的问题和预防产生新的问题而进行单独的和集体的工作。"在我国，随着环境教育理论的不断深入，环境教育的实践得到了快速发展。

国际环境教育与中国环境教育都积极倡导公众的参与，把提高公众参与程度作为提高环境教育目标的一个重要手段和途径，绿色社区建设正是伴随着环境教育发展需要而诞生的。绿色社区建设有助于促进政府、环保社团、家庭和公众之间的互动，凝聚各种力量形成合力，最终更有效地推进环境教育向前发展。

（二）城市发展的需要

不论是国内还是国外，不论是城市化程度较高的发达国家还是正在推进城市化的发展中国家，伴随着城市化进程，人口向城市的转移，城市环境污染问题越来越严重，甚至在有些地方成了制约城市发展的主要因素。如何有效解决城市发展与保护城市环境，维护生态平衡是人们关注和思考的一个焦点。在这样的背景下，建设绿色社区成为人们保护环境和实施可持续发展战略的一种重要而有效的形式。

20 世纪 90 年代以来，我国进行了大规模的城市规划和住宅建设，在加快城市现代化的同时，也改善城市居民住房条件。但随着城市老龄化、家庭小型化、住房私有化、生活现代化进程的加快，许多问题要依赖于居住地域服务团体、社区组织、物业管理公司等基层单位解决。一些城市管理部门纷纷提出要加强"居住社区建设"的问题，推出了"绿色社区""社区文化""生态社区"等一系列概念，城市规划部门也提出"生态住宅""城市居住社区生态规划"等相关措施。作为城市基本单元的居住社区建设，顺应当今世界可持续发展的基本战略，依据生态学原理和可持续发展理论进行规划建设的"绿色社区"无疑是提高人居环境质量，促进社会可持续发展的重要体现。

（三）乡村振兴战略的新要求

"绿水青山就是金山银山"是习近平同志任浙江省委书记时期于 2005 年

8月在浙江湖州安吉考察时提出的科学论断。2015年4月25日，中共中央国务院《关于加快推进生态文明建设的意见》颁布，强调要“加快美丽乡村建设”“推进绿色城镇化”。2016年中央1号文件也特别强调要“促进农村绿色发展、建设宜居美丽乡村”。2017年党的十九大报告中首次提出乡村振兴战略①，坚定走生产发展、生活富裕、生态良好的文明发展道路，建设美丽中国，为人民创造良好生产生活环境，为全球生态安全做出贡献。随后中央农村工作会议提出，实施乡村振兴战略，要按照产业兴旺、生态宜居、乡风文明、治理有效、生活富裕的总要求。习近平同志在十九大报告中指出，坚持人与自然和谐共生，必须树立和践行绿水青山就是金山银山的理念，坚持节约资源和保护环境的基本国策。

为实现村乡生态良好的要求，需要加快生态文明体制改革，建设美丽中国。生态文明建设功在当代利在千秋，需要统筹城乡协调发展，绿色社区概念延伸到乡村生态文明建设中与当下的美丽乡村建设不谋而合。因此，绿色社区发展也是顺应了时代要求，贯彻落实党和国家的精神。

二、绿色社区的概念

国际上将生态学的理论用于人类社区的建设是20世纪70年代②。90年代中期“绿色社区”这一概念在我国出现。在步入2000年以后，它逐渐成了一个时髦的术语。由于绿色社区深刻地反映时代要求的内涵，在理论界、主管部门、房地产商高度重视下，如今已成为具有时代特色的大众化名词。在绿色社区概念的提出和发展过程中，“社区”概念紧密地与其联系在一起。

（一）社区

“社区”概念最早源于拉丁语，本意是共有与互助的关系。德国社会学家滕尼斯（Frdinand Tonneies，1859—1936）在19世纪末提出社区概念主要是基于社会学研究的视角，他首先将社区作为一个社会学的范畴来研究，并

---

① 刘彦随：《中国新时代城乡融合与乡村振兴》，载《地理学报》，2018年第4期。

② ［希腊］道萨迪亚斯：《生态学与人类聚居学》，中国建筑工业出版社2002年版，第206页。

认为是富有人情味，有共同价值观点、关系亲密的聚居于某一区域的社会共同体。[①]《社会学词典》（1974 年版）认为，社区一词在社会学上的主要用法是指空间或领域的社会组织单位，其次是指一定地域内具有心理凝聚力或感情归属的人群集合。《中国大百科全书》中对社区（Community）的解释为：通常指以一定地理区域为基础的社会群体。现在一般认为，社区是居住在一定地域空间，具有共同关系、社会互助及服务体系的人口为主体的人类生活共同体，它是伴随城市的发展逐渐形成的。社区不再是抽象的社会学名词，已成为具有明确地域，以居住为中心的生活、经济和公共活动的环境整体，社区的概念和理论已逐步被应用到城市规划设计及生态文明教育等相关领域之中。如今，生态文明教育不仅进入城市居住社区，也辐射到了乡村居住社区，这也是本章讨论的范围。

（二）绿色社区

目前，国际上对“绿色社区”尚无明确、统一的定义，甚至不同国家和地区对其称谓也不尽相同，在我国以称“生态社区”“绿色社区”“生态住区”居多，而在欧美国家以称“可持续社区”“健康社区”“可居性社区”“生态村”等较为普遍。不论它们以何种称谓出现，都可以说是“可持续发展”思想在社区层面上的具体体现，与之对应的有生态住宅、绿色社区、生态建筑等概念。

绿色社区的基本含义可以理解为：绿色社区（green community），在国外也有称之为生态社区（Ecological Community）、可持续社区（Sustainable Community）或健康社区（Health Community）。它是在社区概念基础上，以生态性能为主旨，以整体的环境观来组合相关的建设和管理要素，建设成为具有现代化环境水准和生活水准，可持续发展的人类居住地。[②] 相对于传统社区，绿色社区涉及的领域更加广阔，关注的层面更为深入，它不仅考虑本社区人们的利益，也兼顾更大区域范围内人们的利益，不仅重视当代人的利益，也考虑子孙后代的利益。很明显，绿色社区实践所面临的问题更加复杂，传统

---

① 王彦辉：《国外居住社区理论与实践的发展及其启示》，载《华中建筑》，2004 年 22 卷第 4 期。

② 王祥荣：《生态与环境——城市可持续发展与生态环境调控新论》，东南大学出版社 2000 年版，第 34 页。

的方法将难以应对，而需要着眼于一种更为整体、系统的策略。

绿色社区包括“软”和“硬”两个层面的标准。从“硬”的层面：2001 年建设部颁布了《绿色生态住宅小区建设要点与技术导则（试行）》；2003 年全国工商联住宅产业商会、建设部颁布了《中国生态住宅技术评估手册》从能源、水、气、声、光、热、绿化、废气物管理与处理、绿色建筑材料系统等方面系统地提出和阐述了“绿色社区”的技术标准；2007 年住建部出台了《绿色建筑评价技术细则（试行）》；2012 年财政部、住建部联合下发《关于加快推动我国绿色建筑发展的实施意见》，等等。这些政策和标准的出台使我国的绿色社区建设走上了有章可循的发展轨道。从“软”的层面：绿色社区倡导“人与自然和谐共生”的思想，寻求整合环境、社会和经济三方面因素的社区可持续发展之路；促进社区可持续发展需要各方面、各阶层的广泛参与，并着眼于社区实际，采取长期而整体的建设策略。

国家环境保护总局于 2004 年制定了《全国“绿色社区”创建指南（试行）》。绿色社区的主要标志是：“有健全的环境管理和监督体系；有完备的垃圾分类回收系统；有节水、节能和生活污水资源化举措；有一定的环境文化氛围；社区环境要安宁，清洁优美。”①

纵观当今绿色社区的实践，虽然在绿色社区的概念上诠释存在差异，但总体仍然具有共同之处。当前，我国在城市住宅建设中遵循可持续发展战略，开展了以营造舒适、健康、高效、美观的居住环境为宗旨，体现以人为本的设计理念，寻求自然、建筑和人三者之间和谐统一的生态居住社区建设。随着我国可持续发展战略进程的深入，相信会有更多的“绿色社区”“生态住区”加入生态实践的行列。

三、绿色社区建设的目标

（一）实现人—社会—自然的和谐

1971 年，联合国教科文组织发起了“人与生物圈计划”，苏联城市生态

---

① 国家环境保护总局宣传教育司：《环境宣传教育文件汇编（2001—2005）》，中国环境科学出版社 2006 年版，第 300 页。

学家亚尼科斯基（O. Yanitsky）提出了“生态城市（Ecopolis）”概念，提出建立社会、经济、环境协调发展，物质、能量、信息高效利用，生态良性循环的人类社区。城市规划生态学认为“城市绿色社区必须既是一个生物体系，又是一个能供养人和自然的环境，是人在生物圈中的理想社区，在绿色社区中，社会和生态过程以尽可能完善的方式得到协调”[①]。在这里，自然环境、城市社区与居民融为一个有机整体，形成互惠共生结构。绿色社区的发展目标应是实现人—社会—自然的和谐，绿色社区不仅仅是一个用自然植物点缀的人居环境，而且还是一个关心人、陶冶人、尊重自然、尊重生物多样性的聚集地。与之相适应的，绿色社区必须把有助于发展循环经济作为一个重要目标，所有的物质和能源能在不断进行的经济循环中得到合理和持久的利用，把经济活动对自然环境的影响降低到尽可能小的程度，从根本上消解长期以来环境与发展之间的尖锐冲突。

（二）提高公民的环境意识

《中国21世纪议程》提出：“人类居住区发展的目标是通过政府部门和立法机构制定并实施促进居住区持续发展的政策法规、发展战略、规划和行动计划，动员所有的社会团体和全体民众积极参与，建设成规划布局合理、配套设备齐全、有利于工作、方便生活、住区环境清洁、优美、安静、居住条件舒适的人类住区。在人类文明的新时期，人类应站在可持续发展的高度，正确平衡人对自然的权利和义务。”按照这一目标和要求，中国的城市化目前整体还处于低层次运作。绿色社区建设旨在唤起公众环境意识，使社区的每一个居民都认识到解决环境问题的重要性和紧迫性，通过建设绿色社区全面实施以“学校—家庭—社区环境教育”为空间维度的生态文明教育体系，并渗透到自然、社会、经济、政治、技术、伦理、道德、审美、精神和文化等各个方面。

（三）成为倡导生态文明的阵地

绿色社区建设要创导一种新的文化观念、新的价值定位、新的精神追求、新的行为准则和生活模式。其根本目标在于提高公众的绿色意识，并内

---

① 叶青、赵强、宋昆：《中外绿色社区评价体系比较研究》，载《城市问题》，2014年总第4期。

化为公众的绿色行动，共同创造中华民族的生态文明，建立一种全新的“绿色观念—绿色模式—绿色精神—绿色文化体系”。创建绿色社区应“倡导符合绿色文明的生活习惯、消费观念和环境价值观念”[①]。“加大农村环境宣传教育力度，扎实开展‘环保重视下乡’活动，深化生态文明村创建工作，传播生态文明理念，引导农民自觉保护生态环境，转变生产与生活方式，提高生活质量”[②]。

第二节　绿色社区的本质及主要特征

绿色社区是建立在生态居住社区基础上的形式体现，包含多方面内容，诸如居住区生态规划设计、建材绿色环保、能源洁净节约、管理智能人性、垃圾资源循环、社区生态文明等。为了更好地促进生态居住社区建设健康发展，开展与其相关社区生态建设、建筑技术规范、社区环境设计的研究需要一个共同的切入点，绿色社区把与城市居住社区建设相关问题凝聚起来，综合社会学、城市规划学、生态学、建筑学、社区管理、物业管理等多学科交叉问题就显得尤为重要。

一、绿色社区建设的本质

从生态系统的角度考察绿色社区，可将其看成是人类在自然环境基础上建设发展的一种以人为核心的人工生态系统。它不仅包含自然生态系统的各组成要素，还包含围绕人类而产生的社会经济系统各要素。绿色社区应该是自然环境条件与社会、经济、文化等人工环境条件相互协调融合，以生态可持续发展作为理论基础规划出的适宜人们生活的社区，绿色社区建设的本质

---

① 国家环境保护总局宣传教育司：《2001—2005 年全国环境宣传教育工作纲要》，中国环境科学出版社 2006 年版，第 300 页。

② 环境保护部宣传教育司：《全国环境宣传教育工作纲要（2011—2015）》，中国环境出版社 2016 年版，第 61 页。

应包括绿色社区物质生态层的建设和精神生态层的建设。[1]

（一）物质生态层的建设

绿色社区是以周围物质环境为依托而存在的，社区物质生态层的建设是指区域生态层和社区自身生态层的建设。

1. 区域生态层

区域生态层主要由气、水、声三要素构成。区域的空气质量、给水清洁程度、污水处理能力以及噪声的治理对社区生态有明显的影响，它依赖于城市社会经济的发展水平和对区域环境的治理。

2. 社区自身生态层

社区自身生态层的形成和完善可以通过提高社区的自然度得以实现，即通过提高绿地率、土地洁净程度、人均绿地面积、单位面积绿量、绿地分布密度指标来实现。在社区自身生态层中，绿化是其核心，突出社区绿化系统即按照不同规模、不同类型的社区自然条件，使绿色植物依附于地面、亭台、墙面、屋顶、阳台及各种建筑设施上的立体绿化所构成的有机体系，来改善社区生态条件，为业主提供游憩、休闲的境地，同时也可作为城市绿地系统的重要组成部分。绿色社区物质生态层的建设为建立城市社区生态系统良性的物质循环、能量流动打下坚实的物质基础。城市绿色社区的标志之一是居住社区总体环境的和谐营运，居住社区环境效率的提高，由社区选址、布局、工程设计以及管理等各个环节来实现，同时反映在资源利用、合理使用能源、建设效率、生活效率、社区物业管理和环境管理等方面。

在美丽乡村建设中，生态环境保护是必须坚持的底线。习近平总书记讲过："要看得见山，望得见水，记得住乡愁。"[2] 着力建设优美的生态环境，是美丽乡村建设的前提。可以说，现阶段的新农村建设提升为美丽乡村建设，就是意在突出农村生态环境建设的重要地位。总体上看，当前农村大都处于山水之中，具有田园风光和优美的生态环境条件，但也要看到，随着经济的快速发展和环境保护的一度被忽视，农村的土壤污染、生活污染、工业

---

① 宁艳杰、蒋盛兰、王巍：《基于广义虚拟经济视角的生态社区居民环境心理需求研究》，载《广义虚拟经济研究》，2018 年第 9 期。

② 张军：《乡村价值定位与乡村振兴》，载《中国农村经济》，2018 年第 1 期

污染等不同程度的存在，必须引起充分重视和治理，通过生态环保观念的引入、垃圾分类、污水处理等现代化设备设施的引进，唤起人民的绿色观念，实现产业兴旺、生态宜居、乡风文明、治理有效、生活富裕的总要求。山清水秀，环境宜人，良好的生态环境不仅利于村民生产生活，更为良性的可持续发展提供后劲与动力。

（二）精神生态层建设

绿色社区的建设和发展有赖于社会、经济、文化等意识领域的发展和促进，在人类社会发展中精神领域的推动作用不容忽视。城市社区精神生态层的建设包括社区生态文化建设和社会生态关系建设两个方面。

1. 绿色社区生态文化建设

“生态文化是反映人与自然、社会与自然以及人与社会之间和谐相处，共同发展的一种社会文化，是物质文明与精神文明在自然与社会生态关系上的具体表现，是21世纪绿色社区建设所倡导的社会文化进步的产物。”[①] 社区生态文化的构建取决于社会生产力发展、生产方式进步、社区内生活方式变革。社区管理方式的更新具有鲜明的时代性、广泛的群众性、强烈的科学性。社区生态文化需要社区服务与管理者用生态建设的科学知识感召、引导、激励群众积极投身生态建设，发挥他们的主动性、创造性，营造出社区生态建设的文化氛围，并使之成为社区生态文化前进的动力和源泉。

“美丽乡村”建设就是要用生态文明理念来引导农村经济发展方式的转变，构建与农村人口资源环境相协调的生产生活方式，打造“生态宜居、生产高效、生活美好、人文和谐”的示范典型，创建“天蓝、地绿、水静，安居、乐业、增收”的新农村景象[②]，为新农村建设带来新思路、新方法和新理念。

2. 绿色社区社会生态关系

社会生态关系是人类对所处环境的一种社会生态适应，但对绿色社区而言，社会生态关系是发生在绿色社区内的，在规划建设管理绿色社区时应考虑人与自然之间的生态关系、人与人之间的社会关系（包括人与人之间的互

---

① 廖福霖：《生态文明建设理论与实践》，中国林业出版社2001年版，第112页。

② 于洋：《“美丽乡村”视角下农村生态文明建设》，载《农村经济》，2015年第4期。

相影响和相互关系、人们相互之间的交往过程和形式、社区内和各种社会组织的类型及其作用方式以及在一定的社会网络下的人类行为的基本特征和模式等。）在一定时空内的交叉和叠加。[1] 它包括绿色社区内的密度关系、竞争关系和共生关系。保持绿色社区合适的密度，建立舒适的社区密度关系是影响社区整体生态环境质量的高低、社区与城市以及城市外部区域关系和谐的充分条件。融洽的社区社会生态竞争关系使社区中人与人之间的关系处于互动、互相促进的状态，整个社区将会生机勃勃，社区人类种群呈现出丰富的多样性和异质性。城市社区内，人与人之间具有共生关系，和谐的人际关系是绿色社区中人类共生与协作的基础，可以缓解城市生活压力下的紧张心理，这也是绿色社区社会生态关系存在和发展的内在基础。建立良好的社区精神生态层是绿色社区建设的意识形态保障，社区生态文明建设需要物质文明与精神文明两方面的协调发展。

在城市以外的乡村，“美丽乡村”应该是“生态宜居、生产高效、生活美好、人文和谐”的典范，是让农村人乐享其中、让城市人心驰神往的所在。乡村精神生态层能通过原有的交往和组织形式，进一步推进各项生态文明建设和美丽乡村相关工作的开展，在发展绿色经济的同时不以破坏生态环境为代价，促进人与自然和谐发展。

二、绿色社区的主要特征

经过近年来的探讨和发展，绿色社区正在成为 21 世纪人类居住环境改善与发展的方向。世界一些经济较发达的国家都在探索适宜本国和本民族特点并具有可持续发展能力的居住环境，我国虽然地大物博，但人口众多，经济发达且较适宜人们居住的地区人口密度很大，根据我国的实际，如何充分利用自然资源，尽可能地恢复自然系统的生态功能，在现有的条件下使人们居住的健康性、舒适性和可持续性趋于合理，形成了当前城市绿色社区建设的主要特征。

绿色社区的主要特征表现为社区中人与环境在空间上的相互关系。社区

---

① 沈清基、石岩：《生态住区社会生态关系思考》，载《城市规划汇刊》，2003 年第 3 期。

环境的核心是“人”，社区环境的研究以满足“人类居住”需要为目的。大自然是社区环境的基础，社区环境是人类与自然之间发生联系和作用的中介，社区环境建设本身就是人与自然相联系和作用的一种形式，理想的社区环境是人与自然的和谐统一，如古语所云“天人合一”。社区环境内容复杂，为努力创造宜人的居住地，人在社区中可进行各种各样的社会活动，形成更大规模、更为复杂的支撑网络，可将社区环境划分五大系统。①

（一）自然系统

自然指气候、土地、水、植物、动物、地理、地形、土地利用等资源，整体自然环境，是人类聚居产生并发挥其功能的基础。自然资源特别是不可再生资源具有不可替代性，自然环境与人类社区有着密不可分的联系，自然环境保护与社区环境建设，土地利用变迁与人居环境的关系等都体现了自然系统与社区环境相互依托的关系。自然风景是一种生态资源，包括荒野地区对人类的生存也是必不可少的，我们的审美观念不能只停留在一些风景名胜的地貌上，而应该同等地对待大地的每一个角落，必须强调绿色空间不仅是为了游憩和观赏，更重要的是为了保护正在被破坏和失去的绿色空间，作为自然一贯赖以生存的生态环境。

（二）人类系统

人类是自然界的改造者，也是人类社会的创造者，人们对物质的需求与人的生理、心理、行为等有关需要，构成社区环境中的交流。人作为生活、历史活动的主体，具有人本主义心理学家马斯洛指出的一系列基本需要。生理需要：包括对食物、水、氧气、睡眠以及特殊的心理需要；安全需要：包括生理上的安全与心理上的安全需要；归属与爱的需要：被集体所接受，能感受到爱；尊重需要：自尊与被别人尊重；自我实现的需要：自我的发展与完善，个人潜力的发挥。人类从生理到心理上的需要是连续波浪式的演进过程。在绿色社区中，具有不同需要的人们生活在一个空间里，为了实现共同的绿色目标表现出来的相互之间的关系构成了人类系统。

（三）社会系统

社会是人们在相互交往和共同活动过程中形成的相互关系，社区环境社

---

① 参见宁艳杰：《物业环境管理》，中国林业出版社2013年版。

会系统主要指社区事务管理、社区服务以及不同家庭、不同年龄、不同阶层直至居民和外来者之间的种种关系。社区环境建设应强调人的价值和社会公平，社区服务与管理应重视关心人和人们的活动，包括学校、医疗、社会治安、社会交往等，这也是社区环境管理的最终归属。

（四）居住系统

居住是人类生存、发展的必要条件，是社会文明进步的主要标志。社区的居住系统主要指住宅、社区设施等人类、社会系统等需要利用的居住实用商品，也是促进社会发展的一种强有力的工具。社区环境研究的一个战略问题就是如何安排共同空地（即公共空间）和所有其他非建筑物及类似用途的空间，以保持与居住空间的和谐。

（五）支撑系统

支撑系统指人类社区的基础设施，包括自来水、能源和污水处理、交通系统、通信系统、计算机信息系统和物质环境规划等。支撑系统为人类活动提供支持，并为社区所有人工和自然系统建立联系、技术支持和保障，是社区环境各个部分联系的桥梁。

上述五大系统中“自然系统”与“人类系统”是两个基本系统，“社会系统”“居住系统”与“支撑系统”则是人工创造与建设的结果。在人与自然的关系中，和谐与矛盾共生，人类必须面对现实，与自然和平共处，保护和利用自然，妥善解决矛盾，五个系统都面临持续发展的问题。

三、绿色社区建设的功能定位①

（一）建设绿色社区体现人文关怀

建设绿色社区就是要以人为本、不断改善环境质量、满足公众对美好人居环境的追求，实现人与自然最大限度的和谐。在倡导“以人为本”、呼唤“生态文明”的同时，绿色社区建设应该强调人与自然的和谐协调关系，关照和呼应城市各社区之间的协调发展关系，修正人类的思维、意识和态度，

---

① 参见李久生、谢志仁：《略论中国绿色社区建设》，载《环境科学技术》，2003 年第 6 期。

规范人类行为，从时间和空间两个维度实现人文关怀，使发展真正为了整个人类自身的生存和发展，这也是深层意义上“以人为本”的发展理念。

（二）建设绿色社区有助于保护环境建设

绿色社区作为人类生存与发展的基地能合理高效地利用物质能源与信息，提高居民生活质量的环境水准，充分适应社会再发展需要，更好地促进环境保护。

社区居民的环境意识和环境行为是衡量城市文明建设的重要标志，也是城市文明程度的具体体现，建设绿色社区是我国城市化进程中推进城市环保工作、提升环保整体水平的重要内涵和有效途径。目前，我国城市化进程中的城市道路和交通拥挤问题、大气污染问题还没有得到根本解决，与人们对美好生活的向往还有很大的差距。加强绿色社区环境建设，在提升社区环境品质的同时，唤起公众环境意识，强化社区居民对环境问题的重视，也通过建设绿色社区全面提升城市综合功能和城市价值。

（三）建设绿色社区有效促进环境教育

环境教育体系有三个层面：一是“幼儿—小学—中学—大学—终身环境教育”，是时间维度的环境教育体系，贯穿每个人的一生；二是“学校—家庭—社区环境教育”，是空间维度的环境教育体系，涉及每个人的生活和工作环节；三是“正规—非正规环境教育”，是形式维度的环境教育体系，渗透于教育和培训的各个领域。建设绿色社区是落实空间维度的环境教育从而实施全民环境教育的一个重要环节，是全民环境教育体系中的有机组成部分。

（四）建设绿色社区有助于推动公民参与建设

绿色社区可以提高公民参与环境保护的意识和养成绿色行为方式，绿色社区建设是开放的，社区可以凝聚各种力量：政府的、企业的、社团的、家庭的、个人的一起参与绿色社区的建设。我国从 21 世纪初开始进行了全国绿色社区创建活动，从创建活动取得的效果来看，创建活动大大激发了社区居民主动参与绿色社区建设的积极性，公民参与意识大大提高。正如时任国家环境保护总局局长解振华在 2005 年全国绿色创建活动表彰大会上总结的，“绿色社区创建活动增强了广大市民对环境意识和环境道德观念，提高了社区居民保护环境的自觉性和积极性，改善了社会环境，并带动了社区环境规划与建设，为城市环境保护与经济社会的可持续发展做出了贡献。”[①]

（五）建设绿色社区有助于推动乡村振兴计划

农村绿色社区建设是农村全面建成小康社会的重要工作，美丽乡村建设是构建城乡发展一体化的基本要求，对农村经济的发展起到推动作用，有助于改善农村人居环境和农村经济社会的可持续发展。[②] 其实质是促进能源资源节约和生态环境保护的发展方式在农村确立，在农村建设环境友好型和资源节约型社会，推进绿色社区的发展，建设有利于推动调整农村的经济结构，有助于加快转型升级农村的经济利益，还有利于提升农村人居环境和农民生活质量，促进人们转变生产方式和消费方式，有利于节约集约利用农村社区的各类资源要素，从而协调人口与资源环境之间的承载能力，推动农村经济的可持续化发展。

第三节　创建绿色社区

绿色社区是建立在城市社会—经济—自然复合生态系统基础上的复杂的城市构成单元，是以人、建筑、自然和社区管理之间关系为链接的自然与人工密切结合的生态系统；绿色社区关系到城市生态系统结构和功能的正常发挥，是实现城市可持续发展的有力保障。

一、绿色社区构建体系

绿色社区作为一个相对复杂的城市生态系统单元，其功能不应仅停留在解决“居住”的问题上，应为居民提供清洁、舒适、自然的宜人的生活环境。一方面，社区规划要与城市规划建设和布局相协调。另一方面，最少量

① 国家环境保护总局宣传教育司：《环境宣传教育文件汇编（2001—2005）》，中国环境科学出版社2006年版，第77页。

② 侯志阳：《新媒体赋权与农村绿色社区建设》，载《学术研究》，2016年第4期。

地给社区周边自然环境及城市环境施加压力，应成为居民与社区自然环境、人工环境和谐共存，居民之间沟通顺畅，能持续稳定发展的城市功能区。要达到这样的目标，需要我们运用生态学、社会学、规划学、管理学等相关原理指导城市社区规划和生态建设。

绿色社区规划建设运用生态学及相关学科知识融合原理，采用“融贯的综合研究”方法，以城市居社区规划为基础，并具有相关专业要求。相关技术领域涉及城市社区规划、社区环境设计、建筑设计、住宅学、社会经济学、物业管理、文化、历史、园林、市政工程、道路交通、环境工程、信息技术、节能技术与城市防灾等。构建绿色社区体系研究框架如下：

绿色社区构建体系：

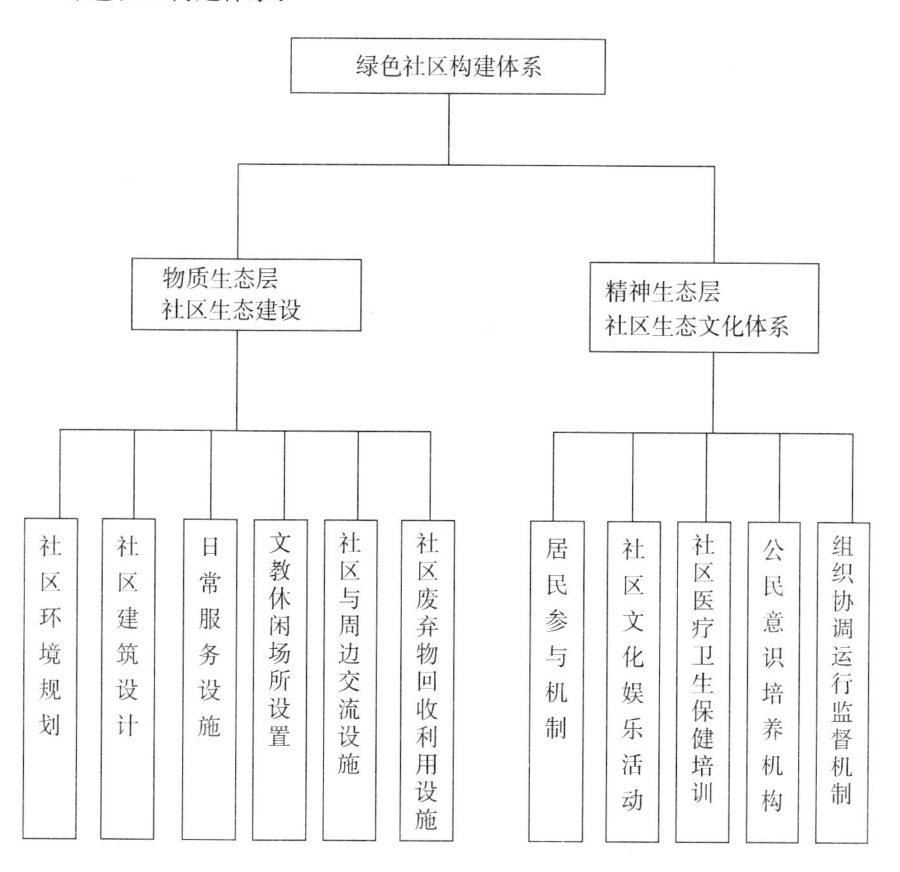

绿色社区从结构上由 6 大功能区域组成，包括住宅建筑区、生态绿化

区、文教休闲区、综合服务区、市政公用设施和道路交通区[①]，它们构成互相交融的有机整体。

绿色社区的功能分区

区域	内容、设施
住宅建筑	各类住宅（群）、宅路、庭院与基层公建等
生态绿化	组团绿地、小游园、社区公园、生态绿带等
文教休闲	法定学校、幼托、社区学院、老年大学、职校、科技文化馆、图书馆、健身康复俱乐部、医院诊所、体育场所、影视娱乐中心等
综合服务	社区管理、营利性公建（金融贸易、超市、餐饮）．信息服务业、社区工业等
市政公用设施	市政工程施工养护段、能源中心（变电站、燃气、供热制冷）、封闭式垃圾站、污水厂站、邮电所、信息处理工作站、消防站、救灾中心等
道路交通	社区道路、停车场库、交通平台广场、出租汽车站、巴士换乘站、地铁站等

绿色社区公共服务交流平台包括基层、小区和综合社区三级公共服务设施，涉及居民生活各个领域，是社区行政、经济、文化中心和交通枢纽。

绿色社区公共服务交流平台

层次	内容、设施
基层	居委会、便利店、老人活动站、儿童游戏场
小区	九年制学校、幼托、敬老院、文化站、商业中心等

① 宁艳杰：《城市生态住区基本理论构建及评价指标体系研究》，北京林业大学学位论文，2006年。

续表

层次		内容、设施
综合社区	管理服务中心	社区行政，工商、市场、市政管理、环保控制中心、物业公司、警署等
	科技文化中心	科技馆、文化馆、图书馆、影视中心、有线电视等
	综合经济中心	银行、保险公司、百货公司、综合商社、集贸市场、超市、旅馆、酒店、中西药房、书店、修理业、社区轻工业等
	体育健身中心	多功能体育场馆、游泳池、健身俱乐部等
	社区服务中心	就业指导站、人才交易市场、家政服务工作站、公共洗衣房、老年活动中心、公共咨询服务站等
	其他	医疗保健中心、教育培训设施、市政交通公用服务等

二、绿色社区建设特色

绿色社区建设与传统住宅区建设相比，在满足居民基本活动需求的同时，更加注重“人”的生活质量和素质的提高，强调社区的综合功能开发与协调。

绿色社区建设与规划必须遵循社会、经济、环境、资源可持续利用的准则，以大都市总体规划为框架，突破单一的住宅区功能观，强调以人为本与环境的和谐，着重对社区的规模、功能布局、整体环境、公共服务中心体系与生态环保、交通组织、市政系统等进行综合考虑，运用规划技术手段处理好各功能区域之间的关系，形成以居住为主的多功能综合性、布局规模合理、设施先进完善、交通便捷、环境优美、管理智能并具有地方特色的城市社区。

“城市可持续发展”可理解为：既满足当代城市人居需要，又不对后代人满足其城市发展需要的能力构成危害，要充分体现在资源的开发利用方面及环境保护方面“代际公平”的原则。美国学者莱斯特·R. 布朗教授将可持续发展的理念与生态概念联系起来，提出“持续发展是一种具有经济含义的生态概念……一个持续社会的经济和社会体制的结构应是自然资源和生命系统能够持续维持的结构”①。要保持城市可持续的发展，必须建立起一个社会与自然生态系统和谐共生的生态社会，最终创造一个与自然协调的生态社会，绿色社区是城市可持续发展的必然选择。

（一）绿色社区是构建和谐社会的基石——北京市朝阳区三源里社区打造绿色社区

北京市朝阳区左家庄街道三源里社区位于三元桥西南侧，社区面积0.45平方公里，居民楼47栋，4511户，常住人口11466人，其中流动人口3000余人。社区内夏园秋园两座街心公园总面积15000余平方米，社区环境优美，治安秩序稳定，居民生活便利。

在创建绿色社区过程中，三源里社区经过不懈努力、不断尝试创新，始终将创建绿色社区作为社区工作的重心。

1. 树立绿色理念，抓领导监督

一是组织领导到位。三源里社区以社区党委为核心，在紧紧围绕加强城市管理，促进科学发展这一中心工作中，按照街道工委办事处提出的总体部署，紧密联系工作实际，努力加强党的建设，坚持把绿色社区工作纳入的重要议事日程，带领社区党员开展志愿者认岗活动，150名党员认领23类180个岗位，发挥了先锋模范作用，社区党委多次被评为区街道系统先进基层党组织。

二是工作保障到位。三源里社区于2009年6月成立三源里社区服务站，服务站设专职工作人员七名，协管员七名。社区服务站成立以来，作为北京市社区服务站标准化建设示范单位，在街道办事处和社区党委的领导下，积极探索社区服务站的服务功能。“依法、公开、高效、便民”为原则，制定了各项工作制度，通过对各种制度的落实，提高为居民服务的水平。努力探索为民办实事的有效途径，拓宽入户走访制度的内涵，社区居委会积极发挥“四自”功能，充分发挥和谐促进员的作用，组织居民共同参与和谐社区建设，先后荣获了首都精神文明先进社区、首都平安示范社区、首都绿色社区等荣誉。

---

① 沈平：《可持续发展原则与生态社区》，载《重庆交通大学学报》，2004年第1期。

2. 弘扬绿色文化，抓宣传发动①

环境宣传教育是帮助社区居民树立绿色理念、弘扬绿色文化的重要手段，对发动社区居民共同参与环保工作起着先导、基础、推进和监督作用。

一是环境宣传形式多。为了进一步完善生活垃圾分类投放、分类收集、分类运输和分类处理体系，实现生活垃圾管理“物流体系规范、分类作业系统、保障设施多样、组织管理体系健全”的系统目标，三源里社区与北京万顺保洁有限责任公司合作，提出了精细化、市场化、多样化的“三化”垃圾分类服务目标，提升社区的整体环境。整合了现有资源，与城市科学院、清华大学互联网团队进行科研探讨，进而搭建起“E 分类”公众号，希望通过公众号中的各个模块实现对社区环境的监督功能、垃圾分类宣传功能、再生资源有效回收功能、有害垃圾有效投放功能等，有效地对生活垃圾进行量化、资源化、无害化处理。

二是环境宣传活动多。三源里社区多次开展形式多样的绿色宣传活动，增强居民的环保意识，如在社区内设立“E 回收服务站”，全方位地为社区居民进行再生资源处理工作，做到了回收资源不落地、减少社区环境二次污染，避免火灾事故隐患，从整体上促进了社区环境提升。在 2018 年 5 月 29 日创建国家卫生区、打造“绿色社区，健康生活——提高环境意识共建美好家园”活动现场，三源里社区居民们关注 E 分类公众号，即可获得 50 积分，用废旧水瓶或易拉罐 10 个可置换抓娃娃机机会一次，用废弃纸箱报纸一打或五本废旧书本读物可换磨刀器一个；三件废旧衣服可换沥水架一个；废旧自行车置换购物车一个等。

三是环境志愿者队伍多。三源里社区自 2003 年起开展了创建“人生全程关爱学习型社区”活动，以“关心、参与、享有、和谐”为宗旨，把工作的立足点放在为社区单位和居民服务上。特别是从 2005 年开始推进社区公共服务组织体系建设，重点打造十大服务平台，为社区居民提供全方位的政务事务服务。在社区建起“15 分钟生活圈”，使居民不出社区即可享受到生活必需的服务，了解绿色社区、环保生活相关知识。

---

① 鲍聪颖、高星：《朝阳区三源里社区打造“绿色社区健康生活”》，人民网北京频道，访问时间：2018 年 5 月 29 日。

（二）绿色社区是城市可持续发展的必然选择——以国奥村为例①

北京国奥村项目总占地27.55公顷，总建筑面积50余万平方米，由42栋6层或9层南北向带电梯板楼精装公寓组成，分为ABCD四大组团。社区容积率仅1.5，绿化率高至40%，以180—280平方米的舒适型三、四居为户型主力。国奥村全面贯彻“绿色、科技、人文”三大奥运理念，运用再生水源热泵系统、集中式太阳能热水系统、景观花房生态污水处理系统等数十项领先国际的建筑技术创造出了超越时代的中国当代宜居典范。北京国奥村成为全世界唯一达到代表建筑节能最高水平的美国“LEED－ND”评估体系金级标准的社区，并被评为国家首批可再生能源建筑应用示范项目，共荣获国内外权威机构评定的包括“能源与环境设计先锋金奖”“绿色生态建筑奖”“精瑞住宅科学技术奖”等奖项在内的50多个重要奖项。

1. 北京国奥村的整体规划

国奥村位于纵贯城市南北中轴线的北端，许多古迹和著名建筑坐落在这条中轴线上，如故宫、天坛和奥林匹克公园等。国奥村分为居住区和国际区，位于奥林匹克公园内，北邻森林公园，南接主场馆区，环境优美，交通便利。由于国奥村是严格按照举办奥运会的需要而建设，因此，奥运会结束之后，公寓进行了二期改造，使之适合居民使用。

北京国奥村项目广泛应用节能减排，可持续发展建筑科技，构建绿色低碳、人性化居住典范。国奥村采用了LED建筑发光系统、蓄光自发光导向标识系统、光导管光照明系统、风光互补太阳能路灯系统、景观生态绿化及渗透型地面系统、屋顶绿植系统、绿色建材应用及室内空气质量控制、再生材料使用系统、生活垃圾生物处理系统等。集成应用了可再生能源、中水回用、雨洪利用、绿色建材、建筑节能、室内环境、生态景观、智能家居、数字电视、绿色照明、无障碍设施等绿色建筑的高新技术，追求人文、建筑、环境的和谐统一，达到了绿色住宅的国际先进水平。

（1）再生水热泵冷热源系统

北京国奥村建设的“再生水热泵系统”是利用污水处理再生水，与热泵

---

① 李凌：《由北京国奥村看生态住宅的核心技术和发展趋势》，载《天津建材》，2011年第5期。

机组换热后再注入河道。再生水的温度十分稳定，在15—25摄氏度之间，冬夏两季与自然界的温度差约10—20摄氏度。利用再生水自身蕴含的温度与热泵机组进行间接的热交换，换取能量，然后注入河道，不改变水质，不消耗水量。系统的能耗比为3.26，比常规分体空调节点25%以上。利用城市污水热能的再生水原热泵系统，为奥运村冬季供暖夏季制冷提供保障，能消除建筑群的热岛效应，使项目成为高品质的绿色社区。

（2）集中式太阳能热水系统

太阳能集热管成为花架构件的组成部分，与屋顶花园浑然一体。6000平方米的太阳能热水系统，为奥运会期间14000名运动员提供洗浴热水，奥运会后供应全区2000户居民的生活用水需求。太阳能热水系统的集热传热、换热升温、储热杀菌、热源备份、保温保量等工程规模和技术先进程度都达到了国际先进水平。

（3）景观花房生态污水技术

在国奥村的楼群之间，坐落着用透明阳光板建造的水处理景观花房，把景观绿化花房与污水处理有机地结合起来，利用动植物的食物链建立起一个水体生态平衡系统，生活污水在这个生态系统的流程中，得到过滤和净化。这个由鲜花、绿叶、食菌动物组成的污水处理系统，在运行过程中不需要添加化学药物，不会造成对水体的二次污染。污物在系统内得到生化分解，无需人工清理，即可达到《城市污水再生利用景观环境用水水质标准》，用于景观水体补水。国奥村设置的两个景观花房生态污水处理系统，全年可节约7万吨自来水。

2. 各项配套设施

为构建绿色社区，促进社区和谐发展，北京国奥村充分发挥项目的技术优势，将国际领先的技术运用在配套设备设施中，目前各项配套设施情况如下：

（1）绿色照明

国奥村大量应用太阳能路灯、庭院灯、草坪灯、光导管、LED建筑发光等绿色照明技术，同时注重室内自然采光，照明全部采用节能灯具，同样照度下比普通灯泡节电20%，总体年节约照明用电58万千瓦时。[1]

（2）园林绿化

国奥村建立了完善的绿化体系，采用生物防治技术，防治病虫害，种植节水少水无水物种，中心绿化带，生态走廊贯穿东西，景观设计仿效天然，植被本土化，降噪固土，改善居住环境，绿化率达到40%，并有屋顶花园和垂直绿化，绿色植物覆盖率远高于一般住宅项目规划要求的标准。

（3）微能耗建筑（区内幼儿园）

国奥村微能耗建筑集中运用了20余项新技术，把大自然存在的“热能、冷能、光能、风能、地能”加以利用，特别是冬季自然储冷用于夏季空调技术，制冷不用电，能提供建筑物整个夏季20%的制冷量，全年建筑总能耗为32.5千瓦时，年节约能耗14万千瓦时，是现行节能建筑能耗的三分之一；微能耗建筑就像大树，净化空气，吸收自然的能量，为建筑提供电力、热水、供暖和制冷，展示了建筑与环境的友好和谐，体现了美好生活的可持续发展。

21世纪，人类面临以经济增长为核心向社会全面发展转变，人们更多地关注经济增长过程中的自身发展，重视对个人生活质量的关怀。人们已经意识到技术进步了，经济水平提高了，人们未必都能获得一个较为良好的有人情味的环境，并认识到住区建设不仅仅是建造住宅，更是重要的创造文明。建设良好的文化居住区环境，应为幼儿、青少年、成年人、老年人、残疾者备有多种多样不同需要的室内外生活和游憩空间，发扬以社会和谐为目的的人本主义精神，开展绿色社区管理研究，进行绿色社区建设，发挥广大居民自下而上的创造力，有效增强社区的向心力和亲和力，组建绿色社区协调委员会，促进包括家庭内部，不同家庭之间、不同年龄之间以至整个社区的和谐幸福。

（三）绿色社区是绿色家园的有力保障——河南信阳郝堂村案例[2]

郝堂村位于河南省信阳市平桥区五里店办事处东南部，西边紧邻浉河

---

① 李凌：《由北京国奥村看生态住宅的核心技术和发展趋势》，载《天津建材》，2011年第5期。

② 冯大鹏：《信阳郝堂村：走出原汁原味的乡村发展之路》，新华网，访问时间：2015年3月30日。

区，南边与罗山县接壤。郝堂村是豫南山区的一个典型的山区村，全村面积约20.7平方公里，是平桥区面积最大的一个村，共有18个村民组，620户，2300人。2011年，平桥区委、区政府将郝堂村列为可持续发展实验村，探索新农村建设。2013年，郝堂村被住建部列入全国第一批12个“美丽宜居村庄示范”名单，被农业部确定为全国“美丽乡村”首批创建试点乡村。2014年郝堂村被住建部列入全国第一批“美丽宜居村庄示范”名单，被农业部确定为全国“美丽乡村”首批创建试点乡村。

1. 生态和谐的“美丽乡村”改造理念

村在林中，水在村中，人在画中。郝堂村坚持“不挖山、不填塘、不砍树、不扒房”的“四不”原则，尊重自然环境，尊重村庄肌理，尊重群众意愿，借用外部智力和现代理念激活旧的资源，让居民望得见山、看得见水，走出了一条原汁原味的乡村绿色发展之路。在方言中，“郝堂”与“荷塘”同音，2011年，郝堂村以全区农村可持续发展项目试点村为契机，开始新农村建设的实践。新农村建设的实践中，郝堂村从湖北监利引入220亩观赏荷花既作为村庄的污水处理系统，又能给村民带来经济收入。

2. 生态化管理的郝堂村

曾经的郝堂村大片的稻田没有人耕种，村里的街道上到处是垃圾，没有人清理，小河里塞满了垃圾。一边是破旧的房屋，另一边是村民盖了一半的白灰水泥平房。封闭的交通，让这个四面环山的村庄显得了无生机。为了推进农村社会建设，2011年6月，平桥区新一届区委、区政府决定在郝堂村先行先试，探索实验，改善郝堂村的面貌。

（1）规划先行

郝堂村村委会孙德华主任从改革之初，便从五里店办事处来到这里。当时没有经验可循，村干部便到外地考察学习。他们去了省内外很多地方，新乡辉县、洛阳栾川、湖北巫山，最大的收获，就总结出了一条，怎么样让农民自觉地参与到村庄建设中。郝堂村的新农村建设试点，得到了大师的指点。2009年，一个偶然讲课的机会，三农专家李昌平结识了平桥区的几个领导和新农村建设的几位经手人，之后交往不断。

当郝堂村真正开始新农村建设试点时，李昌平和画家孙君刚刚在香港注册成立中国乡建规划设计院，这是一个民间组织，“郝堂村，是‘乡建院’

成立后的第一个案例”。

关于郝堂村建设的设计，涉及村容村貌总规、房屋修复、村道及景观修复等乡村主体规划设计，以及村庄金融、土地流转的内置金融设计、乡村组织建设能力设计、住家养老服务设计等四大块，只有第一块设计内容由平桥区政府购买。

（2）建造沼气池

多年前，郝堂村每一户农民的院子里都有一个化粪池，树叶、秸秆、厨灰都会倒进化粪池里，随着年轻人大量外出务工，化粪池渐渐失去了意义。为了帮助村民适应新形势、树立正确的生活和生态观念，郝堂村的村干部邀请了科技局的专家，帮助适合的村民建了一批沼气池。沼气池既帮助了村民提供做饭的燃料，又能提供绝佳的肥料。其他的村民看到现实效益后纷纷把专家请到自己家里建造。

（3）建立垃圾分类处理站

垃圾分类处理一直是党和国家大力提倡和推广的，2011 年 4 月，郝堂村召开了村民代表大会，出台开展垃圾分类、环境整治、卫生保洁的实施意见，并提出杜绝滥砍滥伐，禁止伐木烧炭。

最初的垃圾分类推广工作十分困难，部分村民不理解也不愿理配合，村干部挨家挨户上门做工作，给村民讲卫生的好处，利用舆论、村规民约，用多种方式调动村民参与的积极性。后来，村里给每家每户发了两个桶，垃圾进行干湿分离。曾有人不肯搞垃圾分类，村里通过志愿者在村民院落周围种植花草等方式，潜移默化地影响村民。

后来，为了解决村庄的集体垃圾，村里邀请相关专家共同商议，建立了垃圾分类处理站。

（4）实行污水处理制度

郝堂村对污水的处理也有其独特之处，为了保护村庄乡土的美感，在改造房屋过程中改水、改厕、改厨、改圈，建立家庭人工湿地污水处理系统 20 处，三格化粪池卫生改厕 450 户，建设 120 户家庭户用沼气，废弃物通过埋地式管道统一收集。所有的污水管道都在地下，每户院里有一个小型污水处理池，地下埋有三种大小不等的鹅卵石，地上种有根系发达的植物，污水先经过鹅卵石简单的过滤，再经过植物根系分解吸收水中养分。污水经过家庭处理池处理后，汇总到村里的污水处理池，再次经过处理，排出清澈的水，流入规划建设的荷花池，恢复自然湿地系统和建设集中式无动力湿地污水处理系统，采用最经济简便的方式最大限度地降低农村水污染问题，实现低能耗、零排放、无污染，促进了生态可持续发展，也可用于洗衣服、灌溉、养殖等。①

郝堂村把所有水系全部收归集体，让水资源成为大家的。人人都来爱护、监督，污染才不会产生。郝堂村原来是个缺水的地方，通过水系和生态调整，做出一个完全不同的东西来，靠的是村民间的组织化程度。营造和谐、全员参与的绿色乡村生活氛围。

郝堂村倡导建设美丽乡村需要全体村民参与。为了实现村子的卫生状况改善，便请来小学生当卫生评委，希望通过孩子这个家庭的主心骨，用孩子们的行动影响一个家庭，甚至几个家庭。村里小学的老师们在课堂中就给孩子们讲授健康卫生知识，要求孩子们做讲究卫生的表率。每次放学，老师会给每一个孩子发一个垃圾袋，叮嘱孩子们放学的路上顺手捡垃圾。小学高年级的孩子则被邀请担任卫生评比员，跟着老师和村干部，挨家挨户检查卫生。孩子们一丝不苟、认真负责。孩子们热情高，半天跑十多里路也不累。卫生得分高的人家发脸盆、毛巾、床单作为奖励，卫生差的自己觉得很丢脸，便主动讲究起来。

村里在每一条街道上放置一个竹编垃圾箱，又请来六名专职保洁员，每人配一辆三轮车，全天候进行保洁。农民家里干净了，村里街道干净了，河沟的垃圾都被捡完了。

（四）绿色社区是引领美丽乡村发展的启明灯——浙江安吉案例

2008年，安吉县成为环保部组织实施的全国首批“生态文明建设试点示范区（县）”。同年，安吉县人大通过了《关于建设“中国美丽乡村”的决议》，规划用十年时间，把安吉全县187个行政村都建设成“村村优美、家家创业、处处和谐、人人幸福”的现代化新农村样板，标志着美丽乡村建设成为安吉生态文明建设核心性领域。

---

① 郑斌、龚琦、马喜、张晓芳、甘露、朱郢：《河南信阳郝堂村新农村规划建设经验与启示》，载《安徽农业科学》，2014年第23期。

2010年浙江省委通过的《关于推进生态文明建设的决定》，明确提出打造“富饶秀美、和谐安康”的生态浙江，努力成为全国生态文明建设示范区。2014年，安吉县所属的湖州市被国家发改委等六部委批准为全国首批“生态文明先行示范区”。

“安吉模式”的普适性与特殊性，无论从生态环境、生态经济、生态人居、生态文化四个生态文明建设核心要素的良性互动还是已经产生的现实影响来说，都具有示范性。[①]

1. 强化规划引领，注重项目支撑

1998年安吉县放弃工业立县之路，2001年提出生态立县发展战略。安吉县在制订《安吉县建设中国美丽乡村行动纲要》的基础上，委托浙江大学编制了《安吉县中国美丽乡村建设总体规划》，和《安吉乡村风貌特色研究——营造技术导则》，把“全县作为一个大乡村来规划，把村作为一个景点来设计，把农户作为一个小品来改造”，实现了规划的系统性。各乡镇根据各自的特点，坚持以总规划为引领，编制镇域规划，开展村庄风貌设计。而且，各建制村按照“宜工则工、宜农则农、宜游则游、宜居则居、宜文则文”的原则进行分类规划，着力打造“一村一景、一村一业、一村一品”的特色乡村。安吉的“中国美丽乡村”建设，在制定规划的基础上，还注重项目的支撑作用。安吉县政府不仅积极向省市申报重点建设项目，而且县级部门还努力向省市主管部门争取专项建设项目，乡镇村主动规划具体建设项目，从而形成了上下联动、内外合作、层层抓项目落实和项目建设的机制，进一步加强了项目对“中国美丽乡村”建设的支撑作用。[②]

2. 以生态文明理念为指引，谋划差异化发展之路

安吉站在生态立县的战略高度，以生态文明理念为指引，用生态的理念，打造特色产业集聚区；用生态的方式，谋划休闲旅游先行区；用生态的思维，设计城乡建设示范区；用生态的意识，培育新的创业基地。[③] 2003年，

---

① 郇庆治：《生态文明建设的区域模式——以浙江安吉县为例》，载《贵州省党校学报》，2016年第4期。

② 林智勇、王国栋：《走进中国美丽乡村—安吉》，岳西网，访问时间：2013年2月28日。

③ 彭真怀：《中国农民的时代追求——安吉打造中国美丽乡村》，载《浙江日报》，2009年6月16日。

安吉县结合浙江省委“千村示范、万村整治”的“千万工程”，在全县实施以“双十村示范、双百村整治”为内容的“两双工程”，以多种形式推进农村环境整治，集中攻坚工业污染、违章建筑、生活垃圾、污水处理等突出问题，着重实施畜禽养殖污染治理、生活污水处理、垃圾固废处理、化肥农药污染治理、河沟池塘污染治理，提高农村生态文明创建水平，极大地改善了农村人居环境。[①] 安吉以“中国美丽乡村”建设为抓手，立足于特色基础，依托于特色优势，准确把握自身发展的阶段性特征，因地制宜，因村而异，注重个性美，走出了一条差异化发展之路。

3. 充分发挥政府主导作用，积极构建社会参与格局

在“中国美丽乡村”建设中，安吉建立了“党委领导、政府主导、农民主体、部门协作、社会参与”的工作机制，从而合力推动“中国美丽乡村”建设。安吉充分发挥政府的主导作用，建立政府部门各负其责的责任机制，明确不同层级之间的职责定位，理顺各自的责权关系。在发挥政府主导职能的同时，安吉形成“中国美丽乡村”建设的多元参与机制，把建设“中国美丽乡村”的主动权交到农民手中，尊重农民的意愿，充分发挥农民的主体作用；扶持和培育农村专业合作经济组织等基层社会组织，积极参与“中国美丽乡村”建设；联合知名企业，开展村企共建，吸引大量社会资本进入农家乐、农居房和各种体育文化设施等。[②]

4. 重点解决农村生态环境治理和美化问题

通过开展以“改水、改路、改线、改厕、改房和美化”为主要内容的村庄环境整治，使村庄人居环境达到“八化”（即布局优化、道路硬化、村庄绿化、路灯亮化、卫生洁化、河道净化、环境美化和服务强化）标准，农村村容村貌和生态环境得到了全面改善，农村干部群众的环保意识明显增强。全县所有乡镇全部建成污水处理设施，农村生活污水处理受益率77.3%；建立“户收、村集、乡运、县处理”的垃圾收集运模式，在全省率先实现收运一体化、处置无害化；引入低碳生活理念，实施农村沼气系统建设、农房节

---

① 吴理财、吴孔凡：《美丽乡村建设四种模式及比较》，载《华中农业大学学报》（社会科学版），2014年总第109期。

② 于洋：《“美丽乡村”视角下的农村生态文明建设》，载《农业经济》，2015年第4期。

能改造，推广农业生产节水节肥节能新技术；太阳能特色村覆盖面达到98.3%。全县建成精品村150个、重点村14个、特色村4个，创建覆盖率达89.8%。积极探索城市物业管理进农村社区的做法，建立县、乡镇、村、个人每个月各出一元的管护保洁经费筹措机制，确保农村环境长期清洁。[①]

从2005年到2017年，“绿水青山就是金山银山”的科学论断提出10多年来，浙江干部群众把美丽浙江作为可持续发展的最大本钱，护美绿水青山、做大金山银山，不断丰富发展经济和保护生态之间的辩证关系，在实践中将“绿水青山就是金山银山”化为生动的现实，已成为千万群众的自觉行动。[②]

（五）践行习近平总书记指示，创新绿色社区模式——安徽滁州案例[③]

2018年1月至4月中旬，滁州市琅琊区清流公共服务中心凤凰湖社区党委深入贯彻落实党的十九大精神，践行习近平总书记关于开展创建绿色社区行动的重要指示，率先组织带领社区居民探索、创新新时代绿色社区模式，初见成效，大得民心，上级总结推广了他们的经验，引起中央媒体特别关注。

凤凰湖社区下辖13个居民小区，住户4636户，常住人口11613人。社区党委下辖两个党支部，共有党员138名。凤凰湖社区开展创建绿色社区行动，旨在响应习近平总书记号召，共建共享生态文明、绿色生活、美丽家园，积极营造整洁、优美、健康、和谐的人居环境。该社区紧紧围绕“小区是我家，环境靠大家”，通过绿色创建提高居民绿色保护意识，从而促进人人参与绿色社区创建工作，把13个小区建设得更加美丽；整个行动贯穿2018年，分为三个阶段。

第一阶段：健全组织、宣传发动。

---

① 杨晓蔚：《安吉县“中国美丽乡村”建设的实践与启示》，载《政策瞭望》，2012年第9期。

② 《“绿水青山就是金山银山”在浙江的探索和实践》，新华网，访问时间：2015年8月20日。

③ 《践行习近平总书记指示，创新绿色社区模式》，人民论坛网，访问时间：2018年4月16日。

2018 年初，社区成立了由党委书记任组长的创建绿色社区领导小组，加强组织领导，明确任务分工，协调资源力量，统筹推进各项工作；设立“刘大姐”热线绿色服务通道，把创建工作融入日常服务，由社区副主任负责组织、协调；开展创建宣传“一十百千万”行动。“一”就是邀请专家讲解创建绿色社区的意义，提高群众对创建活动的认识理解；“十”就是利用十余个小区的橱窗专栏、形象墙加强科普知识宣传，浓厚创建氛围；“百”就是明确社区 100 余名党员为先锋队员，引导他们践行“两学一做”、当好模范表率；“千”就是组织 1000 余名群众“大签名”活动，让“创建活动有我”成为响亮口号；“万”就是发放 10000 份《创建绿色社区倡议书》，传播绿色发展理念，使绿色社区意识进入千家万户，入脑入心。

第二阶段：分类实施、全面推进。

宣传打前站，创建“刘大姐”热线绿色服务通道，把创建绿色社区当成为民服务的重要内容，通过“绿色行动”凝结社区力量，按时间节点抓好创建工作的落实。

优化居住环境，按照绿化带做到无裸露垃圾、无杂草、无白色污染、无污水败迹、无鼠洞鼠迹“五无”标准整治环境。基于此，社区突出抓好五项工作：一是建立社区居委会、楼组长、家庭之间的绿色创建责任链，形成“三网一体”的创建网络体系，每个小区实行楼栋长制，细化落实责任；二是社区工作人员分片蹲点、开展巡查，发现问题及时排查、上报，并督促抓好整改；三是推进小区物业管理全覆盖，物业保洁运转有序，在无物业的老小区，监督环卫部门实行好网格式管理；四是抓好小区环境整治，在辖区内大力开展植树、种花、养草活动，逐步使社区环境美化、绿化、靓化，做到公共设施保持完好，车辆停放整齐，杜绝乱张乱贴、焚烧垃圾树叶等现象，禁止在辖区公共地域摆摊设点；五是实现生活垃圾分类收集、及时处理，设置分类回收标志，定点存放、日产日清，建立健全垃圾回收制度，当天垃圾当天运往垃圾中转站处理，以营造优美舒适的环境。

利用社区图书阅览室，购置科普、环保等书籍，结合“读书月”活动每周定期对居民开放，开展“垃圾分类”“节水节电”“推广使用再生纸”等宣传和实践活动，推广使用可重复使用器具、无磷洗衣粉和环保电器，积极组织居民开展环保书法比赛、环保画展、家庭养花比赛，开辟环保宣传画廊，举办两场环保文艺演出，开设社区环保公众论坛等，教育广大居民群众树立节约资源、关注环境保护、普及环保科普知识等意识，调动社区居民参与创建工作的积极性。发挥社区组织各机构的功能，积极组织巡查与监督，及时发现和解决问题，为辖区单位开展“绿色行动”献计献策，听取居民的合理建议。

家庭是社会的细胞，创建绿色社区离不开家庭的支持。凤凰湖社区以家庭为单位推进绿色社区创建是一大特色。主要措施有：一是举办环保科普讲座，以社区的家庭主妇为主要对象，讲解日常生活中的环保小常识，并利用橱窗、墙报等生动、形象的形式介绍环保基础知识和绿色产品；二是制定环保公约、守则，引导居民真正了解环保、认识环保，懂得环保无处不在、无处不有，形成“人人以环保为准绳、个个争当绿色环保家庭户”的共识和良好氛围，并开展爱绿护绿活动，要求住户自觉遵守有关绿化法规，热爱绿地；三是提倡每个家庭利用阳台、屋顶和围墙在内的绿地进行立体绿化，做到定期喷药治虫，剪枝成形，定期培土、补缺，使之生长茂盛，让人心旷神怡；四是结合全国“6·5 世界环境日”，举办“捐闲置物品，过绿色生活，建环境友好型社会”的主题活动，发动并组织居民和学生将家中闲置的儿童玩具、学生教科书、文具和校服、生活物品等进行捐献；五是规范居民的环保行为，推行“四提倡”，包括：提倡绿色消费，鼓励居民购买绿色产品、节能电器，开展一水多用节约水资源等各项活动，使用环保袋，尽量少使用塑料袋，不使用一次性卫生筷，拒绝泡沫饭盒，不使用含磷洗衣粉，居民在家里做好分类工作，并将分类好的垃圾投放到垃圾分类箱内以及提倡绿色出行，尽量选择公共交通、步行和自行车等经济集约的绿色交通方式等；六是举办“社区共创建，绿色生活进我家”家庭节能环保知识竞赛，增强广大居民群众对节能环保知识的了解，推动绿色社区创建实践活动深入开展。

第三阶段：验收总结、评比表彰

到 2018 年底，进行总结、评比，对积极参与绿色社区建设和有贡献的管理人员、居民、家庭进行表彰，树立榜样和示范，动员更多的人投入到绿色社区建设中去。

随着我国经济的发展和城市改革的推进，绿色社区建设已经出现了良好的发展势头。但我们必须清楚地认识到，我国绿色社区建设中仍然存在着一些亟待解决的问题：一是住区居民参与缺乏主动性；二是绿色社区建设缺乏经费；三是绿色社区建设对政府依赖性大，社会化参与程度低；四是绿色社区建设队伍整体水平低；五是社区文化建设管理的制度化水平有待进一步提高[①]。同时，我们也欣喜地看到生态文化已成为日益成熟的全人类文化。生态文化倡导科学的城市社区生态系统健康的生活方式，引导人们建立一种可持续发展的社区消费文化。绿色社区正是以生态文化为背景，以人与自然的和谐共处为基础，营造以“和谐社区”为目标的生活方式。人与自然的和谐共处是绿色社区的主题。绿色社区建设是营造现代“城市社区”“美丽乡村”模式，营造可持续发展住宅区的有力保障。正确认识绿色社区的重要意义，是我们进行社区文化建设，探寻城市社区、乡村振兴建设的方略和构建和谐、宜居中国的关键。

---

① 刘庆龙、冯杰：《论社区文化及其在社区建设中的作用》，载《清华大学学报》（哲学社会科学版），2002 年第 5 期。

第八章　生态文明教育进奥运

——绿色奥运引领潮流

打造一届绿色的奥运是北京2008年奥运会向全世界许下的承诺，为了实现这个诺言，中国政府在筹备奥运的过程中，在志愿者服务、场馆建设、公众参与等各个方面渗透生态文明教育，把奥林匹克精神与绿色发展紧密结合起来，进一步拓展了生态文明教育的阵地，为中国生态文明教育积累了宝贵的经验与财富。如今，中国已进入2022北京冬奥会建设周期，绿色奥运理念必将继续传承和实践。

第一节　奥林匹克精神与绿色奥运

一、奥林匹克精神

奥林匹克精神是奥林匹克运动的实质内容，《奥林匹克宪章》指出，“奥林匹克精神就是以友谊、团结和公平精神相互了解。”[①] 它坚持的参与原则、竞争原则、公正原则、友谊原则和奋斗原则包含在奥林匹克思想体系中。参与原则是奥林匹克精神的第一项原则。参与是基础，没有参与，就谈不上奥林匹克的理想、原则和宗旨等等。“参与比取胜更重要”这句格言最早是美国一位主教提出来的。1908年伦敦举行第四届奥运会时，顾拜旦引用了这句

① 国际奥委会：《奥林匹克宪章》，奥林匹克出版社1991年版，第1页。

话，后来这位现代奥林匹克运动的创始人曾指出："奥运会重要的不是胜利，而是参与；生活的本质不是索取，而是奋斗。"这一原则已被世界各国运动员和广大群众所广泛接受。竞争原则表明奥林匹克运动是一项倡导挑战与竞争的社会活动，它追求的最终目标是不断超越自我、超越他人，而不是金牌的多少。公正原则是参与奥林匹克竞争的前提。友谊原则表明奥林匹克运动不仅仅是一项单纯的体育活动，其最高目标是要通过体育活动的手段，把世界上不同国度、不同种族、不同语言、不同宗教信仰的人们凝聚在一起，使大家相互交往，增进了解和友谊，进而达到世界的团结、和平、进步的目的。奋斗原则是奥林匹克精神的灵魂，奋斗精神是人类得以繁衍生息、繁荣昌盛的重要品质，是人类最伟大、最可称颂的内在力量。

体育运动是人类文化现象之一，萨马兰奇说奥林匹克运动就是文化加体育，奥林匹克精神是奥林匹克运动文化意识形态的本质内容。这种精神强调对不同文化差异间的容忍和理解，形成相互尊重、友谊和团结的氛围，从而化解偏见、矛盾和冲突，甚至是战争，这也是奥林匹克运动的目的。奥林匹克运动属于全人类，只有真正了解奥林匹克精神，人类才能真正拥有它。

二、绿色奥运的背景

（一）绿色奥运的含义

《奥林匹克宪章》指出："督促举行奥林匹克运动会时有关机构对环境问题予以认真关注，鼓励奥林匹克运动对环境问题的认真关注并采取措施，教育一切与奥林匹克有关的人认识到可持续发展的重要性。"[①] 可见，"绿色奥运"关注的是可持续发展问题。

绿色奥运含义有狭义与广义之分。

狭义的绿色奥运是指在申办、组织、举办奥运会的过程中，以及在举办奥运会之后的一段时间里，自然环境和生态环境能与人类社会协调发展，其内容主要包括生态绿色、环境绿色等。广义的绿色奥运是指与奥运会相关的物质和意识上的绿色，这里的"绿色"，不仅包含狭义绿色奥运中的"绿

---

① 国际奥林匹克委员会：《奥林匹克宪章》，奥林匹克出版社 2001 年版，第 11 页。

色”，而且还指其他方面的与自然和社会发展相协调的思想和做法，包括物质绿色和意识绿色两大方面。

肖焕禹、陈玉忠认为，绿色奥运是指“奥运会以及奥林匹克运动的开展应以不破坏自然环境为目的，注重可更新能源的利用，水资源的保护，废物利用和管理；保护人类适宜的空气、水和土壤；保护古建筑等自然和文化环境的社会活动方式”①。

（二）绿色奥运的历史背景

20 世纪六七十年代全世界环境问题突出，尤其全球变暖趋势日益明显，引起世界各国的重视。进入 20 世纪 80 年代后，全球气温明显上升，而导致全球变暖的主要原因是人类在近一个世纪以来大量使用矿物燃料（如煤、石油等），排放出大量的二氧化碳等多种温室气体。由于这些温室气体对来自太阳的辐射具有高度的透过性，而对地球反射出来的长波辐射具有高度的吸收性，导致全球气候变暖，也就是常说的温室效应。全球变暖的后果，会使全球降水量重新分配，冰川和冻土消融，海平面上升等，既危害自然生态系统的平衡，又威胁到人类的食物供应和居住环境。

100 多年来，奥林匹克运动在全球的普及和对现代人类生存方式的影响是极其深刻的。从 20 世纪 60 年代以后的各届奥运会在筹办中可以发现，举办大型体育运动所需的各种资源数目巨大，运动场馆、运动员村、酒店、各种相关设施及比赛后的设施闲置，消耗了大量的资源，甚至在一定程度上破坏了地区性或全国性的商业平衡与自然环境，造成能源危机、环境污染严重等问题。

1972 年以后，随着世界性环境保护运动的蓬勃开展，人们开始反思奥林匹克运动与环境的关系，希望通过一场深刻的变革，寻求一种新的奥林匹克运动道路。人们通过反思认为，各种体育活动的开展以及运动会的筹办，应尊重环境并与环境保持协调一致，从而保证体育的可持续发展，寻找环境与发展的平衡点，达到促进社会的可持续发展。于是绿色奥运呼之欲出。

---

① 肖焕禹、陈玉忠：《奥林匹克运动与人类社会和谐发展的新理念探析——解读北京奥运三大主题》，载《上海体育学院学报》，2003 年第 27 卷第 1 期。

（三）国际奥委会的行动

国际奥委会从20世纪80年代开始提出环保方面的要求，并在国际体育界率先采取一系列维护环境的措施，将环境保护政策化。

1991年在国际奥委会对奥林匹克运动宪章做修改时增加了一个新条款，即提出申办奥运会的所有城市必须提交一份环保计划。1992年6月，国际奥委会参加了里约热内卢环境与发展大会，会后萨马兰奇提出，“要把环境保护作为奥林匹克精神的仅次于体育和文化的第三个方面。”①

1994年，国际奥委会与联合国环境计划署签订了备忘录。而1994年在巴黎举行的以体育与环境为主题的体育大会，则真正把奥林匹克运动与环境联系了起来。

1995年7月，在瑞士洛桑体育与环境会议上，国际奥委会明确提出把环境作为奥林匹克精神的支柱之一。

1996年，《奥林匹克宪章》将环境保护列入国际奥委会的主要任务之一。同年，国际奥委会成立了环境委员会，并要求申办城市必须具备城市美化、环境优雅的条件。这标志着环境保护成了奥林匹克运动的一个组成部分，促进可持续发展是奥运会的目标之一。

1999年制定的《奥林匹克21世纪行动议程》明确规定：“奥林匹克运动要全力推动全球可持续发展和环境保护事业，要求申办城市必须在越来越严格的环境标准下举办奥运会。”同时，把“体育、文化、环境保护”作为奥运会的三大支柱。至此，绿色奥运不仅成为奥林匹克运动的核心内涵之一，而且在很大程度上也是决定一个城市能否成功申办及举办的关键因素。

三、绿色理念融入奥林匹克运动

国际奥委会在保护环境问题上的新倾向和对申办城市环保问题的新要求，极大地激励和促进了申办城市、申办国的环保意识和环保举措。下表列举了部分奥运会举办城市的环保措施。

---

① 熊晓正、陈剑：《奥林匹克知识读本》，人民日报出版社2007年版，第130页。

部分奥运会举办城市的环保措施举例①

年份	举办城市	具体环保措施
1992	巴塞罗那	提出“无烟运动会”的口号，发布了《环保职责宣言》，将城市环境作为该城市再次发展计划的核心。
1994	勒哈默尔（冬奥会）	与环保主义者和当地居民合作，树立良好的生态保护形象。场馆维修以环保为主题，火炬是环保的，奖牌材料纯天然，被喻为奥运史上“最环保的一届盛会”。
1996	亚特兰大	努力贯彻环保政策，奥林匹克场馆设计与自然保护融为一体，奥林匹克公园以自然公园形式建成，并提出了有关垃圾、能源消耗和大气污染防治的计划。
2000	悉尼	无烟政策；临时性建筑；节能节水，重复使用，把废物和污染降到最低水平；第一次将“绿色奥运”作为承诺，提出“环境保护主义——新的奥林匹克精神”口号。被评为历史上“最好的一届”。
2004	雅典	提出减少空气污染35%的计划，主要措施是有效地减少机动车辆，利用太阳能和风力为奥运村提供能源等。
2006	都灵（冬奥会）	提出了减少温室气体排放、把造雪用水量降低到最低，推动环境友好型饭店等一系列绿色动议。用环保石质和木质材料建设场馆和设施、引入“生态管理与审计体系”（EMA）认证。②
2008	北京	提出“绿色奥运、科技奥运、人文奥运”理念，指导“绿色奥运行动计划”，承诺一系列重要的环境指标，如颗粒物指标达到发达国家大城市水平，全市污水处理率达到90%，消减污染物排放量，市区绿色格覆盖率达到45%等。
2012	伦敦	在清洗被严重污染的工业园区土壤后，在其上建设奥运场馆；使用了许多环保设计，如场馆外使用新型环保材料、智能垃圾桶等、官方制服全部使用环保材料，被称为史上最绿的一届奥运会。

北京市2008年奥运会申奥报告中，表示积极响应国际奥委会号召，向全

① 熊晓正、陈剑：《奥林匹克知识读本》，人民日报出版社2007年版，第134页。
② 宋燕波：《2006冬奥会环保先行》，载《绿色中国》，2005年第23期。

世界承诺要将2008年奥运会办成“绿色奥运会”，并以申办和举办奥运会为契机，“进一步提高全民环境保护意识，建立健全环境保护公众参与机制，推动城市可持续发展水平迈上新台阶”①。

第二节　2008年北京奥运会的绿色宣言

一、2008年北京奥运会的理念

2001年7月13日莫斯科，时任北京市市长的刘淇向全世界宣布：2008年北京奥运会的主题是“绿色奥运、科技奥运、人文奥运”。北京奥运理念正式诞生。

（一）北京绿色奥运理念

1. 北京绿色奥运的内涵

所谓绿色，就是环境保护问题，也是回归大自然的问题。绿色奥运，不仅要求改善生态环境，还要求提高人们的环境保护意识，倡导绿色的生活方式，其核心理念在于“体育、文化、生态环境的相互协调、相互关怀、共生共容、共同发展所构建的关系”②。

2007年10月25日至27日，由国际奥委会、北京奥组委和联合国环境规划署共同举办的第七届世界体育与环境大会在北京举行。这届大会的口号是“将计划变为行动”。大会在闭幕式上发布了《北京宣言》，指出：“生态环境是人类生存和发展的基础，体育在促进人的全面发展中具有独特的功能。”这个宣言与刚刚结束的中国共产党第十七次全国代表大会提出的建设生态文明社会宗旨相一致。

2008年北京奥运会的绿色奥运理念有了独特的含义：“把环境保护作为奥运设施规划和建设的首要条件，制定严格的生态环境标准和系统的保障制

---

① 孙高峰：《绿色奥运与环境保护》，载《黑龙江环境通报》，2005第3期。

② 许传宝：《生态体育：绿色奥运的核心理念》，载《成都体育学院学报》，2002年第5期。

度；广泛采用环保技术和手段，大规模多方位地推进环境治理、城乡绿化美化和环保产业发展；增强全社会的环保意识，鼓励公众自觉选择绿色消费，积极参与各项改善生态环境的活动，大幅度提高首都环境质量，建设生态城市。”①

2. “绿色奥运”标志的内涵

北京奥组委在官方网站上解读了北京奥运会环保标志设计的思路：北京奥运会环保标志以人与绿树为主要形态。绿色的线条形如舞动的彩带，环绕交错，一笔描出，仿佛茂密的树冠，又似盛开的花朵，充满无限生机和希望，充分体现了自然环保的可持续发展；树冠与人组成参天大树，代表着人与自然的和谐统一。这一标志的设计运用了中国独特的传统文化形式——中国书画艺术风格，与北京奥运会会徽“中国印·舞动的北京”相互映衬。

据新华网2005年9月24日报道，北京奥组委执行副主席刘敬民在北京奥运会绿色奥运标志新闻发布会上阐述了北京奥运会“绿色奥运”标志的含义。他表示，绿色奥运不仅需要政府的支持和北京奥组委的努力，更离不开公众的参与。这一标志的发布，对北京奥组委举行的鼓励更多市民选择绿色生活、参与绿色行动、支持绿色奥运的主题教育活动，无疑具有重要的促进作用。

① 北京市人民政府、第29届奥运会组委会：《北京奥运行动规划》：新华网，访问时间：2002年3月28日。

（二）北京科技奥运理念

北京科技奥运的理念是“紧密结合国内外科技最新进展，集成全国科技创新成果，举办一届高科技含量的体育盛会；提高北京科技创新能力，推进高新技术成果的产业化和在人民生活中的广泛应用，使北京奥运会成为展示新技术成果和创新实力的窗口”[①]。科技奥运涉及信息化、交通、环境、安全、场馆设施和体育科研等多个领域。

在信息化方面，到2008年，北京建成了具有国际水平的高速、大容量、多媒体信息网络系统及包括卫星通信、移动通信和光纤通信在内的现代化立体通信系统，以及高清晰度的数字化的电视转播系统；在交通方面，北京集中力量建设高速铁路、轻轨交通和地铁，形成四通八达的现代化立体式交通网络系统；在环境方面，大力开发清洁能源技术、清洁生产技术、水污染治理技术、固体废弃物无害化和资源化控制技术、现代生物技术等；在体育科研方面，研究开发为现代化场馆建设、为提高运动员竞赛水平和运动成绩的体育器材、服装等体育用品等。一批又一批的科学技术发明创造被应用到奥运会建设科技奥运的目标已经实现，可以说2008年北京奥运会不仅是一届高科技含量的体育盛会，而且推动了中国科学技术的发展，其应用和意义更加深远。

（三）北京人文奥运理念

人文奥运的内涵包括三个层面的特征：一是以人为本的特征，就是要充分显现奥运对人的尊重与关怀；二是文化特征，人文是指人类社会的各种文化现象，涉及面极广，除了自然以外的一切东西，包括有形的与无形的，物质的与精神的，全属于人文范畴；三是文明特征，“就是要通过举办奥林匹克运动会，引导人们遵守基本道德规范，形成良好的礼仪习惯和文明风尚。”恪守以人为本的奥运，体现优秀文化的奥运，追求文明进步的奥运是“人文奥运”的三大特征。[②]

以人为本是人文奥运的本质特征，古代奥林匹克运动诞生于“以人为

---

① 北京奥组委：《目标：举办一届有特色、高水平的奥运会》，中国网，访问时间：2006年7月13日。

② 郑小九：《“人文奥运”与“绿色奥运”》，载《贵州师范大学学报》（社会科学版），2005年第4期。

本”思想的发祥地——古希腊，其崇高的理想和丰富多彩的竞赛方式都贯穿着以人为本的精神。奥运会只在极少数东方国家举办过，而在有着五千年文明史的中国尚属首次。2008 年北京奥运会给奥林匹克运动的东、西方文化交流带来新的机遇。有着 3000 年建城史的北京，是中华传统文化的典型代表，奥运会在这里举行，使东、西方文化在中国大地上碰撞与交融。

《通向 2008 年的北京形象工程》课题组经过研究认为应当从中国人文奥运形象、北京人文奥运形象、赛场人文奥运形象三个层面来理解人文奥运形象。人文奥运首先要创造一种国家文明形象。中国有着五千年的悠久历史和文化传统，有着改革开放、建设小康社会的伟大成就，向世界展示中国的精神面貌，对于奥运会的成功举办有着重要意义。北京作为举办城市，除了要具备人文奥运的一般要素外，在各项改革和创新中，必须走在全国的前列，要打造好北京精神、弘扬好民族特色、搞好全民参与。赛场人文奥运形象主要包括奥运公园建设形象、奥运会标识形象和奥运艺术形象，主要表现在建筑的规划设计、奥运会标牌、纪念品的设计制造、奥运会开闭幕式的艺术设计等方面。

2008 年在北京举行的奥运会，必然渗透了北京地域的人文气息。因此，北京人文奥运的理念就是“传播现代奥林匹克思想，展示中华民族的灿烂文化，展现北京历史文化名城风貌和市民的良好精神风貌，推动中外文化的交流，加深各国人民之间的了解与友谊；促进人与自然、个人与社会、人的精神与体魄之间的和谐发展；突出‘以人为本’的思想，以运动员为中心，提供优质服务，努力建设使奥运会参与者满意的自然和人文环境”①。

（四）绿色奥运与科技奥运、人文奥运的关系

1. 科学发展观对三大理念有现实指导意义

2003 年 10 月召开的中共十六届三中全会提出了科学发展观，并把它的基本内涵概括为“坚持以人为本，树立全面、协调、可持续的发展观，促进经济社会和人的全面发展”，坚持“统筹城乡发展、统筹区域发展、统筹经济社会发展、统筹人与自然和谐发展、统筹国内发展和对外开放的要求”。

---

① 北京奥组委:《目标：举办一届有特色、高水平的奥运会》，中国网，访问时间：2006 年 7 月 13 日。

北京奥运的三大理念就是在科学发展观的指导下开展体育运动的集中体现。科学发展观的“以人为本”的实质是人文奥运的支点，科技奥运与绿色奥运的结合是可持续发展的具体落实。在具体建设实施上，在国际竞标中脱颖而出的“鸟巢”国家体育场，因其极具创造性的建筑手法而被专家认为是代表了21世纪初国际建筑界最高水平的体育建筑，它的建造不仅将为古老的北京增添了现代活力，使“新北京、新奥运”的指导思想成为现实，也极有可能影响世界建筑的走向而成为人类文明的经典。

北京奥申委环境生态部部长余小萱在验收体育场馆的环保示范工程时说，将采用最先进的环保技术来建设奥运村，使其在奥运会后成为代表21世纪发展潮流的顶级绿色社区。由此可见，“人文”“绿色”“科技”将是21世纪奥运发展的重要趋势，也必将促进中国的可持续发展。

2. 共同围绕“新北京、新奥运”主题

在奥林匹克运动日新月异的今天，每届奥运会的举办都必须要有自己的特色才能算成功。

现代奥运会的申办是以城市为单位来进行的，申办过程要考查该城市的各个方面是否符合奥运会的申办条件，北京在两次申奥过程中皆因环境、“人权”等因素而受到一些国家的无端攻击和干涉。为了向世人展示北京、展示中国，2008年北京奥组委经过多方论证确立了“新北京，新奥运”这个主题，依据这一主题提出了“绿色奥运、科技奥运、人文奥运”三大理念。从内涵上，这三大理念关键突出一个“新”字，即要举办一届可持续发展的新奥运，要举办一届高科技广泛渗透的新奥运，要举办一届以人为本的新奥运，向世界展示崭新的北京城市面貌，崭新的中华民族面貌，崭新的奥林匹克面貌，让中国融入奥运，让奥运融入中国。

3. 相互渗透、相辅相成的关系

“绿色奥运、科技奥运和人文奥运”反映了我们对时代主题和历史发展趋势的理解，也表达了中国对于2008年北京奥运会的期望。“绿色奥运、科技奥运、人文奥运”三大理念互相渗透、相辅相成，你中有我，我中有你，“体现了中国在新的环境保护意识、新的科学技术条件下和新的人文意识事业中的三位一体的综合价值取向”[1]。

在三大理念中，核心是人文奥运。人文奥运既是绿色奥运、科技奥运的灵魂，也是两者共同的目标，更是2008年北京奥运会的一个亮点和特点。

科技奥运则是绿色奥运实现的基础，因为，要想实现绿色奥运中倡导的人与自然和谐和达到可持续发展的目标，除了人们应具有的保护环境的意识，还需要有现代技术作为必要的手段。同时，科技奥运在信息、环境、交通、建筑等方面的指标也包含着绿色思想。

绿色奥运不仅是对自然的尊重，其中体现的人与自然和谐、可持续发展的思想恰恰又是以人为本的人文奥运理念。

假如把“绿色奥运、科技奥运、人文奥运”比作用于跨栏跑的栏架，人文奥运是栏架的顶，而绿色奥运和科技奥运则是支撑这个栏架的两个支点，同样属于栏架的组成部分。离开了绿色奥运与科技奥运的稳固支撑，有悖于社会发展的趋势和人类社会文化发展的潮流。

21世纪，环保意识意味着一个人的文明和教养，正如环境质量意味着一个民族的尊严和力量。因此，奥林匹克运动缺乏环境的因素将无生存的空间，更谈不上发展。同时，没有现代化科学技术的应用与发展，举办奥运会是不可想象的。百年奥运之路，也是体育科技进步之路。“科技奥运”的理念同样是现代奥林匹克精神内涵的体现。北京奥组委提出的“新北京、新奥运”口号和“绿色奥运、科技奥运、人文奥运”三大理念，正是中国迈向绿色文明的标志。[2]

二、2008年北京绿色奥运的目标

（一）绿色奥运的总目标[3]

2008年北京绿色奥运的总目标是：根据北京的地位和客观条件，在绿色环保战略思想指导下，借奥运东风加快实施北京市的环保规划，以保证祖国

① 袁懋栓：《全球背景下的北京人文奥运》，人民出版社2004年版，第230页。
② 马岳良：《新北京、新奥运理念的探略》，载《南京体育学报》，2003年第1期。
③ 参见岑传理：《五环旗下的奥运会》，山东文艺出版社2001年版，第349—350页。

首都这个首善城市可持续发展；建设奥林匹克公园，扩大城市树木和草地的面积；加强对大气污染、水污染、垃圾污染、沙尘污染源治理力度，将其危害程度降到理想标准；加强对市民绿色环保的教育，提高人们自觉建设、保护绿色家园环境的环保观念，从自己做起，从小事做起，从孩子做起。到2008 年，使北京达到天蓝、水清、地绿、气鲜、路通、人美的人与自然和谐相处的新面貌。

在绿色奥运总目标下，北京围绕城市林木草地方面开展了绿色绿化工程，围绕道路交通方面开展了绿色通道工程，餐饮、蔬菜方面开展了绿色食品工程，环保教育方面开展绿色教育工程，围绕场馆、住宅方面开展了绿色材料工程，围绕能源水利方面开展了绿色消费工程等项目。

（二）北京申奥报告的绿色承诺[①]

北京市在 2001 年获得第 29 届奥运会主办权时就提出了一个完整的城市环境保护的计划，承诺在 2007 年前将投资 122 亿美元，完成 20 项治理环境的重大工程，提前三年达到城市总体规划中制定的环境目标。[②]

北京申奥报告中承诺了一系列重要的环境指标。到 2008 年，北京的生态环境状况将大大改善，为市民生活和奥运会的举办提供一个安全、舒适的环境。主要包括：一是大气环境，全市大气污染物主要指标达到国家标准，市区大气中二氧化硫等项指标达到世界卫生组织指导值的要求，颗粒物指标达到发达国家大城市水平；二是水环境，全市污水处理率达到 90%，密云、怀柔水库继续符合国家饮用水标准；三是生态环境，市区绿色覆盖率达到45%，全市林木覆盖率达到 50%；四是工业污染治理，加大工业经济结构和布局的调整力度，全市 200 家左右企业实现整体搬迁；五是固体废弃物管理，资源化率达到 30%，分类收集率达到 50%，工业固体废物综合利用率和安全处置达到 90% 等。

这一系列承诺使得国际奥委会认为北京是第一个以可持续发展的思想确定举办奥运会的城市，这也为北京最终赢得 2008 年奥运会增加了分数。如今，令人欣慰的是这些承诺在 2008 年奥运会开幕时都得到了实现。

---

① 严冰：《北京奥运绿化承诺全兑现》，载《人民日报》（海外版），2007 年 8 月 8 日。
② 张旭光：《北京绿色奥运规划确定》，载《中国体育报》，2004 年 12 月 09 日。

第三节 全民行动的绿色奥运

一、政府采取的绿色措施及成就

2008年北京奥运会得到了各级政府的高度重视和大力支持，党和国家领导人多次在不同的场合重申支持奥运工作，并且对奥运工作给予了一系列的重要指示，提出了很多措施。

如果说2000年悉尼奥运会的绿色理念还主要体现在工程建设方面的话，那么2008年北京奥运会的绿色则体现得更为全面。为了实现绿色奥运的承诺，中国政府和北京市采取了一系列措施来改善北京的环境。

（一）政府与奥组委共同编制绿色奥运战略

据新华网北京2002年3月28日报道，北京市人民政府、第二十九届奥运会组委会发布了《北京奥运行动规划》，全文共分总体战略构想、奥运比赛场馆及相关设施建设、生态环境和城市基础设施建设、社会环境建设和战略保障措施五大部分，标志着北京奥运建设将在这个纲领性文件的指导下全面起航。

1. 制定绿色奥运战略规划和实施细则

根据《北京奥运行动规划》提出的目标和任务，北京市陆续又出台了《科技奥运建设专项规划》《生态和环境保护规划》《文化环境建设专项规划》等一系列措施，这些措施及其实施成了北京奥运强有力的保障。

根据ISO14001标准，北京奥组委出台了《奥组委环境管理体系手册》《奥运工程环保指南》和《奥运工程绿色施工指南》，进一步明确了工程建设的环境标准要求。指南要求："奥运工程的能源消耗被我国现行标准降低40%，大体相当于美国标准，建筑材料中的有机挥发物要求与欧共体现行的标准相当，节水要求也达到了美国现行标准。"①

① 王静：《奥运会场馆建设遵循绿色原则》，载《中国体育报》，2004年3月4日。

北京奥组委还从自身做起，制定了《北京奥组委“绿色办公”指南》，从绿色管理、绿色行为、绿色活动三个方面对奥组委的办公、日常活动等做出了环保要求，包括节能、节水、垃圾分类、办公器材的选用、报纸回收、无纸化办公、员工的环保行为等。

2. 绿色奥运行动计划内容

为了更好地贯彻《北京奥运行动规划》，北京市政府与奥组委共同制定了《绿色奥运行动计划》，这个计划共30项，归纳起来包括以下几个方面：

（1）治理大气污染

计划通过对北京市的天然气管网的改建、燃煤锅炉改造、供热系统的升级换代，提高使用清洁能源公交车的比例，以提高清洁能源的比重，为奥运创造良好的大气环境。

（2）保障交通

继续提高汽车排气污染物排放标准，严格车辆报废制度，继续发展公交优先运营体系，加快轨道交通的建设，制订限行措施，保证奥运会举办期间的交通质量。

（3）整治水系，合理利用水资源

完善城市污水管网和污水处理系统，保持供应北京水源的水质以及合理开发利用北京的水资源，满足奥运期间的用水要求。

（4）加强固体废物综合利用

包括建设危险废物集中处理设施，推行城市生活垃圾减量化、资源化、无害化政策。

（5）调整产业结构，降低工业污染

积极发展高新技术产业、现代服务业；继续关停一批排污量大、耗能高、浪费资源的企业，使全市的工业污染物的排放总量逐步削减。

（6）加快生态环境建设

进一步加强城市绿化，完成山区、平原、绿化隔离带三道绿色生态屏障、“五河十路”防护林的建设任务，改善区域生态环境。继续加强天然林保护，进一步丰富本市的生物多样性，保护野生动物。

（7）奥运场馆设计采用适用环保技术，节约资源

利用无污染的或可再生材料制造有关器材和设施。

（8）继续开展绿色创建活动

包括开展绿色社区、绿色校园、绿色商业、绿色旅游、绿色单位、绿色企业、绿色使者、绿色行为等方面的创建活动。

（9）发挥新闻媒体的作用

利用广播、电视、报纸等媒体继续开办环境保护栏目，北京奥运网站开办绿色奥运栏目，鼓励环境保护社会团体与民间组织开展多种形式的绿色奥运宣传活动。

（二）北京落实绿色承诺的行动与取得的成就

截至2007年8月，经过各方面六年多的不懈努力，北京市在生态建设和环境治理方面取得了显著的成效，为成功举办奥运会奠定了坚实的基础。

1. 大气环境治理

空气质量问题和环境污染问题是我们国家要治理的一个长期目标，关系到我们国家人民的根本利益，也关系到整个世界的空气和环境问题。为了践行“绿色承诺”，北京市政府投入12.2亿美元治理大气污染，实施“绿色奥运”行动，一共分13个阶段和200多项措施，并提出了10项所要达到的空气质量目标。北京市政府通过大力实施“绿色奥运”理念，开展环境整治工作，与人民生活息息相关的空气、水等环保指标不断提高。

在大气环境方面取得的成就主要体现在：其一，大气环境质量连续八年得到了改善。2006年北京的蓝天数达到了241天，主要污染物的排放总量呈逐年下降的趋势[①]。其二，更新淘汰了一批超标的出租车和公交车。4000辆天然气公交车投入运营，机动车尾气污染得到了有效控制。其三，积极改善能源结构，控制煤烟型污染。全市天然气使用量比1998年增长了10倍[②]。其四，要求施工单位采取遮挡等措施。扬尘问题得到有效解决对污染严重的企业进行搬迁或技术改造。经过政府和市民的共同努力已经取得了明显的成

---

① 《北京市环境保护工作情况新闻发布会》，新华网，访问时间：2007年5月31日。

② 《北京市环保局局长：进一步加大防治大气污染工作力度》，第29届奥林匹克运动会网站，访问时间：2007年1月25日。

效，国际奥委会经考察后认为，北京的空气质量有了很大改善。

2. 水环境治理

开展水资源保护和各流域水环境污染防治，结合流域水资源合理利用和污染防治工作是北京市政府极其重视的工作，自2000年至2007年间，污染防治和生态建设投资占同期GDP的4%—5%，北京市实现了申奥的承诺。

具体措施体现在：一是加快污水处理厂建设。2003年，北京市已建成6座污水处理厂，到2007年底，市区共建九座污水处理厂，污水处理率首次达到90%，提前达到向国际奥委会承诺的标准。[①] 二是加快建设再生水厂，到2008年，全市建成了清河等11座再生水厂，城市再生水利用率达到50%，再生水已成为北京的第二大水源。[②] 三是改善水质，到2008年，密云、怀柔水库继续符合相应国家标准，基本恢复官厅水库饮用水源功能，城市饮用水质继续符合世界卫生组织指导值的要求，全市河流上游基本达标、下游河流和中心城地区我们市民俗称的“六海”地区水质有所改善。[③]

3. 生态环境治理

根据数据统计，2007年底，“五河十路”绿色通道两侧形成23000多公顷的绿化带的，平原、山区和城市绿化三道绿色生态屏障基本形成。北京市共建立自然保护区20个，总面积13.42万公顷，占北京市国土面积的8.18%，完成了申奥报告中提出的“自然保护区面积不低于全市国土面积的8%”的指标。[④] 北京申奥时的七项绿化承诺指标全部兑现。

4. 工业污染治理

为了2008年奥运会，北京市政府采取了加大工业经济结构和布局的调整力度和增长方式的转变与改善能源结构相结合的措施，以进一步消减和控制污染物排放总量。具体措施有：“积极发展高新技术产业、现代服务业，加快对传统产业的技术改造和产品升级，坚决淘汰资源和能源消耗高、污染物排

① 郑秋丽、刘立志：《北京节水攻坚提前兑现奥运治污承诺》，载《中国水利报》，2007年1月26日。

② 《北京市“十一五”期间环境与生态建设规划》，北京市环境保护局网站，访问时间：2007年5月31日。

③ 《北京市环境保护工作情况新闻发布会》，新华网，访问时间：2007年5月31日。

④ 黄抗生、鄂平玲：《北京奥运留下宝贵环境遗产》，载《人民日报海外版》（海外版），2008年8月30日。

放量大的生产工艺和设备，加快市区污染企业的搬迁调整。2006年5月，首钢2号焦炉停产，把原本是北京市财政‘金娃娃’的污染大户首钢搬迁出北京，同时完成首钢的技术升级改造。”① 另据中国新闻网2007年8月3日报道：“据悉到2008年，首钢在北京地区的粉尘排放总量减少到1600吨，烟尘排放总量减少到976吨，二氧化硫排放总量减少到2000多吨。同年7月，北京炼焦化学厂全面停产。华能等五大燃煤电厂按照奥运倒排期的要求，加快了脱硫、脱氮和除尘的深度治理工程。近年来先后有200多个企业搬离城区。”②

5. 噪声和固体废弃物管理

噪声是北京的环境问题之一。为此，北京市政府做了积极的工作，在2006年颁布的《北京市环境噪声污染防治办法》指出，“针对城市特点进一步明确了各类噪声污染防治的要求和各个有挂部门的职责，比如说‘居民住宅内不得设置可能产生噪声污染的餐饮和娱乐场所’；‘销售新建居民住宅的房地产开发企业应当明示所销售的建筑隔声情况及所在地声环境状况’；‘法定休息日、节假日全天及工作日12时至14时、18时至次日8时，禁止在已竣工交付使用的居民住宅内进行产生噪声的装修作业’。”③ 这些对防止噪声污染起到了积极的作用。

2005年市区和卫星城城市生活垃圾全部进行无害化处理，资源化率达到30%，分类收集率达到50%，工业固体废物综合利用率达到80%，危险废物全部安全处理处置。④

据北京奥委会官方网站报道，2007年5月31日北京市副市长吉林同志在北京市环境保护工作情况新闻发布会上讲到垃圾的无害化处理一直是北京市政府的工作目标：“除了无害化还逐步实现减量化，以推进减量化、资源化为目标，规范处理措施，同时对垃圾采取密闭运输，对于垃圾中的危险废

---

① 《北京市环保局局长：进一步加大防治大气污染工作力度》，第29届奥林匹克运动会网站，访问时间：2007年1月25日。

② 于立霄：《北京斥资千亿打造绿色奥运专家惊呼前所未有》，中国新闻网，访问时间：2007年8月3日。

③ 《北京市环境保护工作情况新闻发布会》，新华网，访问时间：2007年5月31日。

④ 《北京市“十一五”期间环境与生态建设规划》，北京市环境保护局网站，访问时间：2007年5月31日。

物，进行专门处理，比如北京市在大兴的南宫、朝阳的高安屯分别建立了医疗的垃圾处理，危险废物处置中心2008年年底基本完成。”据环卫科技网报道：截至2015年，全市生活垃圾无害化处理率升至99.6%，这标志着北京市生活垃圾处理已经完成由传统填埋向资源化处理方式的转变。

6. 汽车排污与公共交通治理

北京市政府进行了汽车排污与公共交通专项治理，投入巨资，更新老旧车辆，发展地下交通，以达到申奥的承诺指标，为各国运动员创造一个良好的空气环境。其中最有代表性的是在2007年8月举行的“好运北京”体育赛事期间进行的环境交通测试工作，检验了几年来汽车排污与公共交通治理的成效。

为了保障“好运北京”综合测试赛期间环境交通测试工作的顺利进行，从2007年8月17日至20日每天的6时至24时，北京及外地进京机动车实行单双号行驶，为奥运会期间的空气质量保障积累经验。“在综合测试的四天中，公共交通共运送乘客7386余万人次，比上周同期增长了15%，创下历史最高水平。130多万辆机动车停驶以后，整个公共交通的运行质量有了明显提高。”[①] 从这次测试的结果看，这些措施对改善北京的空气质量是有效的（如下表所示）。

北京2007年8月16日至8月20日空气质量日报一览表

日期	污染指数	首要污染物	空气质量级别	空气质量状况
2007年8月16日	115	可吸入颗粒物	Ⅲ1	轻微污染
2007年8月17日	91	可吸入颗粒物	Ⅱ	良
2007年8月18日	93	可吸入颗粒物	Ⅱ	良
2007年8月19日	95	可吸入颗粒物	Ⅱ	良
2007年8月20日	95	可吸入颗粒物	Ⅱ	良

资料来源：中国环境监测总站

根据调查，单双号“限行”对市民生活影响并不大，也获得了私家车主们的支持。在2007年中非合作论坛北京峰会期间，北京市采取了公车入库封

① 王娜：《限行四天污染物浓度降两成》，载《北京晨报》，2007年08月22日。

存、增加公交运力、错峰上下班等措施，为解决北京交通拥堵提高了另一种思路。据北京奥运会官方网站报道：2007 年 9 月 27 日，北京奥组委工程与环境部的余小萱副部长公布了“好运北京”体育赛事环境测试的初步结论：在当时大气环境条件并不怎么好的情况下，空气质量达到了二级。在测试期间，空气当中主要污染物质四项主要污染物下降了 15%—20%。

2008 年 6 月 20 日，北京奥运新闻中心召开新闻发布会，公布了奥运交通的保障措施，即从 2008 年 7 月 1 日到 9 月 20 日期间分两个阶段采取不同的消减机动车总量：第一阶段为 7 月 1 日到 7 月 19 日，黄标车禁行，企事业单位封存 30% 的车辆；第二阶段 7 月 20 日至 9 月 20 日，黄标车禁行，社会车辆实行单双号。在此基础上，企事业单位的封存车辆达到 70%。再加上其他的措施，奥运期间车辆减少了 45% 左右，减少这一个时期的机动车污染物排放总量的 63%，约 11.8 万吨。

二、奥运场馆建设中体现的绿色奥运理念

2008 年北京奥运会之际，一座座各具特色的奥运场馆在北京拔地而起，展现出亮丽的身姿，古老的北京城被日渐浓厚的奥运气息笼罩，一座融汇了古老文明和现代风采的奥运城市呈现在世人面前。

在 31 个奥运会比赛场馆中，新建场馆有 12 个，改建场馆有 11 个，临时场馆为八个。除北京之外，在上海、青岛、沈阳、天津、香港、秦皇岛六个城市也都有比赛场馆。为了实现“绿色奥运”的承诺，奥运场馆在设计和建设中运用节能技术、水资源节约技术和利用太阳能、风能、地热、污水热能、热泵各种新型能源等方式。据北京市“2008”工程建设指挥部负责人介绍，所有奥运场馆都采用了中水利用技术，国家游泳中心、奥运村、奥林匹克森林公园等五项工程建设了高水平的污水处理系统，国家体育场、丰台垒球场、国家会议中心等 15 项新建工程建设了高水平的雨洪利用系统和透水铺装，将充分利用雨水资源回灌和涵养地下水。[①] 奥运工程真正做到了将环

---

① 《奥运场馆巡礼五：奥运场馆全面落实建筑节能》，第 29 届奥运会官网，访问时间：2007 年 10 月 25 日。

保理念和创新科技完美结合。

（一）国家体育场

奥运会场的最大手笔是国家体育场——“鸟巢”。“鸟巢”里处处彰显着环保理念，一是“‘鸟巢’纳滤膜雨洪回用系统是中国大型公共建筑第一个雨洪综合利用工程，该系统利用地下积水池最高可每小时处理100吨雨水，并产生80吨可回用水，用于景观绿化、消防及卫生清洁，直接节约了体育场的常规用水消耗”[①]。二是相比于传统占地面积大且添加化学药剂的水处理方式，“鸟巢”应用的是非化学方式进行水处理，同时占地面积小，直接安装在地下室，并完全满足场馆对空气、噪声等严格的环境要求，直接彰显了绿色奥运、科技奥运的主旨，堪为国内、国际同类建筑的典范。[②] 三是运用现代高科技生化与物化技术，对自来水进行深度净化处理后的直饮水则是“鸟巢”的又一大亮点。四是国家体育场1 2 个顶部为燕尾状检票站中的七个安装了我国自主研发的太阳能光伏发电系统，这种发电系统“不仅没有污染、维护费用低，还可就地安装，节省了长距离的输电线路”[③]。“鸟巢”工程钢结构卸载之后，建设中的废弃钢材将被全部制成纪念品，向全社会公开发行。“鸟巢”钢材变废为宝，纪念品将包括多个类别，有小型徽章，也有体积较大的摆件。[④] 作为具有奥运工程代表性的“鸟巢”，通过建设者的双手编织了中国人民热盼奥运的美好蓝图，树立了奥运五环精神的丰碑。

（二）国家游泳中心

如果说2008年北京奥运会主场馆椭圆形的“鸟巢”呈现给人们的是男性般的刚强，那么立方体的国家游泳中心“水立方”则体现了更多的是女性般的柔美。这一方一圆充分体现了中国传统的“天圆地方、天地和一”的理念，给人以极大的视觉享受。

2003年，国家游泳中心设计方案正式确定，它的建筑造型是一个充满“水”的立方体，简称“水立方”。在奥运会期间，水立方承担了游泳、跳

---

① 袁田恬：《GE被鸟巢选中签约335个奥运项目》，载《每日经济新闻》，2006年8月14日。

② 《GE绿色创想助力北京奥运》，新浪网，访问时间：2007年8月7日。

③ 赵永新：《太阳能：给奥运“增光添彩”》，载《人民日报》，2007年9月27日。

④ 白强：《从创新蓝图到奥运地标见证北京科技奥运》，载《竞报》，2006年8月6日。

水、花样游泳、水球等比赛，可容纳观众1.7万人，其中永久座位6000个。“‘水立方’的外形看上去就像一个蓝色的水盒子，而墙面就像一个个无规则的泡泡。这些泡泡所用的材料ETFE（乙烯—四氟乙烯共聚物），耐腐蚀性、保温性俱佳，自洁能力强。镶嵌在水立方墙体上的水分子贴膜具有热学性能和透光性，可以调节室内温度，冬天保温，夏天散热，而且还会避免建筑结构受到游泳中心内部环境的侵蚀。国外的抗老化试验证明，它可以使用15至20年。即使出现外膜破裂，八小时内就可以将破损的外膜修补或更换。”[①] 国家游泳中心于2007竣工后，迎接了一系列国际比赛的检验。

（三）国家体育馆

国家体育馆是第29届奥运会主要比赛场馆之一，与“鸟巢”和“水立方”相邻，在北京2008年奥运会期间主要承担体操（不含艺术体操）和手球决赛和轮椅篮球等项目的比赛。国家体育馆以中国“折扇”为设计灵感，充分体现“绿色奥运、科技奥运、人文奥运”的奥运理念和“节俭办奥运”的原则，注重功能设计、环保设计和美感设计相结合。国家体育馆用废钢渣解决建筑物抗浮问题；建设并网太阳能光伏发电站，解决电网用电高峰问题；安装有1124块太阳能电池组件，这些太阳能电池组每天额定输出功率达到100千瓦，并入电网后，可用于国家体育馆两万平方米地下场所的照明。初步计算，国家体育馆100千瓦光伏电站设计使用寿命为25年，累计发电232万度，按一度电能平均消耗390克标准煤计算，国家体育馆太阳能电池使用25年可以减排二氧化碳约2352.5吨、二氧化硫约21.7吨和氮氧化物约6.3吨。[②]

此外，国家体育馆还拥有先进的保温玻璃幕墙，降低运营成本；采用多功能技术的复合屋面解决了目前大多数体育建筑普遍存在的屋面雨点噪声问题；集散广场铺装采用渗水地面材料，使大部分雨水能渗透到地下，屋面上的雨水也可以进行收集，经处理后可用于冲厕、浇灌绿化、冲洗道路等。[③]

---

① 白强：《从创新蓝图到奥运地标见证北京科技奥运》，载《竞报》，2006年8月6日。

② 白强：《从创新蓝图到奥运地标见证北京科技奥运》，载《竞报》，2006年8月6日。

③ 《08奥运场馆工程巡礼二：“绿色奥运”场馆节水为先》，第29届奥运会官网，访问时间：2007年10月25日。

（四）顺义奥林匹克水上公园

2007 年 8 月 8 日，北京顺义奥林匹克水上公园借世界赛艇青年锦标赛公开亮相，打响了 2007 年“好运北京”系列体育赛事的第一枪。北京顺义奥林匹克水上公园是北京最早交付使用的新建奥运场馆之一，也是北京奥运会最具特色的场馆之一。

水上公园水面面积约 64 万平方米，绿地面积约 58 万平方米，绿化率超过 82%，是北京奥运会绿化率最高的比赛场馆。这里原来是一片荒河滩，现在已经成为一个纯天然的“绿色氧吧”。水上公园将环保理念贯彻到建设和使用的各个方面，为了节约水源，场馆在建设中特别选择了耐旱的树种。场馆还大量采用可再生能源和节能照明技术，场地的主要照明就来自 150 盏太阳能光伏发电路灯。更为重要的是，“奥林匹克水上公园”还充分运用水循环处理系统，使得每一滴水在这里都得到了妥善的利用，保护了珍贵的水资源，大型水循环处理系统基本上每一个月左右就能把赛区内全部的水循环净化一次，能有效控制和维持拥有健康平衡生态环境的水体，实现场馆污水的“零排放”①。

（五）赛后的奥运会比赛场地

奥运会绝不仅仅是十几天的赛事，后奥运时代的体育设施如何做到可持续一直是各方关注的焦点。“绿色奥运”理念体现的不仅仅是环境保护，还包括了建设节约型社会和实现可持续发展。场馆的赛后利用问题长期以来就一直是每个奥运会举办城市面临的难题。如果缺乏一个科学合理的规划管理，场馆在奥运会后很有可能成为城市未来发展的“包袱”②。

北京奥运会场馆在设计伊始就考虑到了各个场馆在赛后的使用和发展，从规划布局、功能设计和投资运营体制等三方面入手，力争将“包袱”变为宝贵遗产，在奥运会前筹划“后奥运时代”。

许多场馆在奥运会后，除了可以进行体育比赛，还可以进行性大众健身、展览、演出等多种功能的需要，比如顺义奥林匹克水上公园奥运会后将

---

① 白强：《从创新蓝图到奥运地标见证北京科技奥运》，载《竞报》，2006 年 8 月 6 日。

② 高鹏：《奥运场馆建设凸显“绿色、科技、人文”三大理念》，新华网，访问时间：2006 年 4 月 23 日。

成为北京东北部最大的旅游休闲度假区；“水立方”经改建后，将成为一个集水上娱乐、健身、培训为一体的水上游乐中心；射击馆将变身为推广公众射击体育运动的基地及宣传奥林匹克精神的射击运动博物馆。

另外，奥运村在奥运会后作为高档住宅出售，建在大学里的场馆将成为学生和附近居民锻炼身体的场所。

（六）奥林匹克森林公园

2008年7月1日至5日，占地680公顷被称为北京奥运后花园的中国最大的城市园林——奥林匹克森林公园首次试运行。奥运会期间，奥林匹克森林公园将成为运动员、教练员、奥运官员的休闲场所。

奥林匹克森林公园的设计理念是“通往自然的轴线”，是一座处处凝聚了生态环保科技、绿色和人文关怀的新型都市园林。奥林匹克森林公园一期工程的所有建筑全部采用了生态节能设计，门窗采用中空和真空膜玻璃，其低辐射功能可以节约冬季采暖和夏季空调费用；智能化的自动浇灌系统可以节约一半的用水量；由太阳能光电板组成的景观廊架，不仅是国内大型城市公园首创，而且每年的发电能力可以达到80000千瓦时，属于真正无污染的绿色能源；奥林匹克森林公园采用雨水收集系统，全园雨洪利用率高达95%，雨水回收量一年134万立方；另外，生态廊道不仅是连接南北园的通道，也是兔子、蚂蚁等小动物和昆虫们穿行两园的唯一通道。[①]

三、大众参与的“绿色奥运”

2005年，北京市委书记刘淇在人代会上表示，“为人文奥运确立了四个定位：中国风格、人文风采、时代风貌、大众参与。”[②]“绿色奥运”目标的完成需要大众的参与。北京不仅代表了中国人民举办奥运会的心愿，还代表了中国人民迎接八方来宾的人文素质。筹备和举办一届绿色奥运盛会不仅需要各级政府的大力支持，更需要全社会的积极参与。为了2008年奥运，北京各界市民表现出了极大的热情，共同为绿色奥运增添了绿的色彩。

---

① 阎建立：《绿色公园：通往自然的轴线》，载《北京青年报》，2008年7月2日。

② 郑宏：《通向2008年的北京形象工程》，中国建筑工业出版社2006年版，第1页。

（一）积极响应政府号召共建绿色奥运

1. 绿色奥运、绿色行动宣讲团走近大众

据北京奥组委官方网站2004年12月17日报道，弘扬奥林匹克精神，深入宣传“绿色奥运”理念，动员公众参与建设绿色北京，为成功举办“绿色奥运”营造良好环境，北京绿色奥运、绿色行动宣讲团在京成立。

“绿色奥运、绿色行动宣讲团”是由北京奥组委与首都精神文明办等单位共同组建的。宣讲团组织专家、学者和志愿者深入社区、学校、企事业单位广泛宣传绿色奥运理念，号召市民行动起来，选择绿色生活，支持绿色奥运。

另据北京奥组委官方网站2006年1月19日报道，2005年，“绿色奥运绿色行动”共开展了186场宣讲：宣讲范围广泛，全体成员共同努力，涉及15个区县，直接受众70000多人；宣讲内容丰富，既弘扬了奥林匹克精神，传播了绿色奥运理念，又涉及保护环境，保护生态平衡，发展循环经济，建立资源节约型社会；宣讲形式多样，既有报告会、研讨会，又有电视台环保节目，展览、学生课外制作等。

2. 全社会共同参与营造北京绿色生态环境

在奥运绿化建设过程中，北京社会各界热情支持首都的绿化美化建设，自申奥成功以来，全民义务植树运动在北京蓬勃开展，为首都绿化美化建设做出了贡献。每年春天，党和国家领导人率先垂范，带头参加首都义务植树劳动，极大地鼓舞了首都市民和各行各界的绿化热情。

此外，“创绿色家园建富裕新村”行动和“城乡手拉手共建新农村”活动，有效改善了城乡居民的生活工作环境。造纪念林、植纪念树、林木绿地认建、认养、承包门前绿化、创建花园式单位等义务植树新形式越来越受到广大市民群众的认可。工会、共青团、妇联等各级群众组织，也积极开展与绿化美化有关的各项创建活动，为奥运绿化贡献力量。

据国家林业局政府网2008年6月27日讯，由北京市人民政府和国家林业局主办的八达岭碳汇造林项目启动暨中国绿色碳基金北京专项成立仪式在京举行，这是为进一步动员首都社会团体和个人关心、支持和参与北京生态建设，丰富“绿色奥运”理念。该项目是我国首批个人出资开展的碳汇造林示范项目之一。北京市委书记刘淇在城市生态环境建设调查时曾强调：“北

京奥运会要加强碳中和研究，再加上北京奥运工程大量失业了节能、环保新技术，北京奥运会一定能够通过实践‘绿色奥运、科技奥运、人文奥运’理念，为减少二氧化碳排放，缓解全球气候变暖做出贡献。”① 从2008年春季开始，项目持续开展规模为3100亩的碳汇造林工作，项目完成后，增加吸收固碳约35800万吨（约相当于131300吨二氧化碳当量），每年吸收固定二氧化碳约2816.86吨。

3. 企业参与绿色奥运行动

2008年的北京奥运，是对中国国力全方位的考验，中国企业抓住机遇，积极参与，推进全球化战略，特别是奥运的赞助商、供应商、特许经营商。

以“奥运级的产品和服务”为标准，按照2008奥运会“人文奥运、科技奥运、绿色奥运”的宗旨，海尔在参与奥运建设，用产品和服务处处体现人文、科技和绿色的要求。比如海尔进驻奥运村和奥运场馆的绿色产品中央空调，因其在节能和环保上优势极为明显，中标21家奥运场馆。它采用了R410A环保制冷剂，对大气的臭氧层破坏为零，达到了欧洲2008年的环保标准，并且每年可节约大约2400万度电。②

绿色奥运不仅是北京奥运会的三大理念之一，同时也是中国石油追求的目标。作为北京奥运会的合作伙伴，为北京提供清洁、环保的燃料是中石油的责任与任务。2008年，中国石油向北京供应55亿立方米的天然气，为“绿色奥运”助一臂之力，与北京绿色奥运同行。③

（二）大众积极参与绿色创建活动和绿色奥运主题活动

1. 学校推行绿色教育

为了2008年奥运会，各级学校也大力推行绿色教育活动，成立绿色教育中心，唤起学生们对环境的爱护之心和为奥运会尽自己的一份力量的决心。一些小学生走向街头散发环保资料；一些学校组织学生美化城市环境，义务打扫奥运场馆周边卫生；也有一些学校倡导垃圾分类，把一张张废旧报纸制成了再生纸。全市中小学生参加人人留住一桶水节水活动，通过课堂教学、

① 徐飞鹏：《08奥运会将成为绿色减排的一届体育盛会》，载《北京日报》，2008年5月11日。

② 王玮：《海尔全球化：奥运做支点》，载《竞报》，2007年11月30日。

③ 陈晨曦：《中国石油：与绿色奥运同行》，载《人民日报》，2007年8月8日。

垃圾回收分类、节水、节能、节约资源活动等对学生进行环境道德教育。

2007年7月13日，在北京申奥成功六周年纪念日当天，由中华环保联合会和北京奥组委合作伙伴中国移动通信集团公司共同发起的《绿色奥运中学生环境教育读本》进校园，有关单位向北京、上海、沈阳、青岛、天津、秦皇岛等奥运主办、协办城市的中学生捐赠了12万册该读本。这个活动是落实"绿色奥运"的重要举措。"在启动仪式上，北京市中学生代表向全国中学生发出倡议：通过学习绿色奥运知识，学习环境保护知识，从现在做起，从身边小事做起，从自身和动员周围人做起，培养环保责任意识、道德意识，树立人与自然和谐的新理念。"①

2. 社区积极倡导绿色生活方式

改变以往的生活方式，迎接奥运，不仅需要政府的措施，也需要市民和志愿者的积极参与。在北京市的各个小区，市民积极参与的活动数不胜数。

在"迎奥运倒计时500天——'绿色奥运 微笑北京 志愿朝阳'——朝阳区志愿者星期六美化环境万人行动"启动仪式上，以五环颜色为代表的五支朝阳区志愿服务队，这五支队伍分别是"黑色"清除垃圾服务队、"蓝色"清洁护栏服务队、"红色"社区环境整治队、"绿色"绿化植树服务队、"黄色"楼宇环境美化队。

北京市香河园街道的志愿者们进入社区收集废旧电池；首都机场街道的志愿者们开展了捡拾白色垃圾、擦洗垃圾桶的活动；六里屯街道的志愿者组织了"绿色奥运志愿者"签名行动；和平街道的志愿者对公交车站站牌和过街天桥上的小广告进行了全面的清理……②

3. 开展各种形式的绿色奥运主题宣传活动

在2007年的"6·5世界环境日"，十支由身着奥运五环颜色T恤衫的近千名市民和大学生组成的自行车队浩浩荡荡地出现在北京街头，边骑车边传递绿色出行的理念，用行动支持"少开一天车"的环保活动，由此拉开了"绿色出行迎奥运每月少开一天车"的主题宣传活动的序幕。"每月少开一天

---

① 《绿色奥运中学生环境教育读本》走进校园，第29届奥运会官网，访问时间：2007年7月13日。

② 翟烜：《清洁城市服务鸟巢水立方》，载《北京娱乐信报》，2007年3月19日。

车”活动的影响不仅是当时减少污染物排放，更是要放眼长远，让公众树立环保意识。[①]“每月少开一天车”不仅作为2008年北京奥运会的一个短期措施，还成为了解决北京汽车出行问题的一个长期而有效的措施。奥运会后，北京市发布了关于实施交通管理措施的通告，规定从2008年10月11日起实行限行措施，所有机动车将尾号分成五组，每三个月轮换一次，一直实施至今。

据北京奥组委官方网站报道，以“绿色奥运”为主题，“2007第二届大学生环保漫画·插画大赛”于世界环境日之际在中国日报社举行了隆重的颁奖仪式和优秀作品展。这次大赛的宗旨旨在传递奥运精神，使绿色奥运传递到每一个公民，并借此大学生的热情和创意，展示当代大学生的魅力与风采。这次大赛为大学生提供了参与绿色奥运的平台，鼓励他们用手中的画笔去描绘绿色奥运，传播环保观念。共有百所高校1000多名在校大学生参加。

此外，家庭节水DIY活动、中小学“绿色梦想，彩绘奥运”绘画比赛、首都高校“畅想奥运，绿动校园”DV大赛、“牵手福娃走近自然”动物保护科普巡展等活动吸引了众多民众的积极参与。

（三）志愿者热情服务

2008年是中国志愿者“元年”，北京奥运会志愿者的工作渗透到了奥运会的各个方面。志愿者的微笑成为2008北京最好的名片。在今天，成为志愿者不仅是一种时尚，更是一种光荣，是崇高的奥林匹克精神的体现。

2006年4月3日首都大学生迎奥运绿色环保志愿者培训计划首先实施，这个计划主要“培训首都高校环保社团负责人、首都迎奥运绿色环保志愿者、奥运会赛前志愿者和奥运会测试赛志愿者，以绿色教育、绿色生活、绿色实践、绿色调研、绿色监督等为主要培训内容，建设一支以大学生为主体的绿色环保专业团队，在参加绿色奥运的志愿服务过程中更好地发挥作用”[②]。

据北京奥组委官方网站报道，2007年12月5日“国际志愿者日”，由共

---

① 潘旭临：《北京举办“迎奥运每月少开一天车”环保宣传活动》，中新社，访问时间：2007年6月3日。

② 铁铮：《首都大学生启动绿色志愿者培训》，载《北京日报》，2006年4月3日。

青团北京市委员会、北京奥运会志愿者工作协调小组办公室、北京志愿者协会、联合国开发计划署、联合国志愿人员组织共同主办的“人人都是绿色奥运志愿者”主题宣传活动正式拉开序幕。本次活动借助分布在朝阳区的各个城市信息服务亭，用醒目的易拉罐和宣传册向广大市民传播“绿色奥运”理念，弘扬健康、环保、积极的生活方式，鼓励大家从自身做起，从日常生活做起，以实际行动支持环保公益事业，支持北京奥运。设计新颖的宣传册上面不仅全面介绍了“绿色奥运”的相关知识和现阶段北京奥运会在这一领域的巨大成就，而且还列举了20条生活环保小窍门，号召大家从点滴做起，积极参与到绿色奥运志愿者行列中来。

奥运会期间，共有10万赛会志愿者，20万拉拉队，40万城市志愿者，100万社会志愿者为赛会服务，成为奥运历史上志愿者人数最多的一届奥运会。来自五湖四海的志愿者们，以他们优质的服务向世界展示了中国的风采。

北京绿色奥运不仅为后人留下奥运会绿色建筑的示范工程，举办大型赛事所需的环境管理模式，以及公众积极参与环保工作的有效机制，更重要的是促进了生态文明的建设，正如胡锦涛总书记2008年8月1日在接受25家国际媒体联合采访时回答南非广播公司记者所说的：“生态文明建设是中国经济社会发展的一项战略任务，也是中国人民极为关心的一件大事。我们努力通过举办北京奥运会，大力推进生态环境保护，努力使田更蓝，地更绿、水更清，让生态文明观念深入人心。”[①] 如今，中国生态文明建设取得了显著成就，公众环境意识大大提高，2008年的绿色奥运功不可没。

第四节　**2022**年北京冬奥会的理念与行动

2008年第29届夏季奥运会给北京留下了丰富的奥运遗产，最宝贵的是“绿色奥运、科技奥运、人文奥运”的理念以生态意识、科学精神、文明素质的形式渗透到人们的思想之中，并成为中国人心中的行动指南。十年来，

---

① 钱彤：《胡锦涛接受国外媒体集体采访》，载《北京青年报》，2008年8月2日。

这种理念依然为北京的城市发展、和谐社会的构建提供着丰富的思想资源。

2015 年 7 月 31 日，国际奥委会第 128 次全会投票选出北京为 2022 年冬奥会举办城市，北京将成为世界上唯一一个举办夏、冬“双奥运”的城市。2017 年 1 月 18 日，国家主席习近平在洛桑国际奥林匹克博物馆会见国际奥林匹克委员会主席巴赫时强调，中国坚定支持并积极参与奥林匹克运动，“筹办北京冬季奥运会是中国今后几年一项重大工作。我们将坚持绿色办奥运、共享办奥运、开放办奥运、廉洁办奥运。中国愿同国际奥委会一道，把北京冬季奥运会办成一届精彩、非凡、卓越的奥运盛会”[①]。

如今，我国正处在全面建成小康社会的决胜阶段和全面深化改革的攻坚阶段。新的事业需要新的理念，新的理念引领新的发展。2022 冬奥会的成功申办，让北京再次成为世人瞩目的地方，新的奥运理念——绿色办奥运、共享办奥运、开放办奥运、廉洁办奥运，正在以新的姿态进入人们的头脑和生活中。

一、冬奥会理念内涵及目标

（一）冬奥会会徽的蕴意

据北京冬奥组委官网报道：2017 年 12 月 15 日，在全世界的瞩目下，国务院副总理张高丽和国际奥委会副主席于再清以及运动员代表一起，揭开了 2022 年第 24 届北京冬奥会会徽“冬梦”的神秘面纱。北京冬奥会会徽“冬梦”将中国传统文化和奥林匹克元素巧妙结合，运用中国书法的艺术形式，将厚重的东方文化底蕴与国际化的现代风格融为一体，呈现出新时代中国的新形象、新梦想。

会徽以汉字“冬”为灵感来源，图形上半部分展现滑冰运动员的造型，下半部分表现滑雪运动员的英姿。中间舞动的线条流畅且充满韵律，代表举办地起伏的山峦、赛场、冰雪滑道和节日飘舞的丝带，为会徽增添了节日欢庆的视觉感受，也象征着北京冬奥会将在中国春节期间举行。会

① 习近平：《中国坚定支持并积极参与奥林匹克运动》，载《人民日报》（海外版），2017 年 1 月 19 日。

徽以蓝色为主色调，寓意梦想与未来，以及冰雪的明亮纯洁。红黄两色源自中国国旗，代表运动的激情、青春与活力。“BEIJING 2022”印鉴在形态上汲取了中国书法与剪纸的特点，增强了字体的文化内涵和表现力，也体现了与会徽图形的整体感和统一性。

新时代的中国将为办好北京冬奥会而不懈努力，“圆冬奥之梦，圆体育强国之梦，实现‘三亿人参与冰雪运动’目标，推动世界冰雪运动发展，为国际奥林匹克运动做出新贡献”正是中国争办冬奥会的目标和美好追求。

（图片来源：北京冬奥组委官网 http：//www.beijing2022.cn/a/20171215/044650.htm）

（二）冬奥会理念解读

1. 绿色办奥运

“绿色奥运”是2008北京奥运会留下的奥运遗产之一。在冬奥会的理念中，绿色办奥运排在首位，是所有理念的“重中之重”，它始终贯穿于其他三个发展理念中。

坚持绿色办奥运，就是要提升全社会环保意识，加强环境治理和污染防控，把绿色发展理念贯穿筹办工作全过程。①

坚持绿色办奥运，一方面是北京申冬奥时提出的三大理念之一——“可持

---

① 《习近平对办好北京冬奥会做出重要指示》，载《人民日报》，2015年11月25日。

续发展”的具体表述；另一方面，是举办冬奥会与十八届五中全会提出的“坚持绿色发展，推进美丽中国建设”的目标接轨，为实现中华民族伟大复兴和永续发展。[①] 在兑现生态文明建设蓝图的过程中，2022 年冬奥会无疑是难得契机。

让蓝天白云常在，青山绿水常存，是中国对冬奥会的承诺，是中国对昔日庄严承诺的传承，也是未来发展必须实现的目标，更是向世界展示着建设“美丽中国”宏伟目标的决心和信心。

2. 共享办奥运

共享办奥运，就是要“积极调动社会力量参与办奥，提高城市管理水平和社会文明程度，加快冰雪运动发展和普及，使广大人民群众受益”[②]。共享办奥运体现了以人民为中心的初心，京津冀三地将携手共进，统筹安排，主动对接，协同发展迈上新台阶，让三地民众享受到冬奥会红利，实现共享美好生活的目的。

习近平同志在 2016 年 3 月 18 日听取北京冬奥会、残奥会筹办工作时对共享办奥运做出指示：“要把推动冰雪运动普及贯穿始终，大力发展群众冰雪运动，提高冰雪运动竞技水平，加快冰雪产业发展，推动冬季群众体育运动开展，增强人民体质。”[③]

3. 开放办奥运

开放办奥运，就是“要借鉴北京奥运会和其他国家办赛经验，弘扬奥林匹克精神，加强中外体育交流，推动东西方文明交融，展示中国良好形象”；“邀请国际奥委会、国际残奥委会、国际冬季单项体育组织及有关方面的专家参与筹办工作”[④]。

开放办奥运，就是“要充分利用我国丰富的文化艺术资源，以体育为主题，以文化为内容，策划组织形式多样、生动活泼的文化宣传活动，广泛吸

---

① 王皓宇、苏斌：《2022 年冬奥坚持“绿色发展”践行美丽中国建设》，新华网，访问时间：2015 年 11 月 30 日。

② 《习近平对办好北京冬奥会作出重要指示》，载《人民日报》，2015 年 11 月 25 日。

③ 国家体育总局党组：《聚精会神抓冬奥备战，加快冰雪运动普及提高》，载《人民日报》，2017 年 04 月 05 日。

④ 《习近平对办好北京冬奥会做出重要指示》，载《人民日报》，2015 年 11 月 25 日。

引社会各界积极参与。要广泛开展对外人文交流，讲好中国故事，传播好中国声音。要主动同国际体育组织合作，听取场馆建设、赛事组织、人才培养等”①。

开放办奥运体现了中国坚持向世界开放的决心，表达了中国开放的大门不会关上，中国将以开放的态度办冬奥，学习借鉴他国经验，博采众长。冬奥会是展示中国良好形象的重要机会，也是推动东西文明交融的绝佳途径，中国不会错过。

4. 廉洁办奥运

廉洁是现代文明社会对政府的基本要求，党的十八大强调要建立一个“官员清廉、政府清正、政治清明”的社会，核心首先就是强调政府本身的“廉价和廉洁”。②

廉洁办奥运，就要“严格预算管理，控制办奥成本，强化过程监督，让冬奥会像冰雪一样纯洁干净”，“建立健全规章制度，加强财务管理和监督审计，确保实现‘节俭奥运、廉洁奥运、阳光奥运’”③。

廉洁办奥运，就是要加强组织领导，统筹推进各项工作。冬奥会的组织工作复杂，专业要求高，虽然北京有2008年成功举办夏奥会的经验可以借鉴，但竞赛项目截然不同的特点也会让北京冬奥会的承办遇到新的挑战。但是挑战的存在不是前进的绝对阻力，更可能是推动前进的动力。因此，冬奥会的整个筹备工作坚持“共享、开放、合理、严谨”的原则同样至关重要，处理好各级组织的关系就显得尤其重要，其中包括奥组委和国际奥委会的关系，和本国奥委会的关系和城市政府的关系，和国家体育行政机构的关系以及和最基层的工作人员的关系等等。

冬奥会理念充分体现了创新、协调、绿色、开放、共享的新发展理念，贯彻了习近平新时代中国特色社会主义思想，为推进冬奥会各项工作的落实提供了坚实的理论依据和思想基础。

---

① 《习近平听取北京冬奥会残奥会筹办工作情况汇报》，新华网，访问时间：2016年3月18日。

② 竹立家：《建立一个廉价廉洁政府》，载《学习时报》，2013年06月03日。

③ 《习近平对北京冬奥会作出指示：把绿色发展理念贯穿筹办工作始终》，新华网，访问时间：2015年11月24日。

二、冬奥会理念落实与行动

自冬奥会申办成功后，冬奥运组委携手各界，紧锣密鼓开展一系列工作，冬奥会理念正逐步落实。

（一）利用首钢工业园建设办公设施

2016年3月18日，习近平总书记在听取北京冬奥会残奥会筹办工作情况汇报时指示，场馆和基础设施建设是筹办工作的重中之重，周期长、任务重、要求高，要加快工作进度，充分考虑赛事需求和赛后利用，充分利用现有场馆设施，注重利用先进科技手段，注重实用、保护生态，坚持节约原则，不搞铺张奢华，不搞重复建设。[①] 这一讲话精神已得到实实在在地贯彻。

北京冬奥会绿色办奥运的一大亮点是在北京西郊的首钢集团工业园区遗址公园内，首钢旧厂址上建设的2022年冬季奥运会办公场所和奥运场馆。2016年，原用于存放矿铁石的六座圆“筒仓”（呈圆筒状的工业建筑，原为储藏工业原料的仓库，位于首钢园区内高炉精炼区，毗邻料仓、秀池。），率先被改造成为上下共6层、单层面积约300平方米、建筑平面呈正圆形的办公用房[②]，成为这届奥委会的办公区，有1600名工作人员在这里办公。

（二）加快建设奥运场馆

北京2022年冬奥会计划使用25个场馆，场馆分布在三个赛区，分别是北京赛区、延庆赛区和张家口赛区。为了体现绿色办奥、节俭办奥的理念，北京赛区的12个竞赛和非竞赛场馆中有八个是直接利用2008年夏奥会的奥运场馆，如国家体育场（鸟巢）、国家游泳中心（水立方）、国家体育馆、五棵松体育中心、首都体育馆等都是2008年留下的奥运建筑，为体育事业持续发挥着作用。考虑到赛后的利用问题，延庆赛区的五个新建场馆，有两个是临时建筑，延庆山地媒体中心和延庆颁奖广场将在赛后拆除。张家口赛区的云顶滑雪公园场地A和B两个场地是现有场馆，其他六个中的两个也将在赛后拆除。

---

① 习近平：《冬奥会场馆不搞重复建设》，载《北京青年报》，2016年03月19日。

② 张然：《北京冬奥组委会筒仓办公区》，室内设计网，访问时间：2018年8月21日。

北京奥林匹克公园也是2008年奥运会的重要产物，2022年将再次成为冬奥会的核心区域，冬奥会25个场馆中的七个位于北京奥林匹克公园范围内，唯一新建的竞赛场馆国家速滑馆也坐落在其中。

值得一提的是，除冬奥组委的办公区外，在2017年，首钢工业园区的北区精煤车间也被改造为短道速滑、花滑、冰壶、冰球四座冬奥训练馆，同时配套运动员公寓和商业设施。这些场馆肩负着推动“三亿人上冰雪”的远大的目标，后续计划将训练馆转为社会设施，向社会开放，为市民提供服务，为普及冰上运动做出贡献，同时实现成为能够承接综合赛事的永久性比赛场馆。①

冬奥标志性景观是由体育元素与现代元素结合的用废弃冷却塔建的单板大跳台，在2022年北京冬奥会上，这一项目将在首钢园区上演。后冬奥时代，其将作为国内外大跳台体育比赛和训练场地、公众旅游休闲健身活动场地继续发挥作用。如此，老工业遗存重新焕发了生机。2018年6月5日，在北京2022年冬奥会和冬残奥会官方城市更新服务合作伙伴签约仪式上，国际奥委会主席巴赫称赞首钢园区：“如果您对城市更新感兴趣，如果您想了解奥运会是如何推动城市发展，如果您还想知道奥运会是如何助力实现一个城市、一个区域乃至一个国家的发展规划，那请您环顾四周，看看这个堪称典范的首钢园区，您将会知悉所有答案。”② 巴赫更是盛赞首钢园区是一个“让人惊艳”的城市规划和更新的范例。2012年10月27日，在上海召开的首届“Greenbuild China”国际绿色建筑大会上，首钢集团荣获“2017年绿色建筑先锋大奖”。美国绿色建筑委员会总裁兼首席执行官马晗先生在颁奖时说：“首钢集团作为一家近百年的企业，象征了北京重工业时代的辉煌，首钢地区积淀下来的不仅有丰富的物质资源，还有城市发展的历史印记。首钢集团在保留工业遗存的同时，也在为可持续发展、适合人类宜居环境做出突出的贡献。”③

---

① 《世界寿命最长的工业特色奥运冰雪场馆即将诞生》，新华网，访问时间：2018年2月8日。

② 《“奥运之问”的首钢答案》，首钢集团网站，访问时间：2018年6月5日。

③ 宋玉铮：《首钢集团荣获“2017年绿色建筑先锋大奖”》，载《首钢日报》，2017年10月24日。

（三）京津冀携手开展环境治理

申冬奥成功后，环保问题成为民众关心的焦点之一。为了贯彻“绿色办奥，把绿色发展理念贯穿筹办工作全过程”的理念，就要“重点围绕治气、治沙、治水，加强联防联建、综合治理，加快改善京张地区的生态环境”①。治气主要的是治理雾霾，雾霾问题是申办冬奥会的过程中北京的一个弊病。为此，北京以冬奥会为契机，开始进行全面治理。届时，让北京拥有更多的蓝天，让国人和世界各地的来宾看到干净清新的北京。

在宏观战略上，北京已在研究制定标准更高、措施更严、工作力度更大的《北京市蓝天保卫战 2018—2020 年攻坚计划》，并已建立与周边各省区市的联防联控联治联动机制，“在京津冀协调发展的大背景下，作为华北地区风能和太阳能资源最丰富的地区之一，国务院批复同意在张家口设立‘可再生能源示范区’，建设国际领先的‘低碳奥运专区’”②。在绿色发展理念指引下，过去依赖矿产企业的崇礼县，正在积极将旅游产业打造为立县之本，推动经济产业结构转型，力争 2022 年前崇礼县能基本使用可再生能源。如果能转型成功，这个绿色办奥的“实验平台”将带动周边省市更多地区走绿色发展之路。

2015 年 03 月 23 日，中央财经领导小组第九次会议审议研究了《京津冀协同发展规划纲要》，申办冬奥的成功加快了京津冀环境治理一体化的步伐。2015 年，京津冀三地签订了大气污染防治合作协议，当年，北京市就投入了 4.6 亿元支持河北省的廊坊市、保定市的大气治理。天津也投入了 4 亿元支持唐山、沧州的大气污染治理工作。③ 随着设立“京津冀生态环境红线”，构筑起“京津冀生态环境共同体”，京津冀携手共治环境不仅为冬奥会的蓝天提供保障，更为未来可持续发展提供保障。

（四）提供可靠的交通保障措施

北京与张家口联合申办冬奥因距离远问题曾遭到质疑。然而，连接北

---

① 《习近平对北京冬奥会作出指示：把绿色发展理念贯穿筹办工作始终》，新华网，访问时间：2015 年 11 月 24 日。

② 王皓宇、苏斌：《2022 年冬奥坚持“绿色发展”践行美丽中国建设》，新华网，访问时间：2015 年 11 月 30 日。

③ 倪元锦：《申奥成功有助京津冀环境治理一体化》，新华网，访问时间：2015 年 8 月 1 日。

京、延庆、张家口三个赛区场馆群的京张铁路已于2016年4月29日开工，预计2019年底建成通车，时速能达到每小时350公里，中国速度将征服世界。不仅如此，京张铁路崇礼支线也已列入《张家口市承办2022年冬奥会综合交通规划》，将与京张高铁统一规划、建设、管理。届时，运动员、观赛观众、游客沿着这条铁路可直达赛区。

公路建设方面，北京加快京崇高速、京北一级公路建设。河北省加快延崇高速、万龙至转枝莲隧道、张家口奥运物流中心、省道张榆线等项目协同推进。崇礼县还将完成“奥运核心区”12条交通专线的建设，另有九条交通线路正在规划设计之中。崇礼至太子城、太子城至云顶、太子城至古杨树公路和崇礼综合客运枢纽下半年开工建设，这些线路将使县域内各大雪场更便捷地与周边城市连接在一起。[①]

空中交通方面，北京新机场计划2019年年底建成，届时将为冬奥会庞大的交通流量提供支持。北京新机场交通项目旨在推进京津冀一体化发展，引领中国经济新常态，打造中国经济升级版的重要基础设施。张家口军民合用机场已经通航，初步开通张家口至石家庄、上海、广州、西安、成都、海口六条航线。便捷的现代化立体交通网络，将为冬奥会雪上项目提供可靠的交通输送保障。

（五）吸引公众加入冬奥志愿活动

公众支持、参与奥运是办好奥运最深厚的社会基础和最坚强的后盾。为了落实共享办奥运，充分调动公众的积极性和热情显得非常重要。因此，一方面，要充分尊重社会公众的参与热情，保证民众的知情权、参与权、表达权、监督权，组织者应当为公众提供参与筹办奥运的各项工作和活动创造条件和机会；另一方面，要让冰雪体育进社区、进学校、进公园，普及冰雪运动，增强国民体质，实现人民对美好生活的向往。

2008年是中国的“奥林匹克年”，也是中国的“志愿者元年”。当年，志愿者们用微笑、用热情为中外运动员、观众服务。“志愿者的微笑”成为首都的一张名片。2008年北京奥运会后，为了推动北京志愿服务走向制度

---

① 李茜：《河北推进建设2022年冬奥会交通保障项目》，中新网，访问时间：2018年1月22日。

化、规范化、常态化，北京开通了“志愿北京”信息平台，志愿者实名注册。经过十年的发展，“截至 2017 年底，信息平台注册志愿者人数达 413.7 万人，总服务时间超过 2.25 亿小时。与十年前相比，志愿者的人数上涨了 243 万”①。

2018 年 8 月 8 日，北京团市委、市志愿服务联合会在奥林匹克公园公共区志愿者广场举行“传承 2008 奥运会　建功 2022 冬奥会北京志愿者在行动”主题活动。北京冬奥组委相关负责人表示，2018 年将制定志愿者行动计划及专业志愿者、实习生的选拔培训计划，公开招募首批驻会志愿者和实习生。到明年底，冬奥组委将全面启动赛会志愿者招募培养工作。②

2008 年北京奥运留下了丰厚的物质的和精神的遗产，激励了中国人更加奋发向上，同时也为2022 北京冬奥会和中国生态文明教育提供了宝贵经验与资源。我们有理由相信，在绿色奥运的旗帜下，我国公众的生态文明意识会不断提高，人与自然将共生共存，人民对美好生活的期待、美丽中国的目标一定能够实现。

---

① 贺勇：《冬奥志愿者工作稳步推进》，载《人民日报》，2018 年 8 月 9 日。

② 贺勇：《冬奥志愿者工作稳步推进》，载《人民日报》，2018 年 8 月 9 日。

参考文献

一、著作类

1.《马克思恩格斯全集》第31卷，人民出版社1972年版。

2.《马克思恩格斯全集》第20卷，人民出版社1979年版。

3.《马克思恩格斯全集》第42卷，人民出版社1979年版。

4.《马克思恩格斯全集》第23卷，人民出版社1979年版。

5. 北京林业大学：《绿色长征和谐先锋——2007全国青少年绿色长征接力活动》，中国环境科学出版社2007年版。

6. 本书编写组：《全面落实科学发展观大参考》，红旗出版社2005年版。

7. 陈桂生：《教育原理》，华东师范大学出版社2000年版。

8. 陈敏豪：《生态文化与文明前景》，武汉出版社1995年版。

9. 储朝晖：《中国大学精神的历史与省思》，山西教育出版社2010年版。

10. 段娟：《十六大以来中国生态文明建设的回顾与思考》，见张星星：《改革开放与中国特色社会主义：第十五届国史学术年会论文集》，当代中国出版社2016年版。

11. 范恩源、马东元：《环境教育与可持续发展》，北京理工大学出版社2005年版。

12. 傅华：《生态伦理学探究》，华夏出版社2006年版。

13. 冯淑霞：《以人为本 创建“绿色校园”》，载《新世界中国教育发展论坛》（第二卷），学苑出版社2007年版。

14. 广州市环境保护宣传教育中心：《马克思恩格斯论环境》，中国环境科学出版社 2003 年版。

15. 国际奥委会：《奥林匹克宪章》，奥林匹克出版社 1991 年版。

16. 国家环境保护局宣教司：《中国环境教育的理论与实践》，中国环境科学出版社 1991 年版。

17. 国家环境保护局：《第三次全国环境保护会议文件汇编》，中国环境科学出版社 1989 年版。

18. 国家环境保护局：《中国环境保护 21 世纪议程》，中国环境科学出版社 1995 年版。

19. 国家环境保护总局宣传教育中心：《绿色学校指南》，2004 年版。

20. 国家环境保护总局宣传司：《环境宣传教育文件汇编（2001—2005）》，中国环境科学出版社 2000 年版。

21. 国家环境保护部宣传教育司：《全国环境宣传教育工作纲要（2011—2015）》，中国环境出版社 2016 年版。

22. 国家科技教育领导小组办公室：《科技知识讲座文集》，中共中央党校出版社 2003 年版。

23. 国家环境保护宣传司：《“十二五”时期环境宣传教育文件汇编（2011—2015）》，中国环境科学出版社 2016 年版。

24. 国家教育委员会政策法规司：《世界教育发展新趋势（1988—1990）》，北京大学出版社 1993 年版。

25. 环境保护部宣传教育司：《“十二五”时期环境宣传教育文件汇编（2011—2015 年）》，中国环境出版社 2016 年版。

26. 姬振海：《生态文明论》，人民出版社 2007 年版。

27. 贾振邦、黄润华：《环境学基础教程》，高等教育出版社 1997 年版。

28. 李久生：《环境教育论纲》，江苏教育出版社 2005 年版。

29. 梁从诫：《中国环境绿皮书——2005 年：中国的环境危局与突围》，社会科学文献出版社 2006 年版。

30. 廖福霖：《生态文明建设理论与实践》，中国林业出版社 2001 年版。

31. 吕焕卿：《塑造绿色事业的建设者》，中国广播电视出版社 2005 年版。

32. 宁艳杰：《物业环境管理》，中国林业出版社 2013 年版。

33. 偶正涛:《暗访淮河》，新华出版社2005年版。

34. 潘岳:《绿色中国文集》，中国环境科学出版社2006年版。

35. 曲格平:《中国环境与发展》，中国环境科学出版社1992年版。

36. 全国工商联住宅产业商会:《中国生态住宅技术评估手册》，中国建筑工业出版社2003年版。

37.《全面落实科学发展观大参考》编写组:《全面落实科学发展观大参考》，红旗出版2005年版。

38. 单中惠、杨汉麟:《西方教育学》，江西人民出版社2004年版。

39. 邵培仁:《传播学》，高等教育出版社2000年版。

40. 史根生:《可持续发展教育报告·2003年卷》，教育科学出版社2004年版。

41. 世界银行:《2005年世界发展指标》（中译本），中国财政经济出版社2005年版。

42. 王民:《可持续发展教育概论》，地质出版社2006年版。

43. 王民:《绿色大学与可持续发展》，地质出版社2006年版。

44. 王祥荣:《生态与环境——城市可持续发展与生态环境调控新论》，东南大学出版社2000年版。

45. 熊晓正、陈剑:《奥林匹克知识读本》，人民日报出版社2007年版。

46. 徐辉、祝怀新:《国际环境教育的理论与实践》，人民教育出版社1998年版。

47. 薛晓源:《生态文明研究前沿报告》，华东师范大学出版社2007年版。

48. 张坤民:《可持续发展论》，中国环境科学出版社1997年版。

49. 张凯:《当代环境保护》，中国环境科学出版社2006年版。

50. 曾建平:《寻归绿色——环境道德教育》，人民出版社2004年版。

51. 中共中央文献研究室:《习近平关于社会主义生态文明建设论述摘编》，中央文献出版社2017年版。

52.《中华人民共和国环境保护法》，中国法制出版社1999年版。

53.《中国21世纪议程——中国21世纪人口、环境与发展白皮书》，中国环境科学出版1994年版。

54. 《中国共产党党章》，人民出版社 2017 年版。

55. 《中国环境保护行政二十年》编委会：《中国环境保护行政二十年》，中国环境科学出版 1994 年版。

56. 祝怀新：《环境教育论》，中国环境科学出版社 2002 年版。

57. 祝怀新：《环境教育的理论与实践》，中国环境科学出版社 2005 年版。

58. ［德］马克思：《资本论》第 1 卷，人民出版社 2004 年版。

59. Huckle. J："Education for Sustainability：Assessing Pathways to the Future"，*Australian Journal of Environmental Education*，1991（7）.

60. ［美］唐纳德·沃斯特：《自然的经济体系——生态思想史》，侯文蕙译，商务印书馆 1999 年版。

61. ［日］岸根卓郎：《环境论——人类最终的选择》，何鉴译，南京大学出版 1999 年版。

62. ［希腊］道萨迪亚斯：《生态学与人类聚居学》，中国建筑工业出版（《人居环境科学导论》附）2002 年版。

63. ［英］艾沃·古德森：《环境教育的诞生》，贺晓星等译，华东师范大学出版社 2001 年版。

64. ［英］Joy A. Palmer：《21 世纪的环境教育——理论、实践、进展与前景》，田青、刘丰译，中国轻工业出版社 2002 年版。

二、论文类

65. 陈丽鸿：《中国生态文明教育实践综述（2008—2010 年）》，载《林业经济》，2011 年第 11 期。

66. 北子：《中国"环保之父"曲格平》，载《环境教育》，2004 年第 3 期。

67. 曹列文：《网络条件下的环境教育》，载《环境教育》，2002 年第 2 期。

68. 曹迎：《论高校学生生态文明教育》，载《绿色中国》，2006 年第 21 期。

69. 陈浮：《城市人居环境与满意度评价研究》，载《城市规划》，2000年第7期。

70. 陈南、吴小强、王伟彤：《高等教育改革与“绿色大学”建设》，载《湖南师范大学教育科学学报》，2004年第6期。

71. 陈永森：《开展生态文明教育的思考》，载《思想理论教育》，2013年第7期。

72. 曾红鹰：《环境教育思想的新发展——欧洲“生态学校”（绿色学校）计划的发展概况》，载《环境教育》，1999年第4期。

73. 丁牧：《教育部颁布〈中小学环境教育实施指南》，载《环境教育》，2003年6期。

74. 傅晓华：《论生态文明中的教育功能》，载《辽宁师范大学学报》(社会科学版)，2002年第1期。

75. 樊颖颖、梁立军：《中国“绿色大学”研究进展及其分析》，载《南京林业大学学报》(人文社会科学版)，2012年第2期。

76. 葛华：《城市社区文化建设的现实分析》，载《探求》，2002年总第135期（S1）。

77. 顾秉林：《明确方向共同研究创新发展》，载《科学中国人》，2004年第3期。

78. 顾成昕、刘淑媛、马逵、赵霞：《关于在大学生中开展生态文化教育的调查与思考》，载《大连大学学报》，2001年2月第22卷第1期。

79. 贺旭辉：《论21世纪大学校园生态文化建设》，载《湖北社会科学》，2004年第12期。

80. 侯志阳：《新媒体赋权与农村绿色社区建设》，载《学术研究》，2016年第4期。

81. 胡伯项，胡文，孔祥宁：《科学发展观研究的生态文明视角》，载《社会主义研究》，2007年第3期。

82. 胡龙蛟：《论校园文化建设与学校德育工作》，载《中国教育学刊》，2011年第S1期。

83. 黄辞海：《居住型生态社区的内涵及其指标体系》，载《理论研究》，2000年第2期。

84. 郇庆治：《生态文明建设的区域模式——以浙江安吉县为例》，载《贵州省党校学报》，2016 年第 4 期。

85. 黄娟、张涛：《生态文明视域下的我国绿色生产方式初探》，载《湖湘论坛》，2015 年第 4 期。

86. 黄宇：《中国环境教育的发展与方向》，载《教育与教学研究》，2003 年第 2 期。

87. 黄宇：《国际环境教育的发展与中国的绿色学校》，载《比较教育研究》，2003 年第 1 期。

88. 江山：《加强生态文化教育提高大学生素养》，载《湖北经济学院学报》（人文社会科学版），2013 年第 10 期。

89. 金忠民：《大都市综合居住社区规划新思维》，载《城市规划汇刊》，1997 年第 4 期。

90. 景才瑞、饶扬誉：《论资源与环境的可持续利用与保护》，载《长江流域资源与环境》，1999 年第 2 期。

91. 李久生、谢志仁：《略论中国绿色社区建设》，载《环境科学技术》，2003 年第 26 卷第 6 期。

92. 李凌：《由北京国奥村看生态住宅的核心技术和发展趋势》，载《天津建材》，2011 年第 5 期。

93. 李媛媛、陈丽鸿：《国家生态文明教育基地评价体系研究》，载《企业文明》，2014 年第 2 期。

94. 林培英、张毅：《学校环境教育与社会环境教育的比较》，载《环境教育》，2001 年第 5 期。

95. 刘克敏：《开展环境教育的重要教育手段》，载《环境教育》，2003 年第 6 期。

96. 刘经伟：《试论高效生态文明教育》，载《中国高等研究》，2006 年第 4 期。

97. 刘猛、龙惟定：《国内外“绿色大学”简介》，载《智能建筑与城市信息》，2007 年第 4 期。

98. 刘庆龙、冯杰：《论住区文化及其在住区建设中的作用》，载《清华大学学报》（哲学社会科学），2002 年第 5 期。

99. 刘彦随：《中国新时代城乡融合与乡村振兴》，载《地理学报》，2018 年第 4 期。

100. 陆根法、尹大强、许鸥泳、丁树荣、钱瑜：《中国高等环境教育发展战略建议》，载《环境科学学报》，1998 年 6 月第 18 卷第 6 期。

101. 鲁湘：《就〈大纲〉说〈大纲〉——〈中小学环境教育专题教育大纲〉结构特点浅析》，载《环境教育》，2003 年第 5 期。

102. 骆有庆、李勇、贺庆棠：《我国绿色大学建设的实践与思考》，载《北京教育》（高教），2014 年第 5 期。

103. 马岳良：《新北京、新奥运理念的探略》，载《南京体育学报》，2003 年第 1 期。

104. 孟固：《北京市住区文化建设中问题与对策》，载《城市问题》，2004 年总第 119 期。

105. 宁艳杰、韩烈宝、谢宝元：《城市生态住区建设刍议》，载《北京林业大学学报》（社会科学版），2004 年第 3 卷第 2 期。

106. 宁艳杰、蒋盛兰、王巍：《基于广义虚拟经济视角的生态社区居民环境心理需求研究》，载《广义虚拟经济研究》，2018 年第 9 期。

107. 宁艳杰：《营造良好的人类住区环境》，载《住宅科技》，2003 年第 1 期。

108. 潘岳：《以环境友好促进社会和谐》，载《求是》，2006 年第 15 期。

109. 钱丽霞：《联合国可持续发展教育十年的推进战略与中国实施建议》，载《中国可持续发展教育》，2005 年第 5 期。

110. 钱正英、沈国舫、刘昌明：《建议逐步改正“生态环境建设”一词的提法》，载《科技术语研究》（季刊），2005 年第 7 卷第 2 期。

111. 曲格平：《从斯德哥尔摩到约翰内斯堡的道路——人类环境保护史上的三个路标》，载《环境保护》，2002 年第 6 期。

112. 《全国环境宣传教育行动纲要（2016—2020 年）》，载《环境教育》，2016 年第 4 期。

113. 饶戎：《向生态城市发展的北欧绿色社区》，载《世界建筑》，2004 年第 9 期。

114. 沈克宁：《可持续发展与“新”的社区和城市概念》，载《建筑师》，2000 年第 9 期。

115. 沈平：《可持续发展原则与生态住区》，载《重庆交通大学学报》，2004 年第 23 卷第 1 期。

116. 沈清基，石岩：《生态住区社会生态关系思考》，载《城市规划汇刊》，2003 年第 3 期。

117. 沈清基：《关于生态住区的思考》，载《华中建筑》，2000 年第 18 卷第 3 期。

118. 生态住宅小区技术实施细则课题组：《上海市生态住宅小区技术实施细则》，载《住宅科技》，2002 年第 4 期。

119. 石纯、余国培：《中小学环境教育课程模式的选择》，载《教育发展研究》，2000 年第 7 期。

120. 宋燕波：《2006 冬奥会环保先行》，载《绿色中国》，2005 年第 23 期。

121. 宋言奇：《浅析"生态"内涵及主体的演变》，载《自然辩证法研究》，2005 年第 6 期。

122. 许传宝：《生态体育：绿色奥运的核心理念》，载《成都体育学院学报》，2002 年第 5 期。

123. 孙高峰：《绿色奥运与环境保护》，载《黑龙江环境通报》，2005 第 3 期。

124. 孙倩茹：《构建"高校——家庭——社会"一体化的大学生生态文明教育培养模式的思考》，载《中国校外教育》，2014 年第 21 期。

125. 田金梅、陈丽鸿：《浅谈中小学环境教育两种课程模式》，载《山西师范大学学报》，2007 年第 6 期。

126. 蔚东英、胡静、王民：《英美绿色大学的建设与实践》，载《环境保护》，2010 年第 16 期。

127. 吴理财、吴孔凡：《美丽乡村建设四种模式及比较》，载《华中农业大学学报》（社会科学版），2014 年第 1 期总第 109 期。

128. 王大中：《创建"绿色大学"示范工程，为我国环境保护事业和实施可持续发展战略做出更大贡献》，载《环境教育》，1998 年第 3 期。

129. 王红旗、黄歆宇、李君、李华等：《解读〈中小学环境教育专题教育大纲〉》，载《环境教育》，2003 年第 4 期。

130. 王红岩、熊梅：《环境教育的综合实践活动模式研究》，载《环境教育》，2004 年第 11 期。

131. 王民、蔚东英、张英、何亚琼：《绿色大学的产生与发展》，载《环境保护》，2010 年第 13 期。

132. 王强：《关于高校生态文化教育的探讨》，载《江苏高教》，2007 年第 2 期。

133. 王维婷：《大学校园绿色文化建设研究》，载《湖南科技学院学报》，2016 年第 9 期。

134. 王雪枫：《环境不能承受之重》，载《环境教育》，2006 年第 7 期。

135. 王彦辉：《国外居住社区理论与实践的发展及其启示》，载《华中建筑》，2004 年 22 第 4 期。

136. 肖焕禹、陈玉忠：《奥林匹克运动与人类社会和谐发展的新理念探析——解读北京奥运三大主题》，载《上海体育学院学报》，2003 年第 1 期。

137. 施卫华：《大学文化育人功能及实现路径研究》，载《思想教育研究》，2016 年第 5 期。

138. 解振华：《以扎实的环境宣传工作推进新世纪环境保护事业的发展》，载《环境工作通讯》，2002 年第 6 期。

139. 熊斗寅：《解读绿色奥运》，载《体育与科学》，2002 年第 23 期。

140. 续建华：《绿色大学创建现状与对策分析》，载《前沿》，2006 年第 9 期。

141. 宣兆凯：《可持续发展社会的生活理念与模式建立的探索》，载《中国人口、资源与环境》，2003 年第 4 期。

142. 杨朝飞：《发展环境教育促进环保事业》，载《环境工作通讯》，1990 年第 6 期总第 147 期。

143. 杨晓蔚：《安吉县“中国美丽乡村”建设的实践与启示》，载《政策瞭望》，2012 年第 9 期。

144. 杨志华：《为了生态文明的教育——中美生态文明教育理论与实践最新动态》，载《现代大学教育》，2015 年第 1 期。

145. 姚锡远：《对构建生态校园的理性思考》，载《中国高教研究》，

2008 年第 3 期。

146. 叶青、赵强、宋昆：《中外绿色社区评价体系比较研究》，载《城市问题》，2014 年第 4 期总第 225 期。

147. 俞可平：《科学发展观与生态文明》，载《马克思主义与现实（双月刊）》，2005 年第 4 期。

148. 于吉顺：《“绿色大学”的研究与探索》，载《北京林业大学学报》（社会科学版），2009 年第 12 期。

149. 于洋：《“美丽乡村”视角下农村生态文明建设》，载《农村经济》，2015 年第 4 期。

150. 运晓钰、陈丽鸿：《〈资本论〉蕴含的生态思想及其当代价值》，载《北京林业大学学报》（社会科学版），2018 年第 3 期。

151. 翟宝辉、王如松、陈亮：《生态建筑学：传统建筑学思想与生态学理念融合的结晶》，载《城市发展研究》，2005 年第 12 卷第 4 期。

152. 张军：《乡村价值定位与乡村振兴》，载《中国农村经济》，2018 年第 1 期。

153. 张三元：《绿色发展与绿色生活方式的构建》，载《山东社会科学》，2018 年第 3 期。

154. 张玉珠、李云宏、季竞开：《导入“6S”管理理念创建“绿色大学”》，载《中国冶金教育》，2016 年第 5 期。

155. 郑斌、龚琦、马喜、张晓芳、甘露、朱郢：《河南信阳郝堂村新农村规划建设经验与启示》，载《安徽农业科学》，2014 年第 23 期。

156. 郑小九：《“人文奥运”与“绿色奥运”》，载《贵州师范大学学报》（社会科学版），2005 年第 4 期。

157. 周芬芬、谢磊、周晓阳：《论大学生生态文明教育的基本内容》，载《中国电力教育》，2013 年第 31 期。

158. 祝怀新：《国际环境教育发展概观》，载《比较教育研究》，1994 年第 3 期。

三、报告、报纸类

159. 白强：《从创新蓝图到奥运地标见证北京科技奥运》，载《竞报》，2006 年 8 月 6 日。

160. 曹志娟、刘苇萍：《十单位被授予国家生态文明驾驭基地称号》，载《中国绿色时报》，2008 年 6 月 2 日。

161. 陈晨曦：《中国石油：与绿色奥运同行》，载《人民日报》，2007 年 8 月 8 日。

162. 陈熹、马毓晨：《加强绿色教育助推生态文明建设》，载《中国教育报》，2018 年 3 月 1 日。

163. 陈湘静：《团结一致应对环境危机创造绿色未来》，载《中国环境报》，2007 年 6 月 6 日。

164. 陈欣然：《中国高校生态文明教育联盟成立》，载《中国教育报》，2018 年 5 月 28 日。

165. 《高举中国特色社会主义伟大旗帜，为夺取全面建设小康社会新胜利而奋斗》，载《人民日报》，2007 年 10 月 16 日。

166. 国家环境保护总局：《中国环境状况公报》（2001），载《中国环境报》，2002 年 6 月 22 日。

167. 国家体育总局党组：《聚精会神抓冬奥备战，加快冰雪运动普及提高》，载《人民日报》，2017 年 04 月 05 日。

168. 《国务院关于落实科学发展观加强环境保护的决定》，载《人民日报》，2006 年 2 月 15 日。

169. 贺勇：《冬奥志愿者工作稳步推进》，载《人民日报》，2018 年 8 月 9 日。

170. 何泽洪：《安南发表〈二十一世纪议程〉执行报告世界环境状况堪忧》，载《人民日报》，2002 年 1 月 30 日。

171. 胡锦涛：《在中央人口资源环境工作座谈会上的讲话》，载《人民日报》，2004 年 4 月 5 日。

172. 黄艾娇：《同济帮联合国培训亚太官员》，载《环球时报》，2007 年

5 月 18 日。

173. 黄冀军：《公开环境信息，推动公众参与》，载《中国环境报》，2007 年 4 月 26 日。

174. 黄抗生、鄂平玲：《北京奥运留下宝贵环境遗产》，载《人民日报海外版》，2008 年 8 月 30 日。

175. 厉建祝：《鹫峰宣言》，载《中国绿色时报》，2007 年 11 月 20 日。

176. 寇江泽：《让手机城污染移动监控点（绿色焦点)》，载《人民日报》，2016 年 4 月 16 日。

177. 牟岚：《塘约村：从贫困到小康的华丽蝶变》，载《法制生活报》，2018 年 4 月 25 日。

178. 潘少军：《绿色就在身边》，载《人民日报》，2007 年 9 月 27 日。

179. 潘岳：《社会主义与生态文明》，载《中国环境报》，2007 年 10 月 19 日。

180. 彭真怀：《中国农民的时代追求——安吉打造中国美丽乡村》，载《浙江日报》，2009 年 6 月 16。

181. 钱彤：《胡锦涛接受国外媒体集体采访》，载《北京青年报》，2008 年 8 月 2 日。

182. 《国有企业履行环保责任绿色发展的带头作用明显》，载《经济参考报》，2018 年 06 月 06 日。

183. 孙守刚：《建设美丽乡村，共筑幸福家园》，载《光明日报》，2017 年 6 月 27 日。

184. 袁田恬：《GE 被鸟巢选中签约 335 个奥运项目》，载《每日经济新闻》，2006 年 8 月 14 日。

185. 宋玉铮：《首钢集团荣获“2017 年绿色建筑先锋大奖”》，载《首钢日报》，2017 年 10 月 24 日。

186. 铁铮：《首都大学生启动绿色志愿者培训》，载《北京日报》，2006 年 4 月 3 日。

187. 王本泉：《绿色概念（资料库)》，载《人民日报》（海外版)，2001 年 3 月 10 日。

188. 王静：《奥运会场馆建设遵循绿色原则》，载《中国体育报》，2004

年 3 月 4 日。

189. 王娜：《限行四天污染物浓度降两成》，载《北京晨报》，2007 年 08 月 22 日。

190. 王胜男、田新程、李惠均：《绿色奥运，我们准备好了》，载《中国绿色时报》，2008 年 6 月 18 日。

191. 王婷：《湖北大学大学生生态文明素质培养模式的创新探索》，载《中国教育报》，2016 年 9 月 15 日。

192. 王玮：《海尔全球化：奥运做支点》，载《竞报》，2007 年 11 月 30 日。

193. 习近平：《中国共产党第十九次全国代表大会报告》，载《人民日报》，2017 年 10 月 18 日。

194. 习近平：《中国坚定支持并积极参与奥林匹克运动》，载《人民日报》（海外版），2017 年 1 月 19 日。

195. 《习近平对办好北京冬奥会做出重要指示》，载《人民日报》，2015 年 11 月 25 日。

196. 习近平：《冬奥会场馆不搞重复建设》，载《北京青年报》，2016 年 3 月 19 日。

197. 徐飞鹏：《08 奥运会将成为绿色减排的一届体育盛会》，载《北京日报》，2008 年 5 月 11 日。

198. 杨朝飞：《发展环境教育促进环保事业》，载《环境工作通讯》，1990 年第 6 期总第 147 期。

199. 严冰：《北京奥运绿化承诺全兑现》，载《人民日报》（海外版），2007 年 8 月 8 日。

200. 阎建立：《绿色公园：通往自然的轴线》，载《北京青年报》，2008 年 7 月 2 日。

201. 袁田恬：《GE 被鸟巢选中签约 335 个奥运项目》，载《每日经济新闻》，2006 年 8 月 14 日。

202. 翟烜：《清洁城市服务鸟巢水立方》，载《北京娱乐信报》，2007 年 3 月 19 日。

203. 张黎：《将奥运教育深化为可持续发展教育》，载《中国环境报》，

2007年12月11日。

204. 张旭光:《北京绿色奥运规划确定》,载《中国体育报》,2004年12月09日。

205. 赵永新:《太阳能:给奥运“增光添彩”》,载《人民日报》,2007年9月27日。

206. 郑秋丽、刘立志:《北京节水攻坚提前兑现奥运治污承诺》,载《中国水利报》,2007年1月26日。

207. 郑惊鸿:《国家环保总局首次对外发布〈中国生态保护〉》,载《农民日报》,2006年6月5日。

208. 郑奋明:《树立绿色文化理念 建设绿色广东》,载《南方日报》,2005年6月1日。

209. 竹立家:《建立一个廉价廉洁政府》,载《学习时报》,2013年6月03日。

210. 钟念远:《学校如何在林业科普中有所作为》,载《中国绿色时报》,2017年10月27日。

211. 樊颖颖:《绿色大学之环境教育课程模式》,广州大学学位论文,2012年。

212. 刘亚月:《绿色大学建设的理论与实践研究》,南京工业大学学位论文,2015年。

213. 宁艳杰:《城市生态住区基本理论构建及评价指标体系研究》,北京林业大学学位论文,2006年。

214. 魏源:《北京高校大学生生态文明素养培育途径研究》,北京林业大学学位论文,2018年。

后 记

作为关心和关注中国环境教育和生态文明教育问题并把生态文明教育作为自己研究方向的高校教师，作为工作在生态文明教育第一线的工作者，我们为能与大家就中国生态文明教育的理论与实践问题进行交流而感到万分高兴。为此，我们要感谢北京林业大学生态文化中心“生态文化丛书”的编委会，在十年前给了我们这样一个机会，出版了《中国生态文明教育理论与实践》，与大家分享国内外众多环境教育和生态文明教育研究者的思想及我们的研究结果。我们也要感谢北京林业大学马克思主义学院，在这本书出版了十年后，给了我们再思考、修正和完善的机会，更要感谢中央编译出版社给了我们再版的机会，能与大家继续交流和向大家学习。

中国的环境教育已经走过40多年的历程，从最初的环境社会教育到学校的环境教育，从对环境专门人才的培养到对各类人员的培训，从过去的“为了环境的教育”到“为了可持续发展的教育”，直到如今的生态文明教育的发展，中国的政府、企业、组织、公众共同努力，不遗余力地在中国各个领域推进环境教育、可持续发展教育和生态文明教育，极大地丰富了理论与实践经验，硕果累累；特别是党的十九大召开后，生态文明建设成为中国实现“两个一百年”奋斗目标的必由之路，因此，《中国生态文明教育理论与实践》能再版，为生态文明建设再尽一些绵薄之力，就是我们最大的心愿。

本书共分上下两篇，上篇为理论篇，由第一至第四章组成，下篇为实践篇，由第五至第六章组成。各章节的具体分工为：陈丽鸿撰写第一章；陈丽鸿、王琦撰写第二章；陈丽鸿、杨冬梅、运晓钰撰写第三章；陈丽鸿、魏源、田金梅撰写第四章；陈潇、孙雄飞撰写第五章；辛永权撰写第六章；宁艳杰撰写第七章；陈丽鸿、凌晓青撰写第八章。全书由陈丽鸿统稿。

由于我们掌握的资料有限，书中难免有疏漏，如有不妥之处，恳请大家批评指正。在此书编撰过程中，得到了中央编译出版社编辑老师们的指导与帮助，在此深表感谢！

陈丽鸿

2018 年 9 月 5 日